跟阿志哥學Python

時代改變了，每一件事情隨時都在改變，程式設計的教科書也要改變，否則就是落伍了，不是嗎？

爲了讓你產生學習的興趣，筆者改變了作者獨自唱獨角戲的做法，而以兩人交談式對話的方式，讓學習者可以從本書的兩個主角，阿志哥和苡凡妹兩人的輕鬆對話中，對Python程式設計產生濃厚的興趣。

除此之外，也從兩位主角中的對話，將初學者在撰寫程式時，容易出錯的地方彰顯出來，讓學習者深刻的烙印在腦海中，往後不會出現同樣的錯誤。

同時也爲了讓學習者了解每一章主題的用意，在章首除了以文字敘述外，也精心設計了一些漫畫來幫助了解和增添其樂趣。

學習程式設計的不二法門，就是多看、多做，因此，在本書中有很豐富的範例程式和說明，可以幫助學習者在學習的過程中收事半功倍之效果。還有一個很重要的事項是要親自除錯，所以在每一章的上機實習題目，筆者精心設計了一些容易犯錯的題目，讓學習者練習，久而久之，你會覺得爲程式除錯是一件很快樂的事。

爲了讓學習者可以測試自己對每一章的了解程度，也在每一章最後附有習題作業，別忘了，回家的功課喔！有正面的學習心態，才能戰勝一切。

加油！在此爲自己吶喊「我一定要成功」！

蔡明志

mjtsai168@gmail.com

CH01 Python程式語言概述

CH02 製作精美的輸出結果

CH03 撰寫你的第一個程式

CH04 讓撰寫程式更容易

CH05 程式會轉彎

CH06 像蜜蜂一樣嗡嗡嗡

CH07 分工合作更有效率

CH08 讓儲存資料更方便

CH09 進階的資料儲存方式

CH10 詞典

CH11　Turtle繪圖工具

NOTE

Python程式語言概述

苡凡妹在學校遇到阿志哥說要學 Python，因為她未來想當資料科學家。阿志哥拗不過苡凡妹的請求，終於答應教她，從此展開兩人的 Python 奇幻歷程。

阿志哥，我想要學撰寫 Python 的程式，來擷取 Open data，並加以分析，但我什麼都不會，這會不會太困難？

天下無難事，只怕有心人。我來教妳。

真的嗎？

我什麼時候騙過妳。

謝謝阿志哥。請問什麼是程式語言？

我們就從何謂程式語言與程式語言的種類開始。請看以下的講義。

1-1 程式語言

電腦程式（computer program）爲一軟體（software），是一組告知電腦執行任務所需的指令(instruction)。電腦並不懂人類的語言，因此，程式必須以電腦可使用的語言來撰寫。目前已有上百種程式語言（programming language），皆是爲了讓程式設計的過程中更容易所開發的。然而，所有程式語言都必須再轉換成電腦可了解的語言。程式語言的種類如下：

1-1-1 機器語言

電腦的原始語言是機器語言（machine language），它是一組內建的原始指令，會因爲不同作業系統的電腦而有所不同。這些指令是以二進位編碼（binary code）的形式表示的，因此，如要以電腦的原始語言給予其指令，就必須以二進位編碼的形式輸入指令。比方說，要對兩個數字執行相加的動作，就需要輸入如下的二進位指令：

```
1101101010011010
```

1-1-2 組合語言

以機器語言的形式撰寫程式是個冗長而且乏味的過程。此外，以機器語言所撰寫的程式非常難以閱讀與修改。因爲如此，在早期計算機時期，組合語言（assembly language）便被建立並用來替代機器語言。

組合語言使用簡短的文字集合，稱爲助憶符號（mnemonic），用來表示每個機器語言的指令。比方說，add表示數字相加，sub表示數字相減。要將數字2與3做相加，並取得結果儲放於result，可撰寫如下的組合語言指令：

```
add 2, 3, result
```

組合語言是爲了讓程式設計更容易而開發的。然而，由於電腦看不懂組合語言，因此需要組譯器（assembler），將組合語言所撰寫的程式翻譯成機器語言，如圖1-1所示。

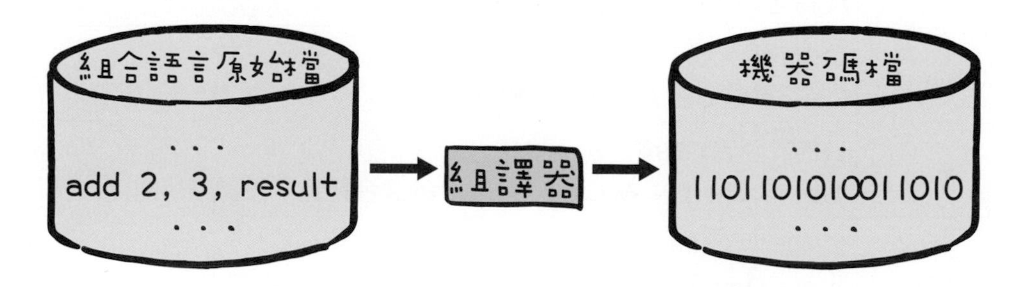

● 圖1-1　組譯器會將組合語言指令翻譯成機器碼

使用組合語言撰寫程式比機器語言簡單得多，然而，仍舊過於冗長且麻煩。組合語言的一個指令等同於機器語言裡的一個指令。撰寫組合語言，必須懂得中央處理器（Central Processing Unit, CPU）運作的方式。由於組合語言本質上十分接近機器語言，因此又被稱爲低階語言（low-level language）。

1-1-3 高階語言

1950年代，一種稱爲高階語言（high-level language）的程式語言誕生了。高階語言跟英文很像，且容易學習與使用。一般稱高階程式語言的指令爲敘述（statements）。舉例來說，以下這行高階語言敘述是用來計算半徑爲5的圓形面積：

```
area = 5 * 5 * 3.14159
```

現今有多種高階程式語言，每一種都是爲了特定目的而設計的。表1-1列出幾個常用的高階語言。

表1-1 高階程式語言

語言	說明
BASIC	公佈於西元1964年。 它是 Beginner's All-purpose Symbolic Instruction Code 的縮寫。其設計來讓初學者更容易地學習與使用語言。
C	公佈於西元1970年。 貝爾實驗室 Bell Laboratories 所開發。C 結合了組合語言的功能，以及高階語言的使用便利與可攜性。
C++	公佈於西元1985年。 C++ 是以 C 為基礎的物件導向語言。
C#	公佈於西元1999年。 唸作 "C Sharp"。為 C++ 與 Java 的混合語言，由微軟所開發。
COBOL	公佈於西元1960年。 此為 COmmon Business Oriented Language 的縮寫。用在公司行號的應用程式。

語言	說明
FORTRAN	公佈於西元1957年。 此為 FORmula TRANslation 的縮寫。常用在科學及數學領域的應用程式。
Java	公佈於西元1994年。 由 Sun Microsystems 所開發，2010 年被 Oracle 收購。廣泛使用在開發跨平台的網際網路應用程式。
Pascal	公佈於1970年。 以17世紀貢獻於計算機科學上的Blaise Pascal 來命名。其為一種簡單，有組織的通用語言，主要用於程式設計教學。
Python	公佈於西元1991年。 一種簡單的通用腳本語言（scripting language），用在撰寫簡短的程式，與擷取和分析大數據資料。
Visual BASIC	公佈於西元1990年。 由 Microsoft 所開發，可讓程式設計師快速開發使用者介面。

使用高階語言所撰寫的程式又被稱作原始程式（source program）或原始碼（source code）。由於電腦看不懂原始程式，因此必須翻譯成機器碼才能執行。這個翻譯過程可藉由另一種程式工具來完成，稱做直譯器（interpreter）或編譯器（compiler）。

等一等，什麼是直譯器？什麼是編譯器？

問得好。首先這兩個雖然都有一個器字，但它不是硬體（hardware）喔！而是軟體（software）。

直譯器從原始碼讀取一個敘述，將其翻譯成機器碼或虛擬機器碼，接著馬上做執行的動作，如圖1-2(a) 所示。

編譯器會將整個原始碼翻譯成一份機器碼檔案，接著這份機器碼檔案會被執行，如圖1-2(b) 所示。

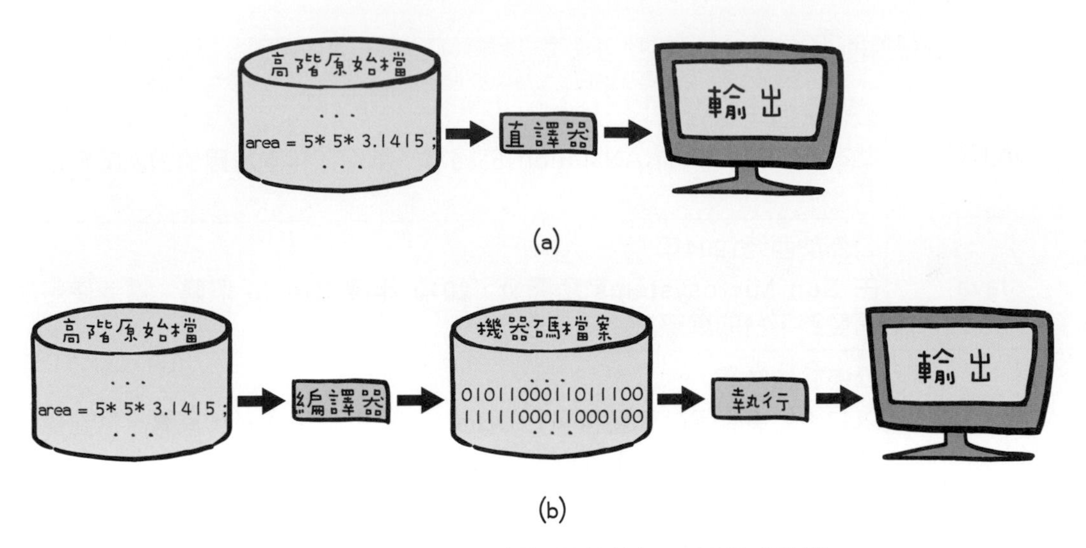

● 圖1-2 (a)直譯器一次翻譯與執行一行程式敘述。
(b)編譯器將整個原始程式翻譯成機器語言檔

喔！我懂了，從圖 1-2 得知直譯器沒有像編譯器要編譯為機器碼檔案，而是直接輸出。那 Python 是使用直譯器或是編譯器來執行呢？

Python 是使用直譯器來執行的。接下來，由於本書是論述 Python 程式語言，所以對 Python 的歷史多加著墨。請看以下的講義。

1-2 Python的演進歷史

Python是由Guido van Rossum（吉多・范羅蘇姆）於1991年在荷蘭所創建的。此命名是爲了紀念很受歡迎的喜劇樂團Monty Python's Flying Circus。Van Rossum開發Python是基於喜好所致。由於它簡單、簡潔、直覺式的語法，以及龐大的函式庫，以致於成爲在工業和學術界都廣泛地受到喜愛的程式語言。

Guido生於西元1956年1月31日。1982年畢業於阿姆斯特丹大學，獲得數學和計算機科學碩士學位。2005年12月加入了Google團隊。2012年12月轉換跑道進入Dropbox公司。

1991年第一個Python直譯器（interpreter）問世。Python受到C程式語言的影響極深。從圖1-3程式語言的發展史可得知。

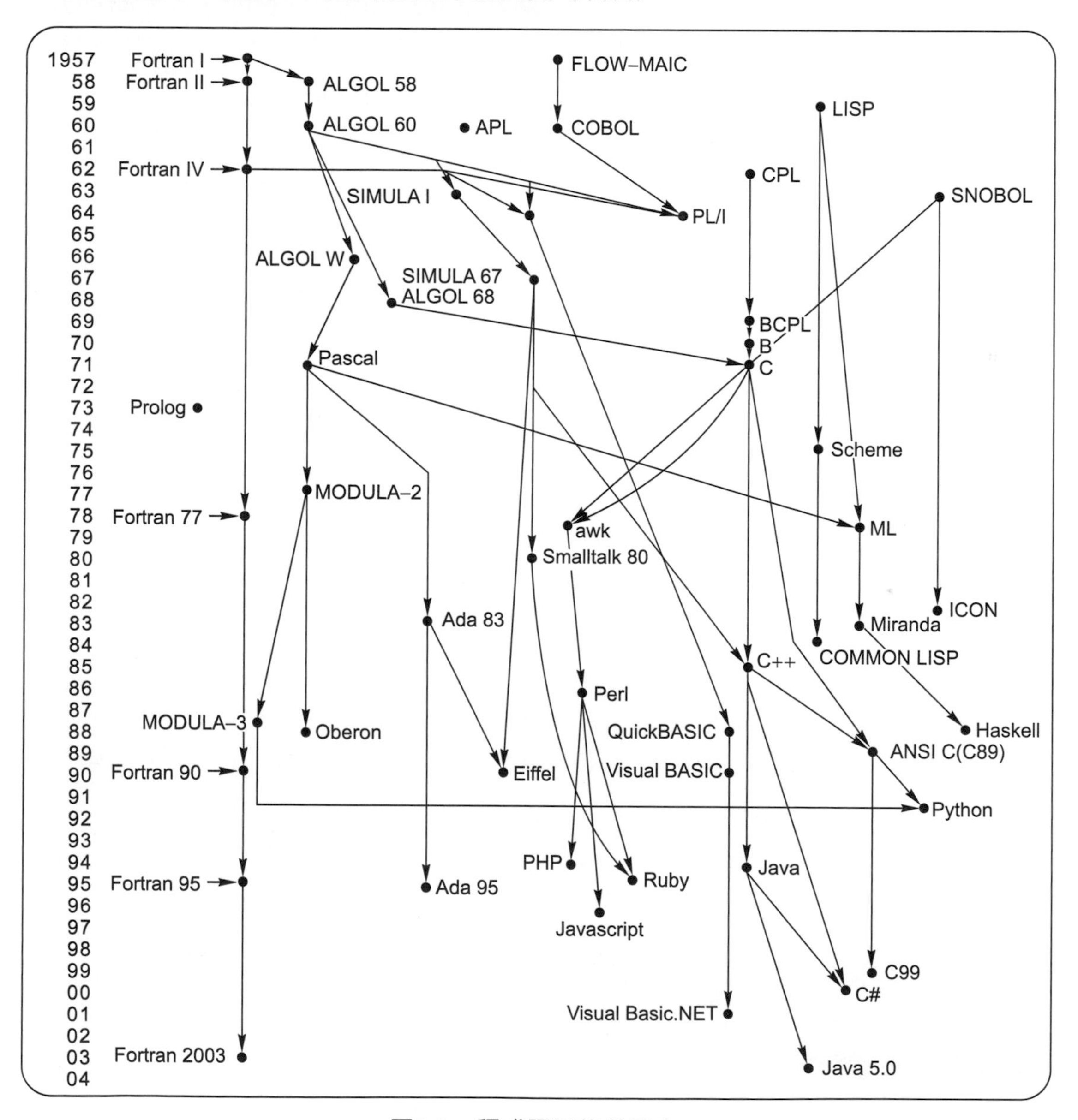

● 圖1-3 程式語言的發展史[1]

[1] Concept of programming language, 8 edition, Robert W. Sebesta, Addison Wesley.

在圖1-3的右下角可看到Python是在1991年所公佈的。從圖中可看出它是從ANSI C和MODULA-3衍生出來的。

Python 是用於大數據分析非常火紅的程式語言，從資料的存取、分析與視覺化顯示皆是一把罩。若妳想要了解目前最受歡迎的程式語言，可上網至 https://www.tiobe.com/tiobe-index/，即可知目前較受歡迎的程式語言排行榜。如圖 1-4 是 2022 年 1 月程式語言受歡迎程度的排行榜。

2022年1月	2021年1月	變化	程式語言	百分比	變動百分比
1	3	^	Python	13.58%	+1.86%
2	1	v	C	12.44%	-4.94%
3	2	v	Java	10.66%	-1.30%
4	4		C++	8.29%	+0.73%
5	5		C#	5.68%	+1.73%
6	6		Visual Basic .NET	4.74%	+0.90%
7	7		JavaScript	2.09%	-0.11%
8	11	^	Assembly language	1.85%	+0.21%
9	12	^	SQL	1.80%	+0.19%
10	13	^	Swift	1.41%	-0.02%
11	8	v	PHP	1.40%	-0.60%
12	9	v	R	1.25%	-0.65%

● 圖1-4　2022年1月程式語言受歡迎程度排行榜（摘自https://www.tiobe.com/tiobe-index/）

哇！ Python 是第一名，這麼受歡迎，那我一定要來好好學學。

準備好了嗎？我們要上路了。請看以下的講義。

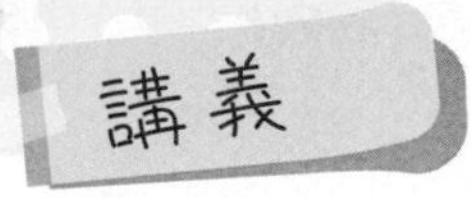

1-3 開始使用Python

先從撰寫一個簡單的Python程式開始，從鍵盤取得輸入Learning Python now! 與Python is fun 的訊息，並從螢幕上顯示這些資訊。

1-3-1 啓動Python

Python是跨平台的直譯器，所以可在Windows、UNIX，以及Mac的作業系統下執行。目前Python的版本是3.10.2。

假設您已從www.python.org下載並且安裝Python。此時便可經由IDLE來啓動，如圖1-5。交談式開發環境（Interactive DeveLopment Environment, IDLE）是一整合開發環境（Integrated Development Environment, IDE）。您可以在IDLE來建立、打開、儲存、編輯以及執行Python程式。以下是筆者安裝Python於Mac與Windows下的IDLE畫面。

● 圖1-5　IDLE的圖示

點擊圖示後，開啓Python，此時您將會看到 >>> 符號，如圖1-6所示。

```
IDLE Shell 3.10.2
Python 3.10.2 (v3.10.2:a58ebcc701, Jan 13 2022, 14:50:16) [Clang 13.0.0 (clang-1
300.0.29.30)] on darwin
Type "help", "copyright", "credits" or "license()" for more information.
>>> |
Ln: 3 Col: 0
```

MAC版本

```
IDLE Shell 3.10.2
File Edit Shell Debug Options Window Help
Python 3.10.2 (tags/v3.10.2:a58ebcc, Jan 17 2022, 14:12:15) [MSC v.1929 64 bit (
AMD64)] on win32
Type "help", "copyright", "credits" or "license()" for more information.
>>>
Ln: 3 Col: 0
```

Windows版本

● 圖1-6　啓動IDLE的畫面

>>> 是Python敘述的提示，此處可以鍵入敘述。

現在鍵入print('Learning Python now!')，然後按下Enter鍵。字串Learning Python now! 將會出現在螢幕上，如下所示：

```
>>> print('Learning Python now!')
    Learning Python now!
```

字串（string）是程式設計術語，表示一系列的字元。Python可以雙引號或單引號括起字串，由於單引號不需要按Shift鍵，所以可以快速鍵入完成。在本書你也會看到以雙引號來表示字串。Python不會在輸出結果顯示這些引號。

print敘述是Python的內建函式，用來將字串顯示於螢幕。函式是用來執行動作的。此處的print函式是顯示一訊息於螢幕上。

在程式設計的術語中，當您使用一函式，也可以說 "引發一函式" 或 "呼叫一函式"。

接下來鍵入print('Python is fun')，然後按下Enter鍵。字串Python is fun將會出現在螢幕，如下所示。

```
>>> print('Python is fun')
    Python is fun
```

您也可以在 >>> 提示下鍵入其他的敘述。

1-3-2　建立Python的原始碼檔案

在 >>> 提示下輸入敘述是很方便的，但無法儲存。爲了能夠儲存以便日後使用，您可以在IDLE選單（如圖1-7所示）。

 IDLE File Edit Shell Debug Options Window Help

MAC版本

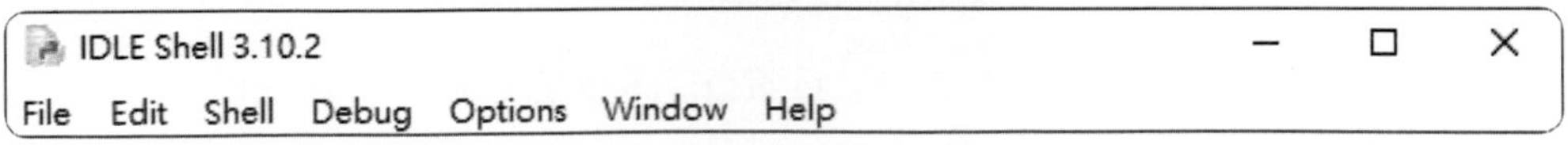

IDLE Shell 3.10.2
File Edit Shell Debug Options Window Help

Windows版本

● 圖1-7　IDLE選單

選取File->New File（如圖1-8）來建立原始碼檔案。

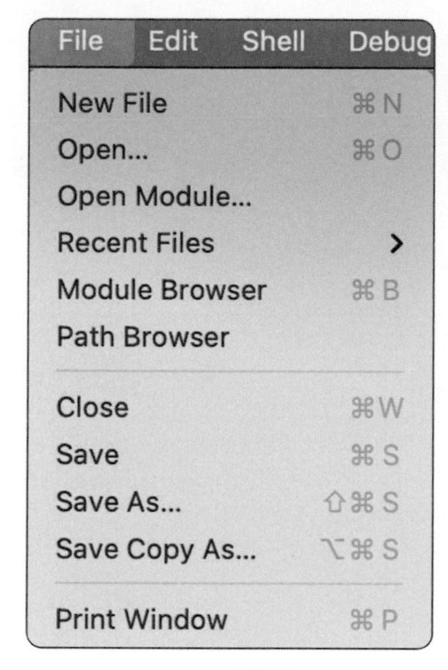

MAC版本

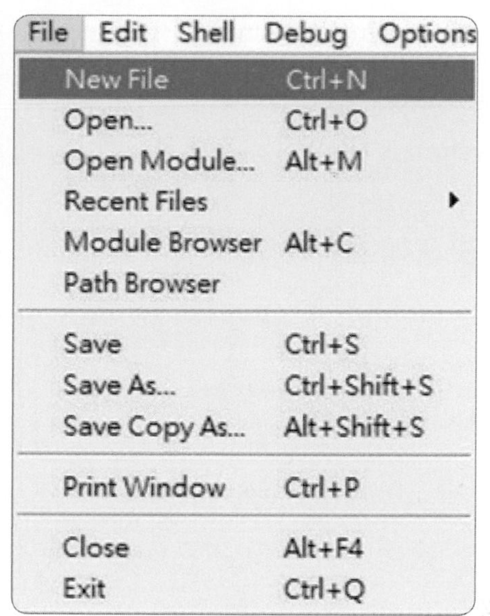

Windows版本

● 圖1-8　建立一新檔的選單

此時會出現以下的編輯原始碼的視窗，如圖1-9所示：

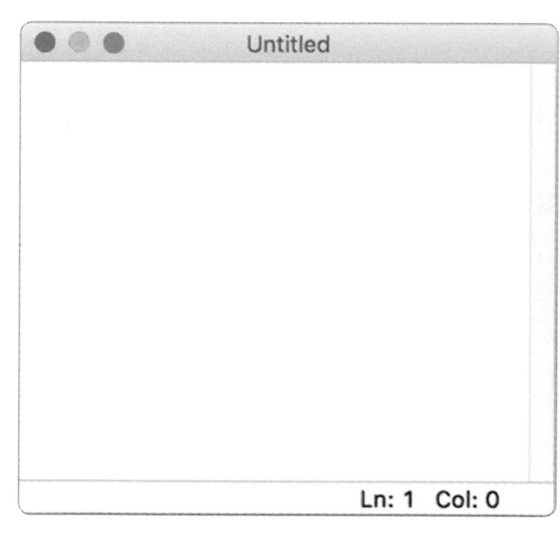

MAC版本

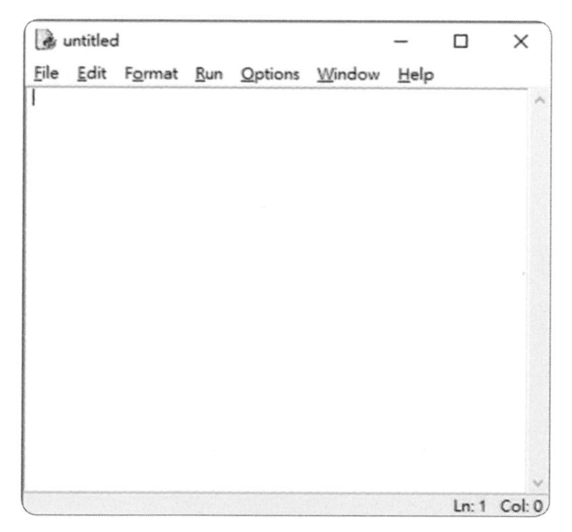

Windows版本

● 圖1-9　編輯視窗

在此編輯視窗中鍵入以下兩行：

```
#display two messages
print('Learning Python now!')
print('Python is fun')
```

此時視窗如圖1-10所示：

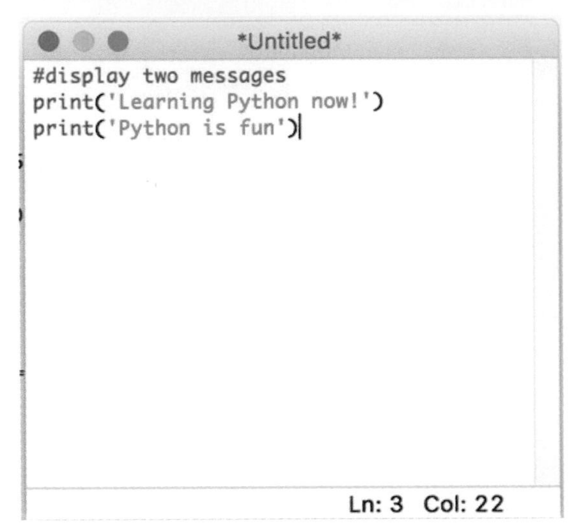

MAC版本

Windows版本

● 圖1-10　編輯視窗

當程式碼建立好之後，便選取選單Run-> Run Module來執行原始碼。此時，系統會提示您儲存原始碼於檔案中，我們將原始檔取名爲p1-13。一般而言，Python的延伸檔名是 .py。

範例程式p1-13.py是顯示Learning Python now! 與Python is fun字串的程式碼。

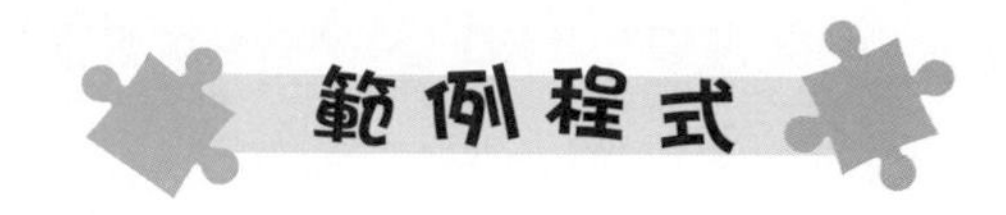

p1-13.py

```
#display two messages
print('Learning Python now!')
print('Python is fun')
```

執行p1-13.py的程式時，其輸出結果將會顯示於IDLE的視窗中。

範例程式的第1行爲註解敘述，用以記錄此程式爲何以及它的結構爲何。註解敘述可幫助程式設計師彼此溝通與了解程式。因爲它不是程式敘述，所以直譯器不會理會註解敘述。Python的註解敘述是在一行的最前面加上 # 符號，此稱爲行註解敘述（line comment）。也可以使用 ''' 與 ''' 聯合撰寫多行的註解敘述。此稱爲段落註解（paragraph comment）。在3-5節還會討論註解敘述。

有關Python的縮排，每一敘述皆是從新行的第一欄位開始撰寫。若輸入以下的敘述，Python將會產生錯誤的訊息。

```
#display two messages
    print('Learning Python now!')
print('Python is fun')
```

不像C、C++ 或Java程式語言，需要在敘述後面加上分號，在Python程式敘述若加上分號也不會產生錯誤的訊息，例如以下的程式碼：

```
#display two messages
print('Learning Python now!');
print('Python is fun');
```

Python程式大、小寫字母是有差別的。若將程式中的print改爲Print將會產生錯誤。

1-4 程式設計的錯誤

程式設計錯誤可分爲三類：語法錯誤（syntax errors）、執行期間的錯誤（runtime errors），以及邏輯錯誤（logic errors）。

1-4-1 語法錯誤

一般最常見的錯誤是語法錯誤。如其他程式語言，Python有它自己的語法，因此撰寫程式碼時需遵守程式規則。若違反此規則，例如忘了加雙引號或字拼錯了，Python將產生錯誤訊息。

語法錯誤是來自於程式碼建構上的錯誤，比方說誤打敘述、不正確的內縮、遺漏了必要的符號，或是使用了起始大括號，卻漏掉相對應的終止大括號。這類的錯誤通常很容易找到，因爲Python會告訴您錯誤的地方以及造成錯誤的原因。比方說，下列的print敘述將會有語法錯誤。

```
>>> print(Learning Python now!)
    SyntaxError: invalid syntax
```

字串Learning Python now!少了一個雙引號或是單引號。

1-4-2 執行期間的錯誤

執行期間的錯誤（Runtime errors）是會導致程式不正常終止的錯誤。在程式執行時，如果執行環境偵測到無法進行的動作，便會出現Runtime Errors。例如，在整數除法運算中，當除數爲零的時候將會出現執行期的錯誤。下列程式碼的 1 / 0 運算式就會產生執行期間的錯誤。

數學運算的加、減、乘、除於Python的寫法是 +、-、*、/。

```
>>> print(1/0)
    Traceback (most recent call last):
        File "<pyshell#12>", line 1, in <module>
            print(1/0)
    ZeroDivisionError: division by zero
```

1-4-3 邏輯錯誤

邏輯錯誤（logic errors）出現於程式執行的結果與預期中的不同。這種錯誤發生的原因有很多種。比方說，範例程式p1-15.py將華氏80度轉換成攝氏：

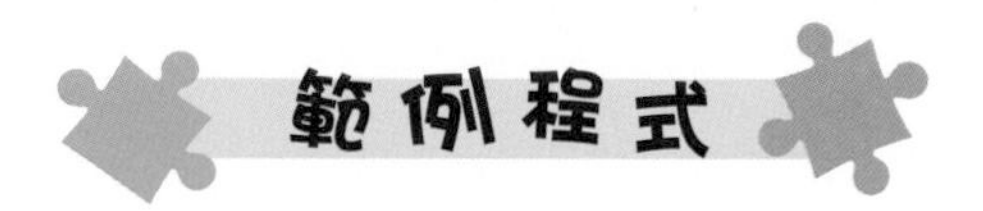

p1-15.py

```
#Convert Fahrenheit to Celsius
print('Fahrenheit 80 is Celsius degree ')
print(5/9 * 80 -32)
```

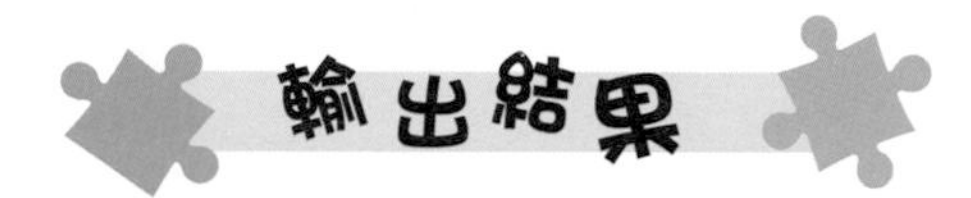


```
Fahrenheit 80 is Celsius degree
12.444444444444443
```

計算結果爲攝氏12.44度，這是錯的，應該是26.67度。爲了得到正確的答案，應該使用5 / 9 * (80 - 32)，而不是5 / 9 * 80 - 32運算式。需要在80 - 32加一小括號，使得它在乘、除之前先加以運算。

在Python，語法錯誤與執行期錯誤的處理實際上是相似的。因爲這些錯誤皆在程式執行時，由直譯器加以偵測。一般而言，語法錯誤和執行期錯誤是較容易發現與更正的，因爲Python會給予其錯誤的位置與引起錯誤的原因。相對而言，找尋邏輯錯誤較不容易。

說了這麼多，是該讓妳試試看的時候了。請妳撰寫將 96 英哩轉換為公里。

好喔！是該動手的時候了。（經過3分鐘後）撰寫好了，程式如下：

```
#Convert miles to Kilometers
print('mile 96 is Kilometer')
print(96 * 1.6)
```

寫得很好，因為 1 mile = 1.6 Kilometers。今天就上到這兒，接下來做一下實習題目。記得回家寫習題作業喔！

1. 試撰寫一程式，印出華氏溫度100度相當於攝氏溫度幾度。
2. 試撰寫一程式，印出90英呎（feet）相當於多少公尺。（1英呎等於30.5公分）
3. 除錯題（Debugs）

(a)

```
print("Hello, Python')
print(Hello, Python)
    Print('Hello, Python!')
```

(b)

```
PRINT("Hello, Python")
    print('Hello, Python')
        print('Hello, Python');
```

(c)

```
@Convert Fahrenheit to Ceisius
print('Fahrenheit 212 is Celsius degree')
    print(5 / 9 * 212 - 32)
```

(d)

```
print('Learning Python now!")
printf('Python is fun')
write('Python is a good programming language')
```

(e)

```
'''
我的第一個Python程式
''
printf('Python is fun!')
println(Learning Python now!)
```

選擇題

(　　) 1. Python利用下列哪一項將程式原始碼加以執行
(A) 編譯器　(B) 直譯器　(C) 編輯器　(D) 連結器

(　　) 2. 下列哪一項不屬於高階程式語言
(A) Pascal　(B) Python　(C) C　(D) Assembly language

(　　) 3. 下列幾項程式語言哪一個是最早公佈的
(A) C　(B) C++　(C) Java　(D) Python

(　　) 4. 一般出現程式設計的錯誤哪一項最難除錯
(A) 語法錯誤　(B) 執行期的錯誤　(C) 邏輯錯誤　(D) 都差不多

(　　) 5. Python利用下列哪一敘述將結果加以輸出
(A) printf　(B) print　(C) write　(D) writeln

簡答題

1. 試說明何謂解譯器、直譯器與編譯器。
2. 試上網(https://www.tiobe.com/tiobe-index/)找尋目前月份程式語言的使用排行榜。
3. 程式設計的錯誤有哪幾種？試分別概述與舉例說明之。
4. 試撰寫一程式，印出100平方米相當於多少坪。（1平方米相當於0.3025坪）
5. 試問50英吋（inch）相當於多少公尺，試撰寫一程式測試之。（1英吋等於2.54公分）
6. 試問攝氏100度相當於華氏幾度？攝氏0度相當於華氏幾度？試撰寫一程式測試之。

製作精美的輸出結果

輸出結果美不美觀，是否賞心悅目，大概就能看出你撰寫程式用不用心。就如有了好的食材，加上您的愛心、用心，一定能製造出精美又好吃的蛋糕。

Python 的輸出極為簡單，只要利用 print 函式就可以打遍天下無敵手，我們在第一章已看過，本章將再深入討論。

很簡單嗎？我好害怕又好期待喔！！！

學習程式設計要保持愉快的心情才會學好的。程式的好壞和輸出結果有很大的關係，一份精美的輸出結果，會令人賞心悅目，想必其對應的程式應不會太差才對。苡凡，前一章已大略說明了 print() 函式，這一章我們就好好地談談如何製作一份精緻的輸出結果，請看以下講義。

2-1 輸出函式 print( )

print函式可印出數值和字串輸出到螢幕，如以下敘述印出數值：

```
>>> print(12345)
    12345
```

與浮點數：

```
>>> print(123.456)
    123.456
```

印出字串：

```
>>> print("Learning Python now!")
    Learning Python now!
>>>
```

將Python is fun! 加以顯示出。由於Python可以利用雙引號或單引號表示字串，所以使用單引號也是可以的。如下所示：

```
>>> print('Learning Python now!')
    Learning Python now!
>>>
```

苡凡，請問如何顯示以下的結果？

```
Python is fun
Let's go
```

這應該不難吧，我想可以寫成：

```
print('Python is fun')
print('Let's go')
```

但在第二行的 Let's go 出現錯誤的訊息耶。

那是因為第一個單引號會與 Let 下的單引號結合在一起，導致最後在 go 的單引號沒有匹配的對象，故會產生錯誤的訊息。要解決此一問題必須藉助轉義序列（escape sequence）。轉義序列是由反斜線加上特定的字元所組成的，其用來執行某一特定的動作。如表 2-1 所示：

表2-1　轉義序列

轉義序列	功能說明
\n	換行
\t	跳八格
\\	輸出反斜線
\"	輸出雙引號
\'	輸出單引號

從表2-1得知，可使用 \' 符號，用以印出單引號。正確的寫法如下：

```
print('Python is fun')
print('Let\'s go')
```

原來如此，以後我要善加利用轉義序列。

再來一題，假設要輸出以下的結果，妳要如何撰寫呢？

```
\n is skip a line
```

這我會了，如下所示：

```
>>> print('\\n is skip a line')
```

好棒，再告訴我以下的敘述輸出結果為何？

```
>>> print('Learning Python now!\nPython is fun')
```

此處有 \n 表示換行，所以結果如下：

```
Learning Python now!
Python is fun
```

上一敘述相當於撰寫兩個 print 敘述，如下所示：

```
print('Learning Python now!')
print('Python is fun')
```

以下是有關轉義序列的一些範例：

```
>>> print('|\tHello, world|')
    |       Hello, world|
```

```
>>> print('|Hello,\tworld|')
    |Hello,     world|
```

```
>>> print('\'Python is #1\'')
    'Python is #1'
```

```
>>> print('\"Hello, everyone\"')
    "Hello, everyone"
```

以上的 print 函式皆只印出一個項目而已，它也可以印出多個項目時，此時可利用逗號將其分開即可。如下敘述：

```
>>> print('Radius =', 12)
    Radius = 12
```

在 print 敘述中，在以逗號隔開的輸出會空一格，所以下列敘述

```
print('Radius =',12)
print('Radius =',  12)
```

的輸出結果都是相同。也就是逗號後面有無空格，或空多格，其實都只會空一格而已。

print 函式將項目輸出後，會自動跳行的。如：

```
print('Hello, ')
print('world')
```

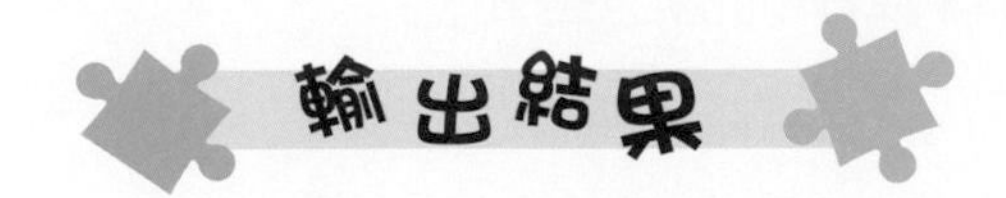

```
Hello,
world
```

從輸出結果看出印完 Hello, 字串，接著跳行印出 world。

若要不跳行且繼續顯示於同一行，則需加入 end = ' '，其中單引號內可以加空格，也可以不加空格，但會影響下一個輸出前有無空白。如以下敘述所示：

```
print('Hello, ', end = ' ')
print('world')
```

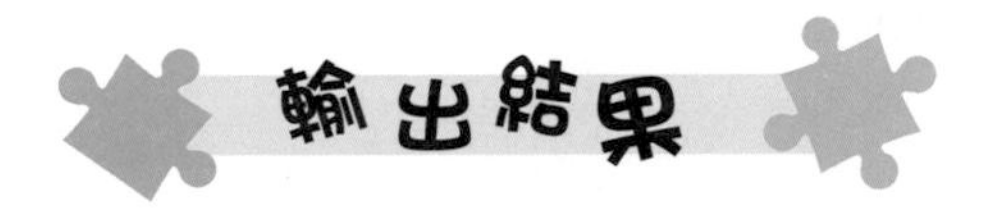

```
Hello, world
```

與下一敘述等同

```
>>> print('Hello, ', 'world')
    Hello, world
```

也可以在 end 後的單引號內加任何想要顯示的字元，譬如要在 Hello, 後顯示三個星星：

```
print('Hello, ',  end = '***')
print('world')
```

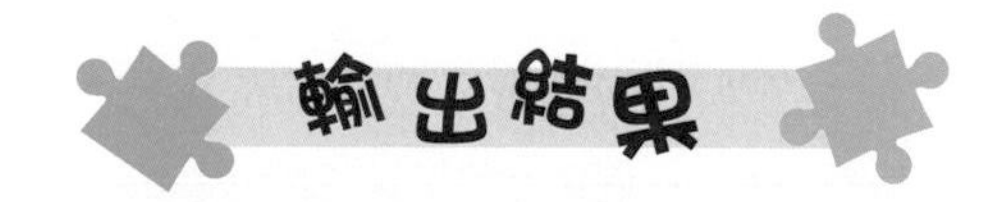


```
Hello, ***world
```

苡凡，妳來撰寫一下如何利用 end 印出以下的結果：

```
Apple@@@Orange%%%Banana
Lucky man ===> Bright Tsai
```

我來試試看。（經過二分鐘後）請看以下的程式：

```
print('Apple', end = '@@@')
print('Orange', end = '%%%')
print('Banana')
print('Lucky man ', end = '===>')
print(' Bright Tsai')
```

非常棒，完全在妳的掌握之中。由於輸出結果的好壞，關係到是否讓人看起來賞心悅目。所以，接下來將討論如何讓程式的輸出結果更加有看頭。請看以下的講義。

講義

2-2 格式化輸出

若要將輸出結果看起來更美觀的話，則需借助格式化的輸出。格式化的輸出有三種格式，第一種是利用format函式。以下將配合範例說明之。

1. format的語法如下：

```
print(format(item, format-specifier))
```

其中item表示數字或字串，format-specifier則爲格式指定器。其中格式指定器是以字串的方式表示的，如表2-2所示：

表2-2 常用的格式指定器

格式指定器樣本	說明
"8d"	以欄位寬8及十進位將整數加以格式化。
"8x"	以欄位寬8及十六進位將整數加以格式化。
"8o"	以欄位寬8及八進位將整數加以格式化。
"8b"	以欄位寬8及二進位將整數加以格式化。
"10.2f"	以欄位寬10、準確度為2將浮點數加以格式化。
"10.2e"	以欄位寬10、準確度為2將浮點數以科學記號加以格式化。
"10.2%"	將整數以百分比加以格式化，並以欄位寬10，準確度為2表示。
"30s"	以欄位寬30將字串加以格式化。
"<10.2f"	將浮點數以欄位寬10，準確度為2的格式向左靠齊。
">10.2f"	將浮點數以欄位寬10，準確度為2的格式向右靠齊。
"∧10.2f"	將浮點數以欄位寬10，準確度為2的格式置中。

當整數時，則使用 'd' 指定器；若爲浮點數，則使用'f'指定器；若爲字串，則使用 's' 指定器。而每一指定器前可加入數値，表示其欄位寬，如 '8d' 表示有8個欄位空間。還有向左、向右靠齊或置中，分別以 <、> 和 ∧來加以

控制，它可以用於整數、浮點數，以及字串皆可。表2-2的數字是為了配合說明而設定的，您可以視自己的需要而定。

```
>>> print(format(100, '8d'))
     100
```

在100的前面應該會有5個空白，因為欄位寬為8，表示有8個空間，但100只有3位數，所以前面會空出5個空白。

若指定的欄位寬小於要印出項目的空間時，此時欄位寬將被忽略之。

```
>>> print(format(100000, '3d'))
100000
```

因為印出100000至少要6個空間，但我們只給3位，所以此時的3將會忽略不用，而變為d的格式指定器而已。整數除了以十進制顯示外，也可以將它以十六進制、八進制，以及二進制的方式印出，如下所示：

```
>>> print(format(100, '8x'))
      64
>>> print(format(100, '8o'))
     144
>>> print(format(100, '8b'))
 1100100
```

用於將數值以百分比的型式印出，如下所示：

```
>>> print(format(0.2389, '6.2%'))
23.89%
```

同樣地，格式指定器也可以用於浮點數，如：

```
>>> print(format(123.456, '8.2f'))
  123.46
```

8.2f表示共有8位欄位寬，小數點後2位數的浮點數，所以123.456將會四捨五入爲小數點後2位。正確的印出共需6個欄位寬才可，若總欄位寬小於6位時，如5.2f，此時的總欄位寬5將會失效，而格式指定器將變爲 .2f。

討論完整數和浮點數後，再來看字串如何以format形式輸出。其實大同小異，如：

```
>>> print(format('Python is fun', '15s'))
    Python is fun
```

其中15s表示以總欄位寬15來輸出Python is fun共13個字元的字串。字串的輸出和上述的整數或浮點數不同，其輸出結果預設是向左靠齊，與整數和浮點數向右靠齊是不同的。

若要將字串向右靠齊，可加上 > 符號輔助之。如：

```
>>> print(format('Python is fun', '>15s'))
        Python is fun
```

由於格式指定器以向右靠齊的方式輸出，所以在字串的左邊會有兩個空白。同理，由於數值預設是向右靠齊輸出的，所以您可以藉助 < 符號向左靠齊。如以下敘述：

```
>>> print(format(12345, '10d'))
         12345
>>> print(format(12345, '<10d'))
    12345
```

除了提供可以向左和向右靠齊外，還可以向中靠齊，此時需使用 ^ 符號來完成。如以下敘述：

```
>>> print(format(12345, '^11d'))
      12345
```

表示給予11個欄位寬，並將12345置中輸出，由於12345佔5個欄位寬，因此其左、右會各有三個空白。

當我們要印出多個項目，如以下印出多個整數時，

```
print(12345, 12, 1234567)
print(12, 1234567, 12345)
print(1234567, 12345, 12)
```

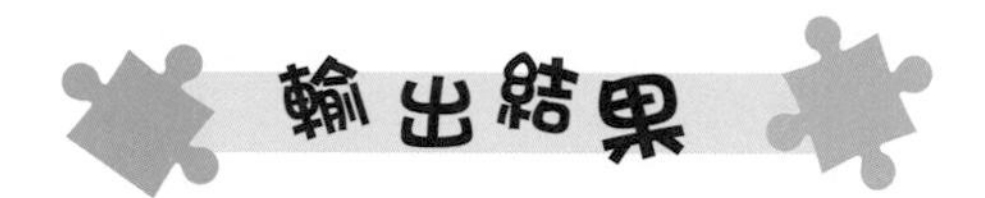


```
12345 12 1234567
12 1234567 12345
1234567 12345 12
```

苡凡，這輸出結果顯得很亂，而且可讀性相當低，也讓人眼花瞭亂。妳可以試試看用上面所談的 format 函式加上格式指定器來撰寫看看。

OK，由於上述的九個整數最大有 7 位數，所以我訂的格式指定器是 d，而且欄位寬我給它 10 位。程式如下：

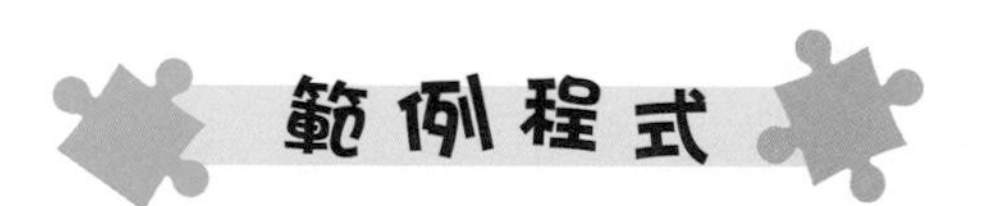

p2-11.py

```
print(format(12345, '10d'))
print(format(12, '10d'))
print(format(1234567, '10d'))

print(format(12, '10d'))
print(format(1234567, '10d'))
print(format(12345, '10d'))

print(format(1234567, '10d'))
print(format(12345, '10d'))
print(format(12, '10d'))
```

我來執行一下：

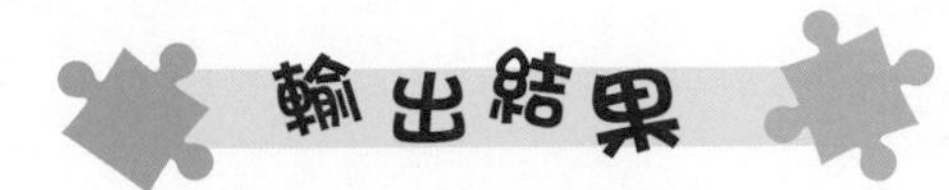


```
     12345
        12
   1234567
        12
   1234567
     12345
   1234567
     12345
        12
```

等等，我忘了不要跳行這件事了，重來！（經過 1 分鐘的修改）新版的程式如下：

p2-12.py

```
print(format(12345, '10d'), end = '')
print(format(12, '10d'), end = '')
print(format(1234567, '10d'))

print(format(12, '10d'), end = '')
print(format(1234567, '10d'), end = '')
print(format(12345, '10d'))

print(format(1234567, '10d'), end = '')
print(format(12345, '10d'), end = '')
print(format(12, '10d'))
```

這下看起來應該沒問題了，再重新執行看看。

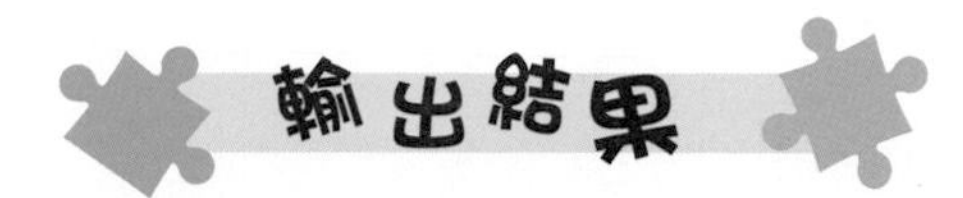


```
     12345         12   1234567
        12    1234567     12345
   1234567     123345        12
```

也可以表示如下：

p2-13.py

```
print(format(12345, '10d'), format(12, '10d'), format(1234567, '10d'))
print(format(12, '10d'), format(1234567, '10d'), format(12345, '10d'))
print(format(1234567, '10d'), format(12345, '10d'), format(12, '10d'))
```

輸出結果同上。這雖然可以達成目的，但很麻煩，有一格式化輸出還蠻容易撰寫的，那就是 %，請看以下的講義。

2. % 的語法如下：

```
print('%格式指定器' % (項目))
```

其中，格式指定器：項目整數爲d，浮點數爲f，字串爲s，端看項目的資料型態而定。

主題一：一個項目，一個格式指定器

```
>>> print('%10d'% (12345))
     12345
```

表示將12345以格式指定器10d的格式印出，其中10表示欄位寬。由於指定欄位寬爲10位，所以會在12345前面空了5個空白。若使用以下的敘述會更易看清楚12345前面是有空白的。

```
>>> print('|%10d|'% (12345))
|     12345|
```

此敘述比前一敘述的使用 || 將數字12345包圍起來。

阿志哥，若給予的欄位寬小於要印出的值呢？此時會出現錯誤嗎？

問得好，和前一個 format 函式一樣，不會產生錯誤的訊息，只會將目前設定的欄位寬視為失效的數字罷了，如下敘述所示：

```
>>> print('|%3d|'% (12345))
|12345|
```

由於印出 12345 的數值，至少需要 5 位。但我們指定的欄位寬為 3，故此時的欄位寬會自動失效，而變為 %d 而已。

接下來，妳認為以下的敘述之輸出結果為何？

```
>>> print('|%-10d|'%(12345))
```

我覺得您這樣問，結果應該不是在數字前加上負號吧？

沒錯，妳愈來愈厲害了，知道我會出有陷阱的題目，答案是向左靠齊。如下所示：

```
|12345     |
```

% 語法也可以用在浮點數，如下程式所示：

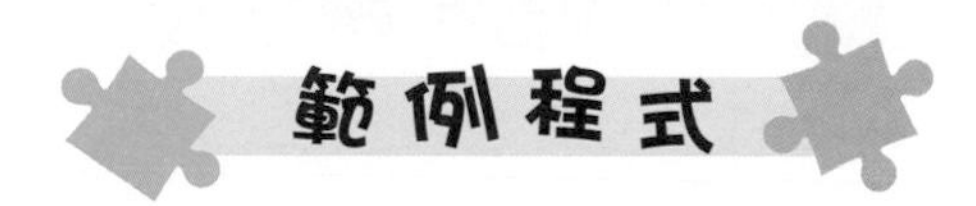

p2-15-1.py

```
print('|%8.2f|'%(123.456))
print('|%8.2f|'%(1.23456))
print('|%8.2f|'%(1234.56))
print('|%8.2f|'%(12.3456))
print('|%8.2f|'%(12345.6))
```

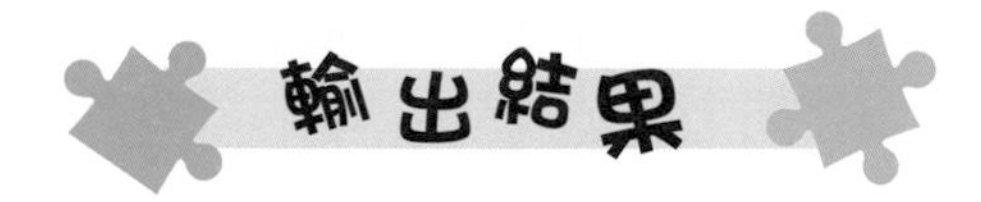


```
|  123.46|
|    1.23|
| 1234.56|
|   12.35|
|12345.60|
```

%8.2f 其中的 8.2 表示欄位寬的長度為 8 位，小數點後的位數為 2 位。若只關心小數點後的位數，則可以將欄位寬省略，只要 %.2f 即可。注意，欄位寬的長度包括小數點。如下程式所示：

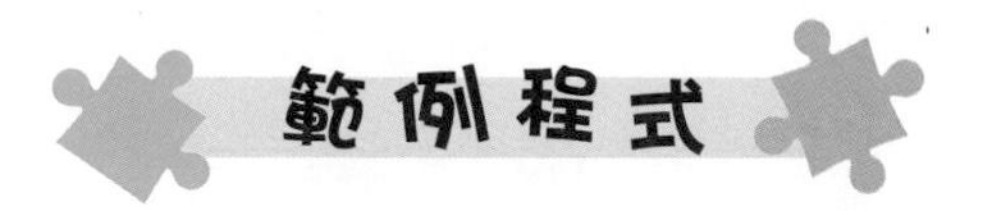

p2-15-2.py

```
print('|%.2f|'%(123.456))
print('|%.2f|'%(1.23456))
print('|%.2f|'%(1234.56))
print('|%.2f|'%(12.3456))
print('|%.2f|'%(12345.6))
```

```
|123.46|
|1.23|
|1234.56|
|12.35|
|12345.60|
```

以上兩個程式的差異在於有無欄位寬，所以輸出結果也不同，你看出來了嗎？

當然 % 語法也可以用於字串囉！道理是一樣的，只是格式的指定器是 %s。也可以加上欄位寬喔！如 %10s 表示有十個欄位寬。若字串的長度大於欄位寬，此時的欄位寬會自動失效。請看以下的範例：

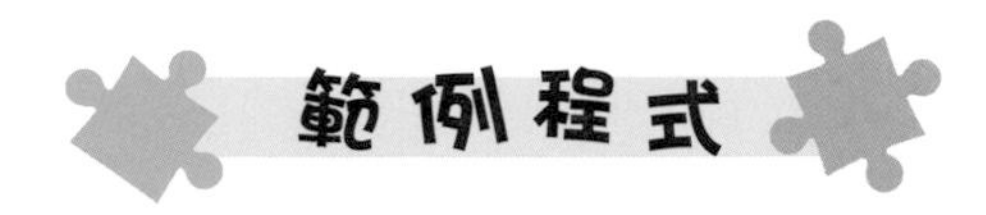

p2-16.py

```
print('|%30s|'%('Learning Python now!'))
print('|%-30s|'%('Learning Python now!'))
print('|%15s|'%('Learning Python now!'))
```

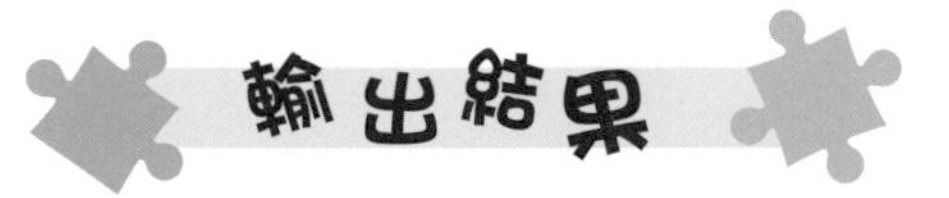

```
|          Learning Python now!|
|Learning Python now!          |
|Learning Python now!|
```

主題二：多個項目，則要多個格式指定器

```
>>> print('width = %2d, height = %2d, area = %3d' %(5, 7, 24))
    width = 5, height = 7, area = 24
```

在print那一行的前兩個%2d對應的是5和7，而最後%3d則對應24這項目。切記！這是一對一的對應。再囉嗦一次，除了格式指定器的符號外，其他字元會以原貌輸出。

若要將上述以format格式指定器改爲 % 格式指定器的話，則程式將如下所示：

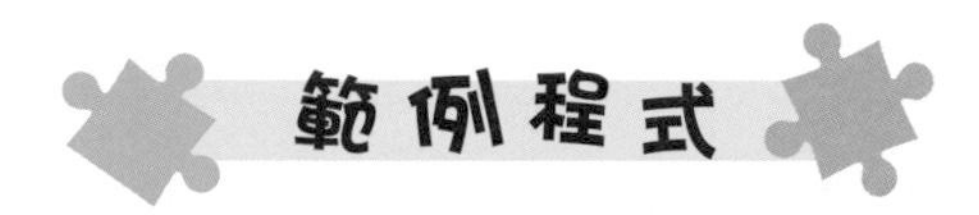

p2-17.py

```
print('%10d%10d%10d'%(12345, 12, 1234567))
print('%10d%10d%10d'%(12, 1234567, 12345))
print('%10d%10d%10d'%(1234567, 12345, 12))
```

在每一行的print函式內有三個%10d的格式指定器，分別對應%的小括號內的三個整數，它是一對一的對應。其輸出結果與範例程式p2-13.py相同。

由於%是格式指定器的符號，若要印出帶有 % 的字串，如100% orange juice，則需撰寫如下：

```
>>> print('%d%% orange juice'%(100))
    100% orange juice
```

其中的 %% 會轉譯爲 %。

3. .format( )的語法如下：

接下來是 .format( )方式和format( )很類似，只是format( )只對一個項目有效而已，而 .format( )可用於多個項目，其格式如下：

一個項目

```
print('{0}'.format(項目))
```

多個項目

```
print('{0}, {1}'.format(項目1, 項目2))
```

其中{0}對應第1個項目，{1}對應第2個項目，並且也可以使用格式指定器，如以下範例的5d和7d。

以範例說明之：

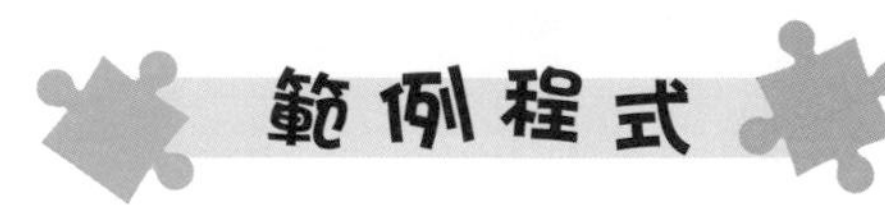

p2-18.py

```
print('{0}'.format(123))
print('{0}, {1}'.format(123, 12345))
print('{0:5d}, {1:7d}'.format(123, 12345))
print('x = {0:5d}, y = {1:7d}'.format(123, 12345))
print('x = {p:5d}, y = {q:7d}'.format(p=123, q=12345))
print('a = {0:7.2f}, b = {1:9.2f}'.format(123.456, 123.456))
print('{p:9s}, {q:7s}'.format(p='Kiwi', q='Banana'))
print('{p:>9s}, {q:>9s}'.format(p='Kiwi', q='Banana'))
print('{p:^9s}, {q:^9s}'.format(p='Kiwi', q='Banana'))
```

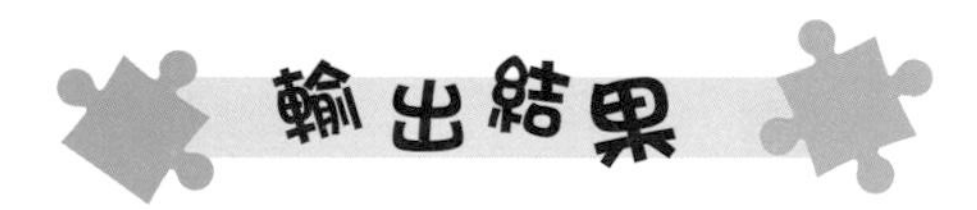


```
123
123, 12345
  123,   12345
x =   123, y =   12345
x =   123, y =   12345
a =  123.46, b =    123.46
Kiwi     , Banana
     Kiwi,    Banana
  Kiwi   ,  Banana
```

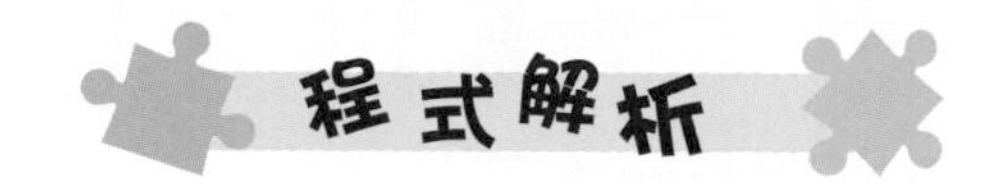


```
print('{0}'.format(123))
```

因爲 .format的項目只有一項，爲123，所以與其對應的是{0}，記得有左、右大括號。

```
print('{0}, {1}'.format(123, 12345))
```

因爲要格式化的項目有兩項，分別爲123和12345，與其對應的分別是{0}和{1}。其中輸出結果的逗號是強迫印出的，因爲在第一個參數中我們有加入一個逗號的符號。

上一敘述若要給予格式指定器則需表示爲：

```
print('{0:5d}, {1:7d}'.format(123, 12345))
```

表示123是以5d的格式輸出，而12345則以7d的格式輸出。

也可以加上想要列印的資料，如：

```
print('x = {0:5d}, y = {1:7d}'.format(123, 12345))
```

與上一敘述之差異在於多了 x = 和y = 字串。

也可以將{0:5d} 和 {1:7d} 中的0和 1分別以另一名稱如p 和q來取代，因此，上述敘述可爲：

```
print('x = {p:5d}, y = {q:7d}'.format(p=123, q=12345))
```

同時也需將輸出的項目加上p=123和q=12345，用以指定p與q的值各爲何。

浮點數的輸出如下所示：

```
print('a = {0:7.2f}, b = {1:9.2f}'.format(123.456, 123.456))
```

表示分別以7.2f和 9.2f輸出123.456

字串的輸出一般是向左靠齊，若要向右靠齊，則需加上 > 符號，若要置中，則要加上 ^ 符號。請參閱p2-18.py範例程式。

以上三種輸出的格式指定器，妳喜歡哪一種呢？

以下上機題目，請先自行演練後，再上機驗證您做的答案是否正確。

1. 試問以下程式的輸出結果：

(a)

```
print('|%10d  %9d  %9d|' %(12345, 12, 1234567))
print('|%10d  %9d  %9d|' %(12, 1234567, 123))
print('|%10d  %9d  %9d|' %(1234567, 123, 12345))
```

(b)

```
print(format('Department', '12s'))
print(format('of', '12s'))
print(format('Computer', '12s'))
print(format('Science', '12s'))
print()
```

(c)

```
print(format('Department', '>12s'))
print(format('of', '>12s'))
print(format('Computer', '>12s'))
print(format('Science', '>12s'))
```

(d)

```
print(format(123.456, '10.2f'))
print(format(12345.678, '10.2f'))
```

(e)

```
print('i=%d' %(100))
print('i=%d, j=%d' %(100, 200))
```

(f)

```
print('Price: $ %8.2f' % (356.08977))
print('%10.2f  %10.2f' % (123.456, 345.789))
print('%-10.2f %5d' %(123.456, 100))
print('radius = %d, area = %7.2f' %(5, 5*5*3.14159))
print('Raidus:{a:3d}, Area:{b:10.2f}'.format(a=5, b=5*5*3.14159))
```

(g)

```
print('%.2f degree Celsius in Fahrenheit \
      is %.2f' % (3.25, 3.25 * 1.8 + 32))
print('%.2f degree Fahrenheit in Celsius \
      is %.2f' % (94.5, (94.5 - 32) / 1.8))
```

(h)

```
print('%-15s %-10s' % ('Month', 'Amount'))
print('%-15d %-10.2f' % (1, 43400.2))
print('%-15d %-10.2f' % (2, 45430.28))
print('%-15d %-10.2f' % (3, 48030.48))
print('%-15d %-10.2f' % (4, 51112.96))
print('%-15d %-10.2f' % (5, 52857.2))
```

2. 除錯題（Debug）

```
print('|%10d  %9d  %9d|' $(12345, 12, 1234567))
print('Raidus:{a:3d}, Area:{b:10.2f}'.format(5, 5*3.14159))
print(format('10.2f', 123.456))
print('-15d -10.2f' % (1, 43400.2))
print('x = {0:%5d}, y = {1:%7d}'.format(123, 12345))
```

3. 試撰寫一程式，將給予的資料123、45以及123456，以format、.format以及%的格式化加以輸出，每一列輸出三個不同排列的資料，如以下所示：

```
Using format
       123        45    123456
        45    123456       123
    123456       123        45

Using .format
       123        45    123456
        45    123456       123
    123456       123        45

Using %
       123        45    123456
        45    123456       123
    123456       123        45
```

4. 第3題是將輸出結果向右靠齊，請撰寫一程式，將輸出結果向左靠齊，輸出結果如下，並檢視哪一種在視覺感受上較佳。

```
Using format
123           45            123456
45            123456        123
123456        123           45

Using .format
123           45            123456
45            123456        123
123456        123           45

Using %
123           45            123456
45            123456        123
123456        123           45
```

選擇題

( ) 1. print敘述中的format輸出字串時，預設是

(A) 向左靠齊　(B) 向右靠齊　(C) 置中　(D) 沒有規定

( ) 2. 在print敘述中的format需要使用下列哪一個符號，將輸出結果置中

(A) <　(B) >　(C) ^　(D) %

( ) 3. 在print敘述中哪一個為錯誤

(A) 利用 \\ 可輸出 \

(B) 利用 \' 可輸出 '

(C) 要輸出的字串可利用雙引號或單引號括住

(D) 每一次執行完print敘述後都不會跳行，所以也不必使用end來輔助

( ) 4. 若要輸出123.456到小數點一位，並給予8個欄位寬，如以下的結果

ΔΔΔ123.5（Δ表示空白）

試問哪一項是錯的

(A) print(format(123.456, '8.1f'))

(B) print('%8.1f'%(123.456))

(C) print('{0:8.1f}'.format(123.456))

(D) print('{p:8.1f}'.format(123.456))

( ) 5. 若要輸出以下的結果

|12345 |

程式給予8個欄位寬，並向左靠齊，試問哪一項是對的

(A) print('|%8d|'%(12345))

(B) print('|%+8d|'%(12345))

(C) print('|%-8d|'%(12345))

(D) print('|-8d|'%(12345))

簡答題與實作題

1. 試問以下程式的輸出結果：

(a)

```
print('Member {0:7s},discount {1:3.2f}'.format('Karen', 0.358))
print('Member {0:7s},discount {1:3.2f}'.format('Sammy', 0.484))
print('Member {0:7s},discount {1:3.2f}'.format('JoJo', 0.426))
```

(b)

```
print('%20s %-20s' % ('tall', 'short'))
print('%20s %-20s' % ('strong', 'weak'))
print('%20s %-20s' % ('thick', 'thin'))
```

(c)

```
print('%20s %-20s' % ('Apple\'s Products:', 'iPhone'))
print('%20s %-20s' % (' ', 'iMac'))
print('%20s %-20s' % (' ', 'Apple Watch'))
print('%20s %-20s' % (' ', '...'))
```

(d)

```
print('%-15s %7s' % ('City', 'Celsius'))
print('%-15s %7.2f' % ('Taipei', 33.2))
print('%-15s %7.2f' % ('Yilan', 32.93))
print('%-15s %7.2f' % ('MiaoLi', 32.29))
print('%-15s %7.2f' % ('Taichung', 32.48))
print('%-15s %7.2f' % ('HuaLian', 33.87))
```

2. 如何輸出以下結果，並利用end功能完成？請撰寫一程式測試之：

```
---------
Learning Python now***
Python is fun$$$
---------
```

3. 除錯題

(a)

```
print('|10d  9d  9d|' %(12345, 12, 1234567))
print('Raidus:(a:3d), Area:((b:10.2f)'.format(5, 5*3.14159))
print(format(123.456，'%10.2f'))
print('%15d %10.2f %5s' %(1, 43400.2))
print('x = {0:5d}, y = {1:7d}'.format(a=123, b=12345))
```

(b)

```
print(format('5d', 123), format('8d', 4567)
print('%5d %8d'(123, 4567))
print('(0:5d} (1:8d}'.format(123, 4567))
print('{p:5d} {q:8d}'.format(x=123, y=4567))
```

4. 試撰寫一程式，將給予的資料123.456、45.678以及123456.789，以format、.format以及%的格式化加以輸出，每一列輸出三個不同排列的資料，如以下所示：

```
Using format
    123.5         45.7   123456.8
     45.7    123456.8       123.5
123456.8        123.5        45.7

Using .format
    123.5         45.7   123456.8
     45.7    123456.8       123.5
123456.8        123.5        45.7

Using %
    123.5         45.7   123456.8
     45.7    123456.8       123.5
123456.8        123.5        45.7
```

5. 試撰寫一程式，將給予的資料 kiwi、pineapple以及orange，以format、.foramt以及%的格式化加以輸出，每一列輸出三個不同排列的資料，如以下所示：

```
Using format
     kiwi  pineapple     orange
pineapple     orange       kiwi
   orange       kiwi  pineapple

Using .format
     kiwi  pineapple  orange
pineapple     orange  kiwi
   orange       kiwi  pineapple

Using %
     kiwi  pineapple     orange
pineapple     orange       kiwi
   orange       kiwi  pineapple
```

撰寫你的第一個程式

撰寫程式會用到許多的運算子，運算子是一種符號，它具有特定的功能，有如古代未發明文字時，用象形符號來表示某種意義。

看完了前二章後，苡凡妳有沒有一股衝動想要撰寫一下程式呢？

當然是很想，但有點怕，因為我的數學很差，這樣是不是不適合學習程式設計呢？

那最好不過了，因為所有的運算電腦都一手包辦了，不用擔心。來吧，只要邏輯清楚就可以學了，何況現在的每個行業都要資訊化了，最近銀行界找資訊相關人才更是多。今日不學，明日淘汰的是妳喔！

是呀，幾乎每一行業都會用到，所以我才來找您這位大師指點指點。

不要說大師啦！我們可以相互切磋。

可以告訴我學習程式設計的秘訣嗎？

沒有秘訣，但有三多，就是多做、多看、多除錯（debug）。其實 debug 是很重要的一環，因為撰寫程式一定會有錯誤（bugs），此時千萬不要馬上請人幫妳 debug，這是不好的習慣，因為妳的功力會被吸走，完全得不到知識，受惠的是別人，而受害的則是自己。想了許久後，真的無法找出 bugs 再請教他人。

是的，我會牢牢記住。

以我的經驗，在一班的同學中，程式設計程度好的都是別人去問他問題，他把這些 bugs 的解法加以累積，久而久之他就變最強了。好了，不多說。在未真正撰寫程式前，先來了解何謂變數、常數、運算子、運算式，以及敘述。請看以下的講義。

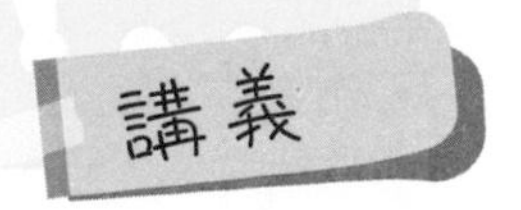

3-1 變數與常數

變數（variable），顧名思義就是它會隨著程式的執行，其值會有所改變。一般我們會從題目中，訂定代表這些事項的變數名稱。取變數名稱盡量要和代表的事項相貼近，如要算兩數的總和與平均分數，取total變數名稱比取t來得好，取平均分數的變數名稱爲average，比取a來得佳。由於本書有時會不考慮此觀念，而取較短的變數名稱，因爲旨在如何讓你了解每一主題的意義和用法罷了。

變數名稱一定要是英文字母或是底線(_)開頭，接下來可爲數字、英文字母或是底線。若不是符合上述規則將視爲不合法的變數名稱。如 5s、$4、&7 皆是不合法變數名稱，而s5、_s、_5s皆是合法的變數名稱。

常數（constant）表示不會因程式的執行而改變其值，如3.14159、100等等，這些常數是不會改變的。

有了變數和常數後，需要運算子（operator）來協助運算。

3-2 運算子

什麼是運算子？這個英文字和接線生（operator）的英文一樣耶，有特殊的含意嗎？

運算子是一特殊的符號（symbol），具有特定的功能，好比古代未發明文字前的象形符號一般。請看圖 3-1：

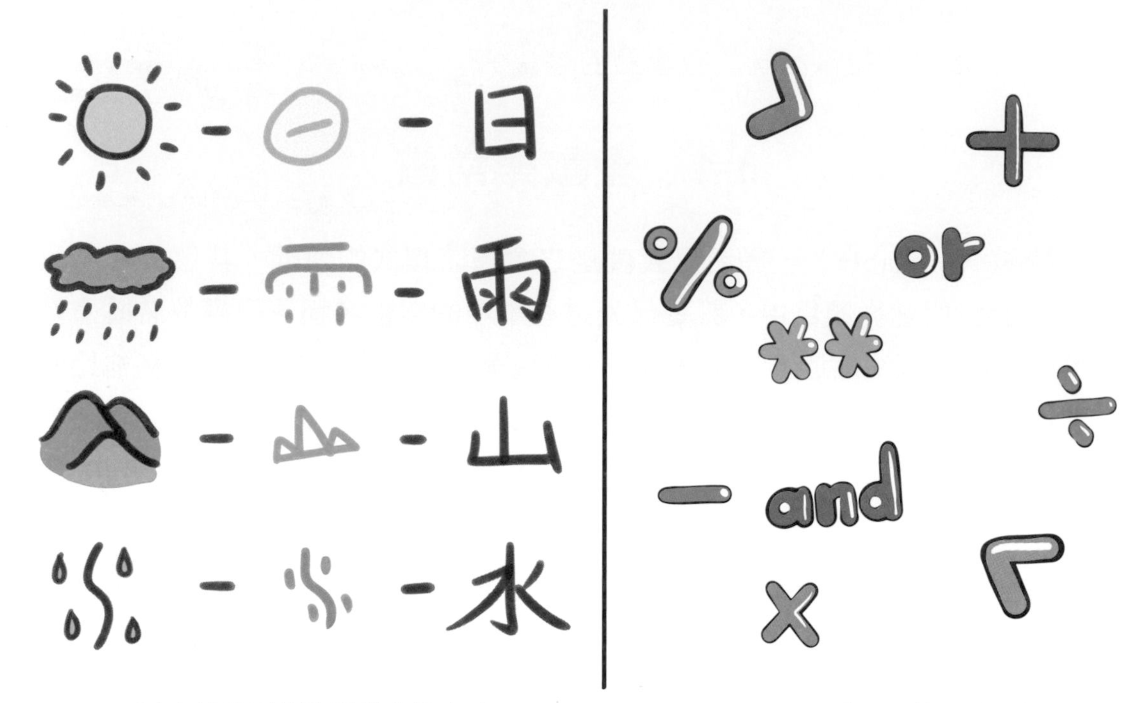

(a)古代象形符號所代表的文字　　(b)Python程式語言使用的運算子

● 圖3-1　(a)象形符號和(b)運算子

我們以下面的運算式來說明：

```
a = 100
```

其中，等號（=）表示指定（assign）的意思，我們稱它為指定運算子（assignment operator）。當中的100和a稱為運算元（operand）。何謂運算式（expression）？其實就是運算元與運算子的結合。所以上述的運算式可解譯為：將常數運算元100指定給變數運算元a。簡單地說，就是將100指定給變數a。

了解。那敘述（statement）又是如何呢？

在其他語言也許需要加上分號（;）才表示敘述（statement），如C、C++、Java，以及其他程式語言，但在Python，不需要分號來輔助就是完整的敘述了，因此在Python你可以視運算式就是敘述。

這等號好像不同於數學上的等號吧！

沒錯，妳反應得很快，程式語言的等號是指定的意思，表示將等號的右邊值指定給左邊的變數。注意，左邊一定要變數才可，不可以是常數。妳知道是為什麼嗎？

因為變數會變，而常數不會變，因此等號的左邊不可以是常數。

完全正確，妳真的有程式設計的天份。運算子是程式設計必備的運算符號，除了上述的指定運算子以外，還有一些，讓我們繼續看以下的講義。

講義

3-2-1 算術運算子

在程式中最常用到的運算子，應是算術運算子（arithmetic operator）或數值運算子，因為有關數值的運算，一定要靠它來完成。

表3-1 算術運算子

運算子	名稱	範例	結果
+	加法	65 + 1	66
-	減法	77 – 10	67
*	乘法	20 * 30	600
/	浮點數除法	3.0 / 2.0	1.5
//	整數除法	3.0 // 2.0	1
**	指數	10 ** 2	100
%	餘數	29 % 3	2

其中+ 與 - 運算子可以是一元或二元運算子。一元運算子（unary operator）只含有一個運算元，二元運算子（binary operator）則有兩個運算元。比方說，-100 裡的 "-" 運算子即爲一元運算子，其用來將數值100做爲負號使用，然而 6 - 5 裡的 "-" 運算子則爲二元運算子，用來將 6 減去 5。

算術運算子的運算順序和數學運算是一樣的，先乘、除，後加、減，且使用小括號可以改變其運算的優先順序，如下所示：

```
>>> a = 7 + 8 * 2 - 6 + 8 / 2
>>> print(a)
    21.0
>>> b = (7 + 8) * 2 - (6 + 8) / 2
>>> print(b)
    23.0
```

請問＋運算子可用於字串嗎？

若使用＋運算子於字串，則表示將兩個字串連結起來，如下所示：

```
>>> str1 = 'Learning Python ' + 'is fun'
>>> print(str1)
    Learning Python is fun
```

不過要注意的是，有時字串很長，可能會連續到下一行時，則需藉助 \，如下敘述所示：

```
>>> str2 = 'Learning Python ' + \
           'is fun'
>>> print(str2)
    Learning Python is fun
```

在字串中若需要跳行，則可利用 \n 來實現。如以下印出妳的生日是否在這日期字串上。請看下面的範例：

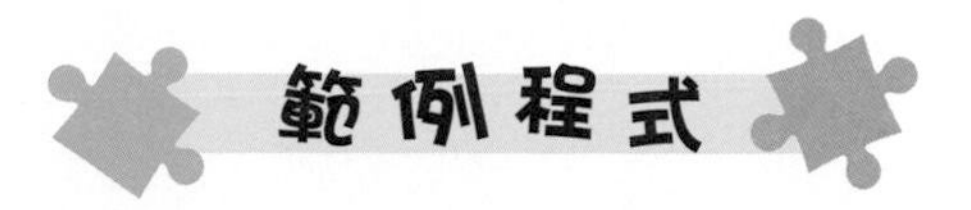

p3-7.py

```
>>> question1 = 'Is your birthday in set1?\n' + \
                '1   3   5   7\n' + \
                '9   11  13  15\n' + \
                '17  19  21  23\n' + \
                '25  27  29  31\n' + \
                '\n Enter 1 for Yes and 0 for No: '
>>> print(question1)
```

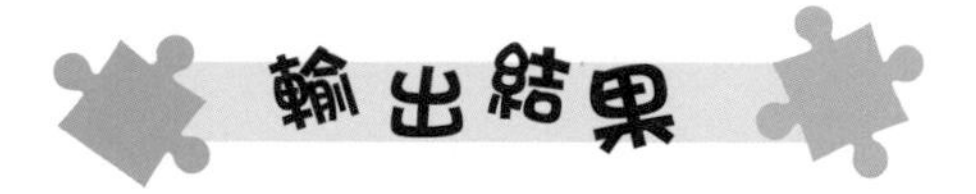


```
Is your birthday in set1?
1   3  5  7
9   11  13  15
17  19  21  23
25  27  29  31

Enter 1 for Yes and 0 for No:
```

其表示 question1 當做是為字串來看待，而且此字串分好幾行。

真是多變的 + 運算子。

苡凡，我出個題目讓妳複習 print 函式並加以 debug。

p3-8-1.py

```
print(Hello, world)
print('Hello'; end)
print('world")
s = 'Hello ' +
    'world'
print(s)
```

喔喔！我來試試看。改好後的程式如下：

p3-8-2.py

```
print('Hello, world')
print('Hello,', end=' ')
print('world')
s = 'Hello, ' + \
    'world'
print(s)
```

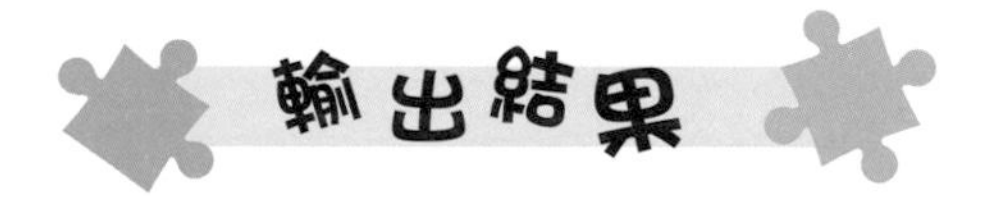


```
Hello, world
Hello, world
Hello, world
```

我來說明一下，我改了三個地方。首先是第一個 print 裡面的參數，由於是字串，所以需要以單引號或雙引號括住。第二個 print 內的分號改為逗號，並且在 end 後面加上 = ' '。第三個 print 的字串不可以單引號和雙引號同時出現。第四行的後面要加上 \，以表示字串連續到下一行。說明完畢。

在表 3-1 中，/ 和 // 是不同的，雖然都是除法，但前者計算結果的浮點數，亦即有帶小數點的數值，而後者計算的結果是整數。% 表示兩數相除取其餘數。而 ** 是計算某數的次方，如 10 ** 2，表示為 10^2，即為 100。以下是一些範例說明：

```
>>> 8 / 3
    2.6666666666666665
>>> 8 // 3
    2
>>> 8 ** 2
    64
>>> 100 ** 0.5
    10.0
>>> 8 % 3
    2
>>>
```

其中100 ** 0.5相當於100的開根號（$\sqrt{100}$），亦即$(100)^{1/2}$。苡凡，妳來試試本章後面習題作業的實作題第2題，看看妳的了解程度。

若沒問題，我們繼續討論指定運算子，當妳想要將一同樣值指定多個變數時，一般會使用如下敘述：

```
>>> i = 100
>>> j = 100
>>> k = 100
>>> print(i, j, k)
    100 100 100
```

妳也可以撰寫成一行運算式即可，如下所示：

```
>>> i = j = k = 200
>>> print(i, j, k)
    200 200 200
```

此稱為同時指定，還有一個蠻特別的是，可以不同的值同時指定給多個不同的變數，如：

```
>>> a, b = 100, 200
>>> print(a, b)
    100 200
```

苡凡，妳來撰寫兩變數 a 與 b 對調的運算式。

好喔！如下所示：

```
>>> a = 100
>>> b = 200
>>> a = b
>>> b = a
>>> print(a, b)
    200 200
```

輸出的結果兩者皆是 b 變數的值，因而知道它是錯誤的寫法。兩數對調，不可如同你我在交換禮物的動作，妳的給我，我的給妳。一般我們在處理兩數對調時，會借助另一變數，做法如下：

```
>>> a = 100
>>> b = 200
>>> temp  = a
>>> a = b
>>> b = temp
>>> print(a, b)
    200 100
```

上述利用 temp 變數暫存 a 變數值，之後，將 b 指定給 a，最後再將 temp 指定給 b。如圖 3-2 所示：

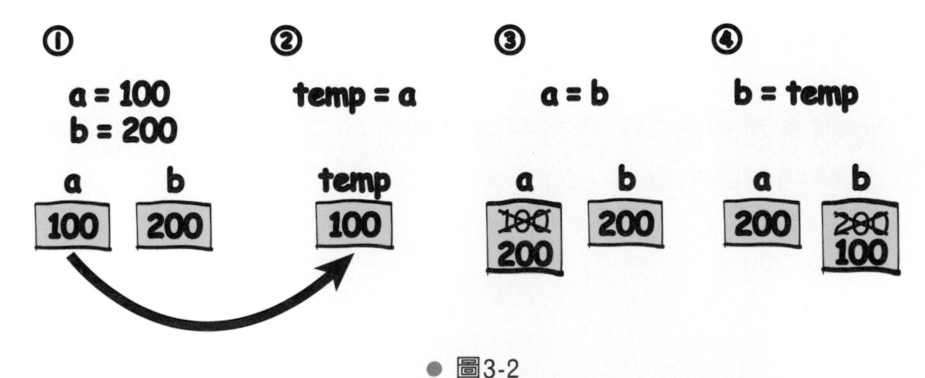

● 圖3-2

在 Python 上就可以不必這麼麻煩了，只要利用上述的同時指定運算式就可以完成。如下所示：

```
>>> a = 100
>>> b = 200
>>> a, b = b, a
>>> print(a, b)
    200 100
```

好棒！可以不用另一變數就可達成兩數對調，太強了。

3-2-2 擴增指定運算子

還有一項運算子是將算術運算子和指定運算子合併成所謂的擴增指定運算子（augmented operator）或算術指定運算子（arithmetic assignment operator）。如表 3-2 所示：

表3-2 擴增指定運算子

運算子	名稱	範例	相當於
+=	加法指定	i += 6	i = i + 6
-=	減法指定	i -= 6	i = i – 6
*=	乘法指定	i *= 6	i = i * 6
/=	浮點數除法指定	i /= 6	i = i / 6
//=	整數除法指定	i //= 6	i = i // 6
%=	餘數指定	i %= 6	i = i % 6
**=	指數指定	i **= 6	i = i ** 6

我示範幾個範例給妳看看。

```
>>> a = 10
>>> a += 2
>>> print(a)
    12
>>> a *= 5
>>> print(a)
    60
>>> a //= 3
>>> print(a)
    20
>>> a %= 6
>>> print(a)
    2
```

要注意的是，算術運算子在指定運算子的前面。接下來，我們來看輸入函式，請看以下的講義：

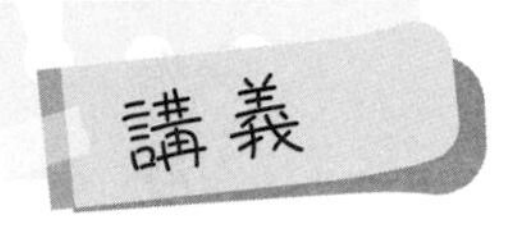

3-3 輸入函式input()

```
>>> k = eval(input())
    3
>>> k
    3
>>> print(k)
    3
```

從以上的輸出結果得知，在REPL的模式下鍵入變數名稱時，將會顯示其值，與使用print函式印出是一樣的效果。

上一敘述不是很友善，因爲使用者也許不知道接下來要做啥事，所以會以一提示的字串告知使用者接下來要做的事情。如何做呢？很簡單，只要在input函式內加上要顯示的提示字串訊息即可，如下所示：

```
>>> s = eval(input('Please enter an integer: '))
    Please enter an integer: 45
>>> s
    45
```

此時會顯示Please enter an integer: 的提示訊息，並等待使用者輸入一整數。

```
>>> s2 = input ('Please enter a string: ')
    Please enter a string: Hello, world
>>> s2
    'Hello, world'
>>> print(s2)
    Hello, world
```

若在IDLE下直接以s2輸出的話，結果爲 'Hello, world'。在Hello world左、右會加上單引號。而若以print(s2) 方式輸出的話，則不會加單引號。

需注意的是，從input() 函式輸入的資料是字串，即使您輸入的資料是數字也是字串的型態，如下敘述輸入88。

```
>>> str2 = input('Please enter an integer: ')
     Please enter an integer: 88
>>> print(str2)
    88
>>> str2
    '88'
```

將它印出的88是字串資料型態喔！

苡凡，妳來看看以下這一運算式是正確的嗎？

```
>>> str2 = input('Please enter an integer: ')
    Please enter an integer: 88
>>> num = str2 + 100
```

這好像是 188 吧！

No，不對的，妳忘了輸入的 88 是字串。若執行

```
str2 + 100
```

會出現以下的錯誤訊息：

```
Traceback (most recent call last):
    File "<pyshell#14>", line 1, in <module>
        num = str2 + 100
TypeError: Can't convert 'int' object to str implicitly
```

此錯誤是因為 str2 是字串與數值 100 無法相加的緣故，因此需要有一機制將字串轉換為數值，Python 提供 eval 函式可達到此目的。如下所示：

```
>>> str2 = eval(input('Please enter an integer: '))
    Please enter an integer: 88
>>> num = str2 + 100
>>> print(num)
    168
```

這是初學者常犯錯的小地方，請多加注意。

知道了，原來是要經過 eval 的轉換才能將字串變為數值。

現請妳輸入二個數值，然後將其加總並印出。

這次我應該不會再出錯了。（經過 3 分鐘後）如以下的程式：

```
>>> num1 = eval(input('Please enter number1: '))
    Please enter number1: 100
>>> num2 = eval(input('Please enter number2: '))
    Please enter number2: 200
>>> print(num1 + num2)
    300
```

寫法是正確，而且答案也是對的，不過可以讓它更簡潔。Python 提供我們可以輸入多個數值，然後一一指定給其對應的變數。如下所示：

```
>>> num1, num2 = eval(input('Enter two numbers separated by comma: '))
    Enter two numbers separated by comma: 100, 200
>>> print(num1 + num2)
    300
```

記得輸入多個資料時，其之間要以逗號隔開喔！否則會出現錯誤的訊息。

那是一定要的，否則它無法指定給其對應的變數，學到了。

3-4 我的第一個程式

到目前為止，妳應有能力撰寫一完整的程式了。現請妳撰寫輸入三個整數數值，然後計算其總和與平均數，並加以輸出。

好的，我來寫寫看。（經過 3 分鐘後）程式如下所示：

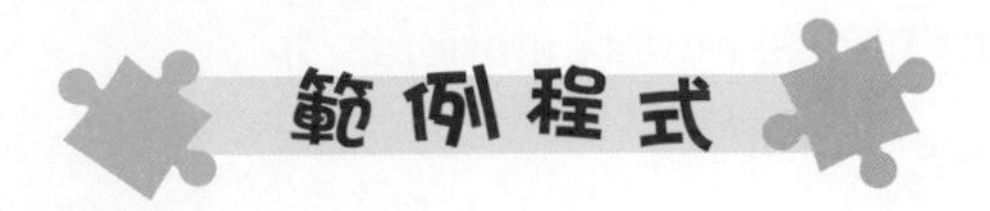

p3-16.py

```
num1, num2, num3 = eval(input('Enter three numbers separated by commas: '))
total = num1 + num2 + num3
average = total / 3
print('total = %d, and average = %f'%(total, average))
```

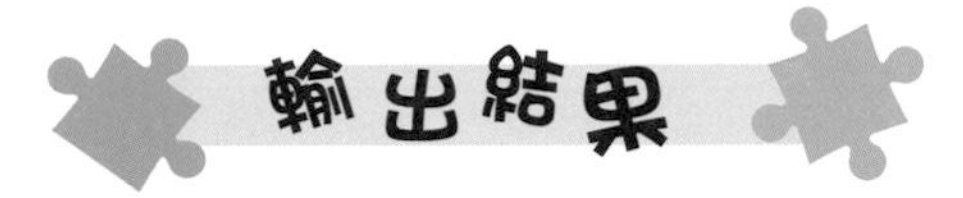


```
Enter three numbers separated by commas: 111, 155, 177
total = 443, and average = 147.66666666666666
```

寫得不錯，但可以更好，妳可以使用格式指定器以指定印出小數點後兩位數的浮點數。更改一下 print 函式即可，如下所示：

```
print('total = %d, and average = %.2f'%(total, average))
```

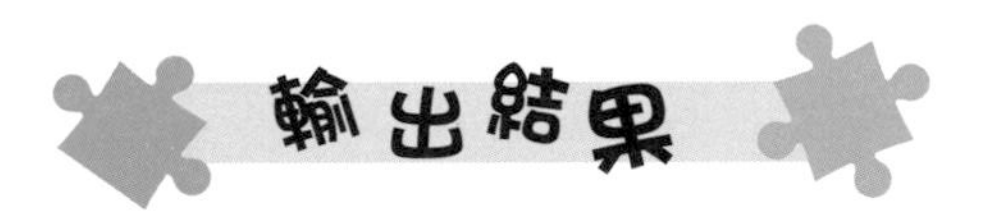


```
Enter three numbers separated by commas: 111, 155, 177
total = 443, and average = 147.67
```

對吼，我怎麼沒想到呢？下次一定會記得。當然，我是初學者，還請阿志哥多多指導指導。

好吧！看妳這麼認真，我們再來做一題，輸入一圓的半徑，然後計算其圓的面積與周長。

沒問題，我做看看。（經過 5 分鐘後）程式如下所示：

p3-17-1.py

```
radius = eval(input('Enter the radius: '))
area = radius * radius * 3.14159
perimeter = 2 * 3.14159 * radius
print('Area = %.2f'%(area))
print('Perimeter = %.2f'%(perimeter))
```

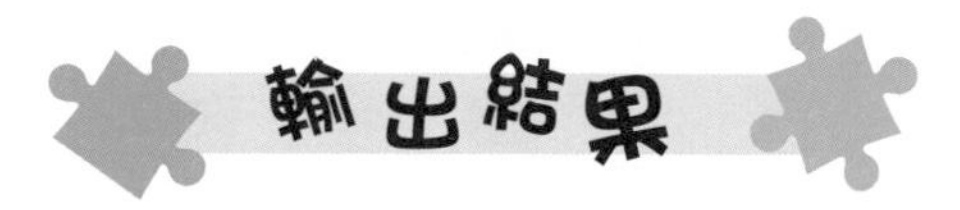


```
Enter the radius: 5
Area = 78.54
Perimeter = 31.42
```

非常好，完全正確，但可以更好。若將 3.14159 以 math 模組下的 pi 取代會更好，如以下程式所示：

p3-17-2.py

```
import math
radius = eval(input('Enter the radius: '))
area = radius * radius * math.pi
perimeter = 2 * math.pi * radius
print('Area = %.2f'%(area))
print('Perimeter = %.2f'%(perimeter))
```

輸出結果相同。如果沒有設定格式指定器 %.2f 的話，可能會不一樣，因為 math.pi 會比較精確，其值為 3.141592653589793。妳可以試試看。有關在 math 模組下還有許多好用的函式，如計算 x 值的開根號可利用 math.sqrt(x)，請參閱第 4 章。

以上的程式是完全可執行，算是不錯了，但若要更好的話，則需加入註解敘述。其實註解敘述在程式中佔了很重要的角色。以我的經驗，程式寫得好的同學是不太喜歡加註解敘述的。因為他認為他都會了，幹嘛多此一舉呢？

嘿嘿，若有這種觀念其實是不對的。請看以下的講義。

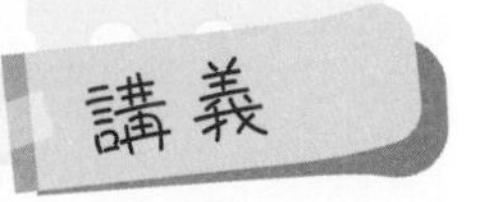

3-5 註解敘述

程式的好壞在於是否每一個人都看得懂你寫的程式。

照您所說的，若他人看不懂我寫的程式，那我寫的程式就不是好程式囉？

是的。請不要沾沾自喜那麼多人看不懂你寫的程式。

那請問有何方式可以做到讓大家看懂我寫的程式呢？

可利用註解敘述（comment statements）來協助。Python 的註解敘述有二種：一為以 # 開頭，在同一行後面的文字即為註解敘述，如以下敘述：

```
# This program display learning Python now!, and Python is fun.
```

另一方式是以 ''' 開頭，並以 ''' 結尾，之間的文字即為註解敘述。

```
'''
This program display learning Python now!,
and Python is fun.
'''
```

這兩種方式有何不同呢？

開頭的註解敘述，一般用於功能只限於此行。而 ''' 則用於多行。很可惜，許多的程式設計師不常用註解敘述。

為什麼不常用呢？

很多人怕麻煩，還有程式設計師一般認為這程式是我寫的，我都知道其來龍去脈，幹嘛要寫註解敘述呢？這是不對的觀念，因為日久之後，你可能會忘記，或是由他人來維護你寫的程式。

可是我英文不好，會不會寫出來卻出現錯誤訊息。

這沒關係，Python 不會理會註解敘述，這些敘述主要是給他人看，讓他們看懂你寫的程式而已。

有這樣好處，以後我要在程式上加註解敘述，好讓他人都看得懂我寫的程式。

所以以後在程式上要善加利用一些註解。苡凡，妳來將上述的程式加上註解敘述看看：

OK。如下所示：

p3-19.py

```
#input 3 integers then calculate total and average
num1, num2, num3 = eval(input('Enter three numbers separated by commas: '))

#calculate total and average
total = num1 + num2 + num3
average = total / 3

#display total and average
print('total = %d, and average = %.2f'%(total, average))
```

註解敘述很重要，其實不一定要每個地方都加上註解，在重要的區段加上註解就可以了。至少在程式開頭說明此程式的用意。要在哪兒加註解，往後我們會再加以說明。好的開始是成功的一半，下一章教妳如何讓撰寫程式更容易。

1. 試問下列程式的輸出結果：

(a)

```
a = 100
b = 200
c, d = a, b
print(c, d)
print(c)
print(d)
print()
```

(b)

```
a = 100
b = 200
c, d = a, b
print(c, d)
print(c, end=' ')
print(d, end= '***')
print('Over')
```

2. 試問下列程式的輸出結果：

(a)

```
x = 100
y = 3
print(x * y)
print(x / y)
print(x // y)
print(x % y)
print(x ** y)
print(x ** 0.5)
```

(b)

```
str1 = 'Hello, '
str2 = "Python"
str3 = str1 + str2
print(str3)
a = 100
b = 200
c = a + b
print(c)
```

(c)

```
str1 = 'Hello, ' + \
    'Python, Let\'s learning '
str2 = "Python now"
str3 = str1 + str2
print(str3)
```

3. 試問下一程式的輸出結果為何？

(a)

```
a = 100
b = 3
a //= b
print(a)

a = 100
a %= b
print(a)

a = 100
a /= b
print(a)
```

(b)

```
a = 100
b = 200
print(a, b)

b, a = a, b
print(a, b)
```

4. 除錯題（Debugs）

(a)

```
str1 = 'Hello, ' +
        'Python, Let's learning '
str2 = "Python now"
str3 = str1 + str2
print(str3)
```

(b)

```
#Convert Fahrenheit to Ceisius
    print('Fahrenheit 212 is Celsius degree')
print(5/9 * 212-32)
```

(c)

```
#change a and b
a = 100
b = 200
print(a, b)

b = a
a = b
print(a, b)
```

(d)

```
a = input('Enter an integer: ')
b = a + 100
print(a, b)
```

(e)

```
a = eval(input(Enter an integer: ))
b = a + 100
print(a; b)
```

(f)

```
'''
Display two messages
#
a = 100
b = 200
print(a, b)
```

5. 試問下列表格中的運算式值為何？

運算式	結果
41 / 5	
41 // 5	
41 % 5	
50 % 5	
1 % 2	
35 % 3	
45 + 4 * 3 – 12	
45 + 34 % 3 * (21 * 3 % 2)	
6 ** 3 – 21	
100 ** 0.5 * 2 - 29	

6. 假設a = 10，試問下列表格中的運算式值為何？(每一個運算式是獨立的)

運算式	結果
a += 3	
a *= 3	
a /= 3	
a //= 3	
a %= 3	

7. 試問下一程式的輸出結果為何？

```
#output 1
print(1, end='')
print(22, end='*****')
print(333)
print()
```

```
#output 2
print(1, end='$')
print(22, end='@@@@@')
print(333)
print('Over')
```

8. 試撰寫一程式，輸入五個數值，計算其總和與平均數。最後印出這五個數值，總和，以及平均數。

輸入樣本：

20

40

60

80

100

輸出樣本：

20 40 60 80 100

Sum = 300

Average = 60.0

9. 承上題，但範例輸入樣本和上題不同，如下所示：

請輸入五個整數，之間以逗號隔開： 20, 40, 60, 80, 100

最後範例輸出樣本和上題相同。試撰寫一程式執行之。

```
20 40 60 80 100
Sum = 300
Average =  60.0
```

選擇題

(　　) 1. 有 一敘述a = 5/2 + 5//2 + 2**3 + 5%2，試問 a 的值為何？

(A) 13.5　(B) 14　(C) 14.5　(D) 15

(　　) 2. 試問下列哪一個為偽？

(A) a = a + 1和 a += 1具有一樣的功能

(B) a =+ 1 表示 a = a +1

(C) 若 a = 5，則 a //= 2，最後的a為2

(D) a, b = 100, 200，表示a為100，b為200，這表示可以指定多個變數

(　　) 3. 試問下列敘述何者為偽？

(A) 運算子是一符號，其具有特定的功能

(B) 運算子 =，表示指定的意思，和數學的相等是不一樣的

(C) 運算子 //，表示整數除法，亦即 9 // 2，其結果為4

(D) a = a + 1和 a++的結果是一樣的

(　　) 4. 假設利用 num = input() 輸入10，再執行 a = num + 100，試問其a值為

(A) 110　(B) 120　(C) 130　(D) 產生錯誤訊息

(　　) 5. 若有下列敘述

```
a, b = eval(input())
total = a + b * 2 / 100 – 4
print(total)
```

執行時以 100，200加以輸入，則最後的輸出結果為

(A) 102　(B) 100.0　(C) 2　(D) 3

簡答題

1. 下列是佳筠同學所取的變數名稱，試問有哪幾個是不合法，並寫出為什麼。

   (a) 94a

   (b) _abc

   (c) ab$c

   (d) %abc

   (e) abc4

   (f) kk_cc

   (g) cc-dd

   (h) print

2. 請問下列運算式的結果？

運算式	結果
62 / 5	
62 // 5	
62 % 5	
60 % 6	
1 % 2	
2 % 1	
61 + 5 * 4 - 2	
65 + 43 % 5 * (13 * 3 % 2)	
5 ** 3	
5.1 ** 2	
10000 ** 0.5	

實作題

1. 試撰寫一程式，要求使用者輸入一矩形的長和寬，並加以計算此矩形之周長和面積。最後請印出此矩形的長、寬、周長和面積。

   輸入樣本：

   Enter length: 23.5

   Enter width: 19

   輸出樣本：

   Length = 23.50

   Width = 19.00

   Perimeter = 85

   Area = 446.50

2. 試撰寫一程式，提示使用者輸入正三角形的邊長(s)，計算其高和面積，並加以印出。（高 = 2分之根號 3乘以邊長，亦即($\sqrt{3}/2$ *s)，面積 = 4分之根號3乘以邊長的平方，亦即($\sqrt{3}/4$ *s^2)）

3. 假設一賽跑選手在x分y秒的時間跑完z公里，試撰寫一程式，輸入x、y、z數值。最後顯示此選手每小時的平均英哩速度（1英哩等於1.6公里）。

   輸入樣本：

   x(min) = 10

   y(sec) = 25

   z(km) = 3

   輸出樣本：

   Speed = 10.8 miles/hour

4. 試撰寫一程式，提示使用者輸入英里數（miles）然後計算其所對應的公里數(Km)。(1 mile = 1.6 Km)

5. 試撰寫一程式，提示使用者輸入華氏溫度，然後計算其對應的攝氏溫度。(攝氏溫度 = (華氏溫度 - 32) * 5/9)

6. 試撰寫一程式，提示使用者輸入三個浮點數，然後計算這三個浮點數的總和與平均數。

7. 試撰寫一程式，提示使用者輸入姓名（字串）、學號（整數），以及地址（字串），之後將輸入的資料一一印出。

8. 試撰寫一程式，提示使用者輸入圓柱體的半徑和高度，然後計算此圓柱體的體積和表面積。（提示：圓柱體的體積 = 圓的底面積*高；圓柱體的表面積 = 兩個圖的底面積 + 圓的周長*高。）

9. 試撰寫一程式，提示使用者輸入梯形上底和下底的長度及高度，然後計算梯形的面積。（提示：梯形面積 = (上底+下底) * 高 / 2。）

10. 試撰寫一程式，提示使用者輸入x和y，然後計算下列公式值為何？

$$\frac{3+4x}{5}-\frac{10(y-5)(x+y+5)}{x}+9\left(\frac{4}{x}+\frac{9+x}{y}\right)$$

11. 試撰寫一程式，提示使用者輸入a、b和c，然後計算下列公式值為何？

$$\frac{4}{3(a+34)}-9(a+bc)+\frac{3+3(2+a)}{a+3b}$$

12. 試撰寫一程式，提示使用者正六邊形的邊長s，然後計算正六邊形的面積。

（提示：正六邊形的面積 = ($\frac{3}{2}$ * $\sqrt{3}$) *s *s。）

讓撰寫程式更容易

撰寫程式會用及已寫好模組內的函式，程式設計人員不需要自己再撰寫它。哈哈，如此一來省時又容易，何樂而不為。本章會用及 math 模組下的一些數學函式。

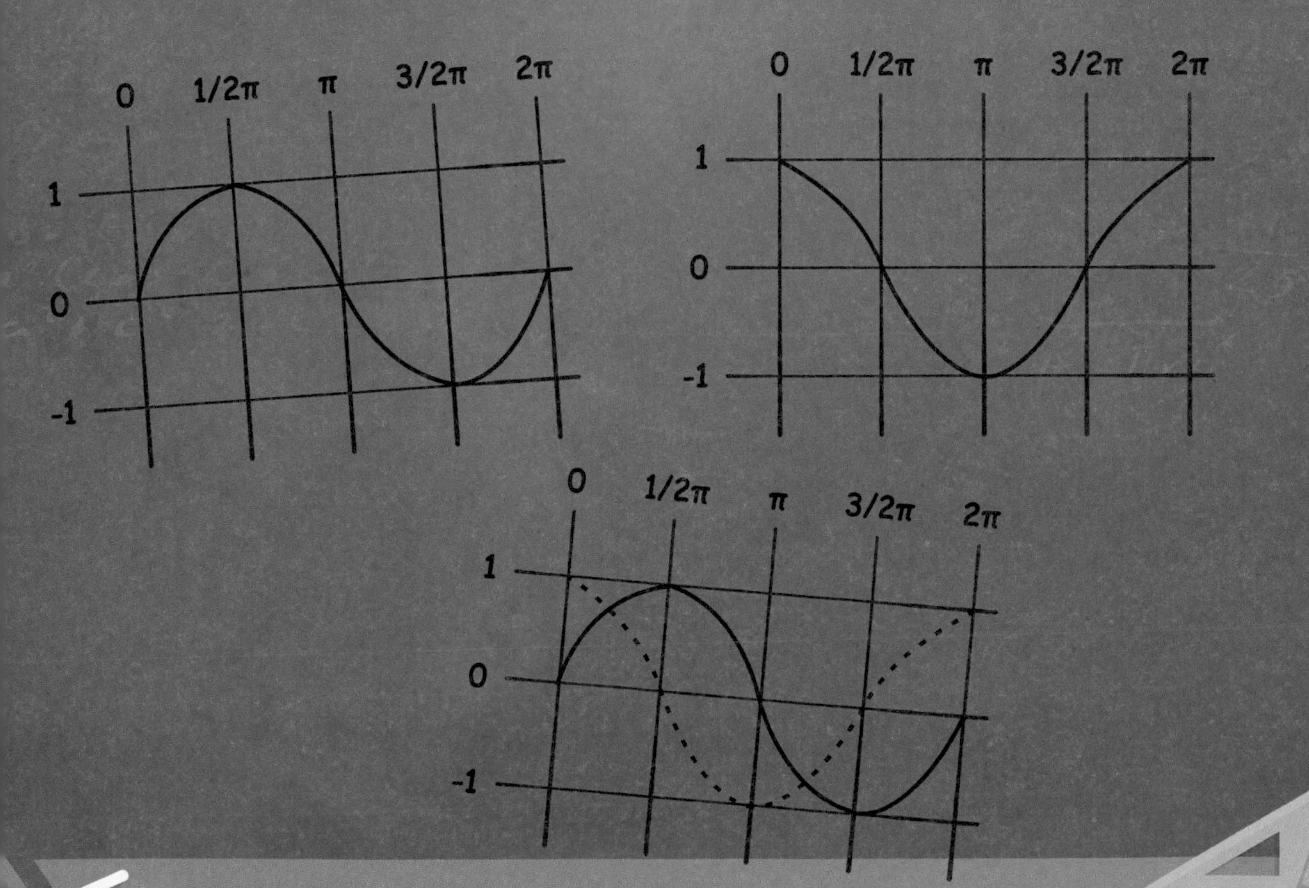

本章將探討一些 Python 的內建函式與數學函式，它可讓你撰寫程式更容易，更有效率。請參閱以下講義。

4-1 內建的函式

首先，我們來看內建的函式，如表4-1所示：

表4-1 一些常用的內建函式

函式	功能說明	範例
abs(x)	回傳x的絕對值	abs(-10) 是10
max(x1, x2, …)	回傳x1, x2, …的最大值	max(1, 8, 6) 是8
min(x1, x2, …)	回傳x1, x2, …的最小值	min(1, 8, 6) 是1
pow(a, b)	回傳 a^b	pow(2, 4) 是16
round(x)	回傳最接近x的整數。若與兩整數接近，則回傳偶數的整數	round(5.4) 是5 round(5.5) 是6 round(4.5) 是4
round(x, n)	回傳捨位到小數點後n位的浮點數	round(6.667, 2) 是6.67 round(6.663, 2) 是6.66
int(x)	取x的整數值	int(12.34) 是12

```
>>> abs(-100)
    100
>>> max(12, 23, 100, 58, 60)
    100
>>> min(12, 23, 100, 58, 60)
    12
>>> pow(2, 5)
    32
>>> round(6.6)
    7
>>> round(5.5)
    6
>>> round(4.5)
    4
>>> round(6.667, 2)
    6.67
>>> round(6.663, 2)
    6.66
>>> int(12.34)
    12
```

到目前為止，已可以解一些題目了，如要計算下列的公式後取整數加以輸出：

$8.5^5 + (9.5 - 3)^2 + 100.2$

好的，我來做做看，如下所示：

```
ans = 8.5*8.5*8.5*8.5*8.5+(9.5-3)*(9.5-3)+100.2
print(int(ans))
```

但由於有 pow 可以加以應用，所以下列的運算式應較佳。

```
ans = pow(8.5, 5) + pow((9.5 - 3), 2) + 100.2
print(int(ans))
```

非常好。

4-2　一些常用的數學函式

數學不好的同學不用怕，因為一些常用的數學函式和常數，如 pi 與 e 都已建立好了，請參閱表 4-2。因為這些函式是置放於 math 模組，所以必須利用。

```
import math
```

來載入 math，之後才能使用這些函式。請參閱以下的講義。

表4-2　一些常用的數學函式

函式	功能說明	範例
fabs(x)	以浮點數回傳x的絕對值	fabs(-2.3) 是2.3
ceil(x)	回傳大於x的最小整數	ceil(2.6) 是3 ceil(-2.6) 是 -2
floor(x)	回傳小於x的最大整數	floor(2.6) 是2 floor(-2.6) 是 -3
exp(x)	回傳 e^x	exp(1) 是2.71828
log(x)	回傳 $\log_e(x)$	log(2.71828) 是1.0
log(x, base)	回傳以指定基底的對數	log(100, 10) 是2.0

函式	功能說明	範例
sqrt(x)	回傳$\sqrt{x}$	sqrt(100) 是10.0
sin(x)	回傳以弧度為單位的sine三角函式	sin(π / 2) 是1 sin(π) 是0
cos(x)	回傳以弧度為單位的cosine三角函式	cos(π / 2) 是0 cos(π) 是 -1
tan(x)	回傳以弧度為單位的tangent三角函式	tan(π / 4) 是1 tan(0.0) 是0
degrees(x)	將x角度從弧度(radian)轉換為度數(degree)	degrees(1/2* π) 是90
radians(x)	將x角度從度數轉換為弧度	radians(180) 是3.14159

以下是在IDLE下執行的敘述，

```
>>> import math
```

```
>>> math.fabs(-12.34)
    12.34
```

```
>>> math.ceil(5.6)
    6
```

```
>>> math.floor(5.6)
    5
```

```
>>> math.exp(1)
    2.718281828459045
```

```
>>> math.log(2.71828)
    0.999999327347282
    →趨近於1
```

此公式相當於 $\log_e(x)$ 。上述印出的答案趨近於1，我們可以利用格式指定器%.2f，此時的結果將爲1，如下所示：

```
>>> print('%.2f'%math.log(2.71828))
    1.00
```

```
>>> math.log(math.e)
    1.0
```

```
>>> math.log(1000, 10)
    2.9999999999999996
    →趨近於3
```

```
>>> math.sqrt(100)
    10.0
```

以下是sin函式在0、(1/2)*pi、(3/2)*pi，以及2*pi的輸出結果：

```
>>> math.sin(0)
    0.0
```

```
>>> math.sin(1/2 * math.pi)
    1.0
```

```
>>> math.sin(math.pi)
    1.2246467991473532e-16
    →趨近於0
```

```
>>> math.sin(3/2 * math.pi)
    -1.0
```

```
>>> math.sin(2*math.pi)
    -2.4492935982947064e-16
    →趨近於0
```

根據上述的結果可看出sin函式的圖形，如圖4-1所示：

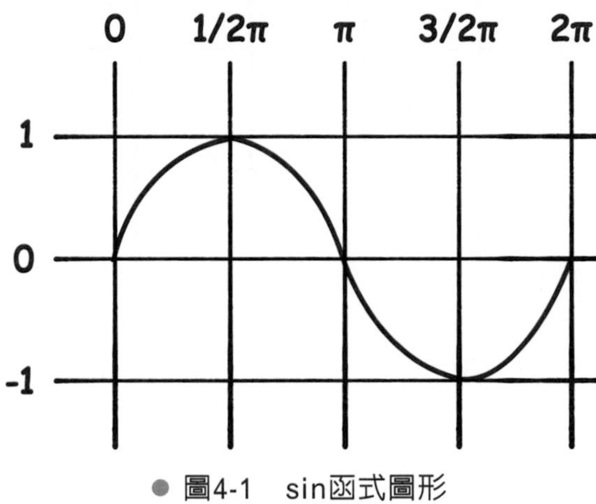

● 圖4-1　sin函式圖形

以下是cos函式在0、(1/2)*pi、(3/2)*pi，以及2*pi的輸出結果：

```
>>> math.cos(0)
    1.0
>>> math.cos(1/2 * math.pi)
    6.123233995736766e-17
    →趨近於0
```

```
>>> math.cos(math.pi)
    -1.0
```

```
>>> math.cos(3/2 * math.pi)
    -1.8369701987210297e-16
    →趨近於0
>>> math.cos(2 * math.pi)
    1.0
```

根據上述的結果可看出cos函式的圖形如圖4-2所示：

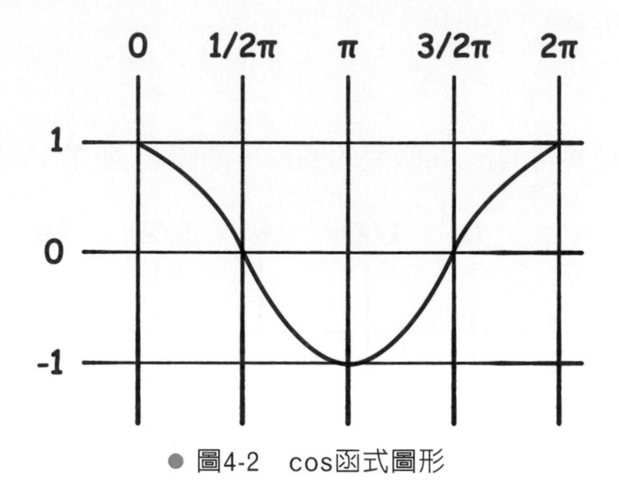

● 圖4-2　cos函式圖形

若要計算tan函式值就很簡單了，因爲tan(x) = sin(x) / cos(x)

```
>>> math.tan(0)
    0.0
>>> math.tan(1/4*math.pi)
    0.9999999999999999
    →趨近於1
```

```
>>> math.tan(5/4*math.pi)
>>> 0.9999999999999997
    →趨近於1
```

將sin和cos函式圖形合併後，可知tan函式在1/4 π 和5/4 π ，其結果爲1。因爲在這二點sin和cos相交，如圖4-3所示：

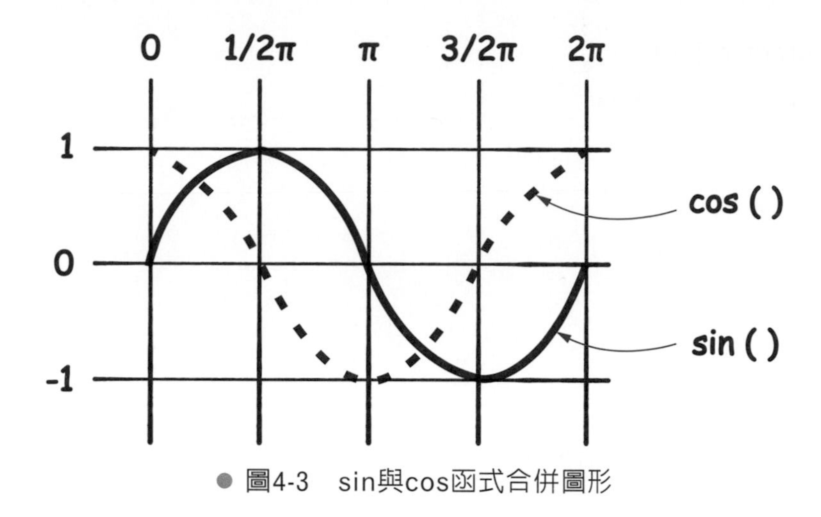

● 圖4-3 sin與cos函式合併圖形

而tan函式的圖形如圖4-4所示：

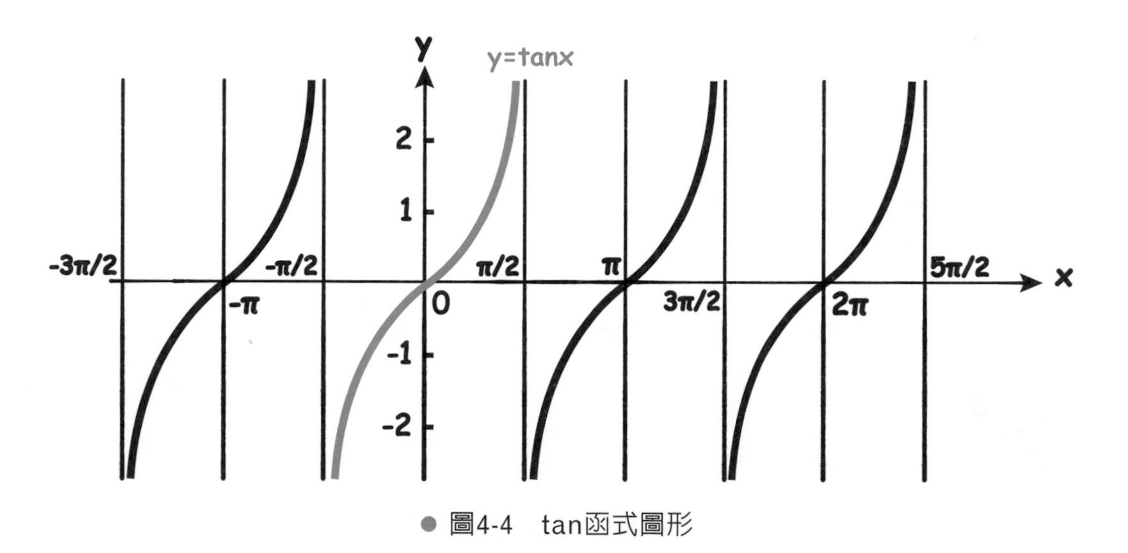

● 圖4-4 tan函式圖形

```
>>> math.tan(-1/4*math.pi)
    -1.0
>>> math.tan(3/4*math.pi)
    -1.0
```

```
>>> math.tan(math.pi)
    0.0
>>> math.tan(0)
    0.0
```

```
>>> math.radians(90)
    1.5707963267948966
    →相當於 π/2 值
```

```
>>> math.radians(180)
    3.141592653589793
    →相當於π值
```

```
>>> math.degrees(1/2 * math.pi)
    90.0
```

```
>>> math.degrees(math.pi)
    180.0
```

說了這麼多了，妳來做做計算正五邊形的面積。別忘了要提示使用者輸入邊長。

啊，可以告訴我計算五邊形面積的公式嗎？

好，公式如下：

area = (5 * s^2) / (4 * tan(pi/5))。

收到。有這公式應該就不難了。（經過三分鐘）程式如下所示：

p4-10.py

```
import math
side = eval(input('Enter the length of side: '))
area = (5 * side * side) / (4 * math.tan(math.pi/5))
print('%.2f'%(area))
```

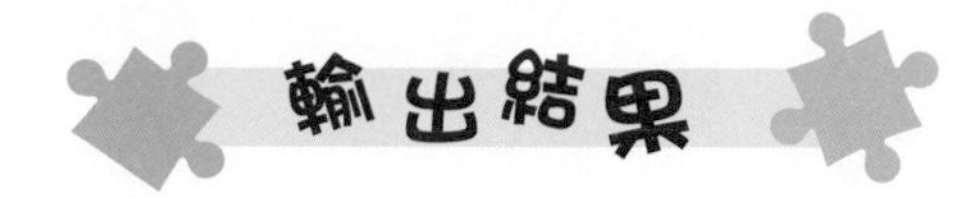


```
Enter the length of side: 6.5
72.69
```

好棒，完全正確。妳學過統計學，其中有平均值、變異數和標準差吧！

剛剛學過，我用 Python 撰寫一下它的程式。

好呀，妳來試試看。順便告訴妳變異數（variance）的公式：

$$\sigma^2 = \frac{1}{N}\sum_{i=1}^{N}(X_i - \mu)^2$$

其表示要先求出這些數值的平均值（μ），再加總每一數值（X_i）減去平均值的平方，之後除以總數（N）就可得到變異數（σ^2）。再將變異數開根號即可得到標準差（standard deviation）。

苡凡你寫一程式，輸入三個整數，然後計算平均值、變異數和標準差。

（經過五分鐘後）程式如下：

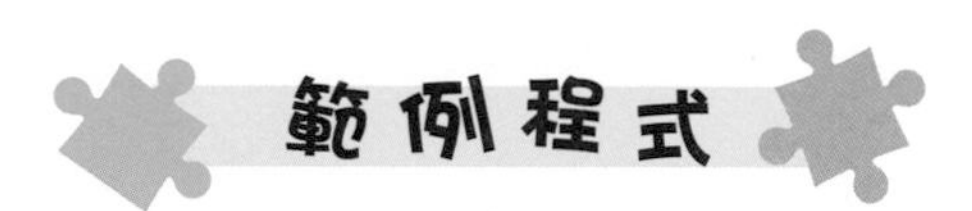

p4-11.py

```
import math
n1, n2, n3 = eval(input('Enter threes numbers: '))
mean = (n1 + n2 + n3) / 3
variance = (pow((n1-mean), 2) + pow((n2-mean), 2)+ pow((n3-mean), 2)) / 3
sd = math.sqrt(variance)


print('variance is %.2f, and standand deviation is %.2f'%(variance, sd))
```

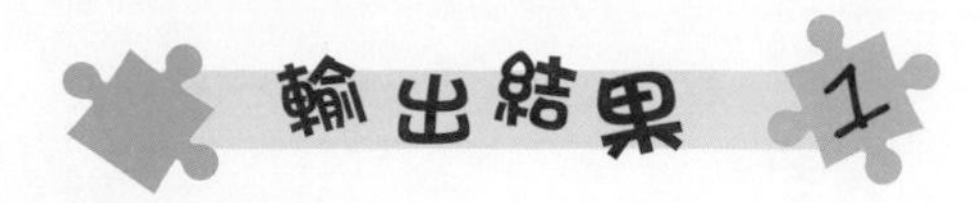

```
Enter threes numbers: 10, 20, 30
variance is 66.67, and standand deviation is 8.16
```

我再執行一個給妳看，如下所示：

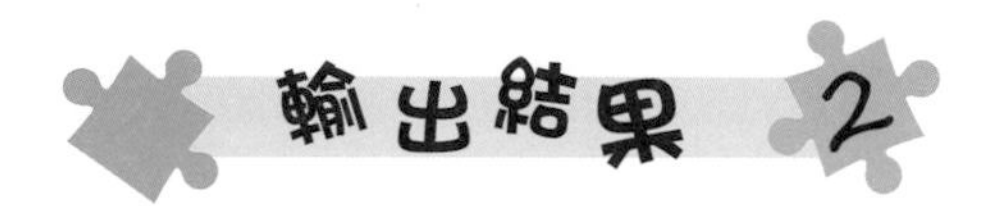


```
Enter threes numbers: 5, 6, 7
variance is 0.67, and standand deviation is 0.82
```

從上面兩個輸出結果，妳應可看出數值之間相差不多的，其變異數和標準差都會很小。反之，若其間相差很大的話，則變異數和標準差就會比較大。

還有其他函式嗎？

好喔！我再告訴妳其他幾個常用的函式，如以下講義。

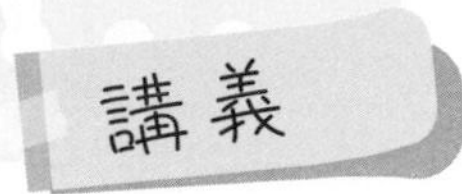

4-3 其他函式

還有一些常用的函式，請參閱表4-3。

表4-3 其他常用的內建函式

函式	功能說明	範例
str(x)	將數值轉換為字串	str(123.45) 是 '123.45'
ord(ch)	回傳ch所對應的ASCII字元碼	ord('A') 是65
chr(num)	回傳num所對應ASCII的字元	chr(65) 是 'A'

以下是在IDLE下執行的敘述：

```
>>> str(12.3)
    '12.3'
>>> str(12)
    '12'
```

```
>>> ord('A')
    65
>>> ord('a')
    97
```

```
>>> chr(65)
    'A'
>>> chr(97)
    'a'
```

好了，本章就到此為止，這些已經夠用，若有不足之處，往後會再加以補充。接下來的章節就精彩了，我們將會從日常生活中發生的現象引導妳如何撰寫選擇敘述。

1. 試問下列程式的輸出結果：

(a)

```
a = -888
b = 100
c = 10
d = 2
e = 0.5
print(abs(a))
print(max(a, b, c, d, e))
print(min(a, b, c, d, e))
print(pow(c, d))
print(round(7.5))
print(round(6.5))
print(int(123.456))
print(round(123.456, 2))
```

(b)

```
m = math.tan(0)
print(m)

n = math.tan(2*math.pi)
print(n)

p = math.degrees(2*math.pi)
print(p)

q = math.radians(360)
print(q)
```

(c)

```
x = 'Apple i' + str(8)
print(x)

y = ord('Z')
print(y)

z = chr(100)
print(z)
```

2. 除錯題（Debugs）

```
f1 = log(10000, 10)
print(f)

g1 = sqrt(10000)
print(g1)

h1 = tan(0)
print(h1)

p1 = math.maximum(1, 2, 4, 78, 300)
print(p)

q1 = math.abs(-101)
print(q1)

r1 = ord(97)
print(r1)
```

選擇題

(　　) 1. 試問round(8.5) 的結果為何？

(A) 8　(B) 8.5　(C) 9　(D) 9.5

(　　) 2. 試問 pow(8, 2) 的結果為何?

(A) 8　(B) 16　(C) 48　(D) 64

(　　) 3. 試問下列敘述何者為偽？

import math

(A) math.ceil(3.8) 是 4　(B) math.floor(3.8)是3

(C) math.sqrt(100) 是10　(D) math.sin(math.pi/2) 是0

(　　) 4. 試問 ord('a') 的結果為何？

(A) 65　(B) 66　(C) 97　(D) 98

(　　) 5. 試問 chr(81) 的結果為何？

(A) 'P'　(B) 'Q'　(C) 'p'　(D) 'q'

簡答題

1. 試填入下表左邊敘述所對應的答案

ord('a')	
ord('A')	
chr(103)	
chr(70)	
str(100)	
str(123.45)	
'iPhone' + ' XS'	

2. 試填入下表左邊敘述所對應的答案

abs(-100)	
max(12, 3, 9, 32, 23)	
min(10, 13, 89, 2, 12)	
pow(7, 3)	
round(5.5)	
round(4.5)	
round(123.456, 2)	
round(123.456, 1)	

實作題

1. 試撰寫一程式，計算n邊形面積。其計算公式如下：

   area = (n * s^2) / (4 * tan(pi/n))。

   其中，s表示n邊形的邊長。請提示使用者輸入邊數和邊長，接著顯示其面積。

   輸入樣本：

   n = 6

   s = 6.5

   輸出樣本：

   Area = 109.77

2. 試撰寫一程式，輸入兩點的座標分別為(x_1, y_1) 與 (x_2, y_2)。計算其兩點的距離。

   最後請印出這兩點的座標與其距離。

   計算兩點間距離的公式為：$\sqrt{((x_1 - x_2)^2 + (y_1 - y_2)^2)}$

輸入樣本：

x1 = 2

y1 = 1

x2 = 5.5

y2 = 8

輸出樣本：

Distance = 7.83

3. 試撰寫一程式，提示使用者輸入三角形的三邊長(a, b, c)，計算其面積，並加以印出。（s = (a+b+c) / 2 ，面積 = $\sqrt{s*(s-a)*(s-b)*(s-c)}$ ）

4. 所謂大圓面積即為球面上兩點的距離。假設(x_1, y_1)與(x_2, y_2)為兩點在地理上的緯度（latitude）和經度（longitude）的座標。計算兩點的大圓面積公式如下：

d = radius * acos(sin(x_1) * sin(x_2) + cos(x_1) * cos(x_2) *cos(y1-y_2))

請撰寫一程式，提示使用者輸入以度數表示地球上的緯度和經度，接著計算其大圓的面積，並加以顯示之。地球平均半徑為6,371.01公里。公式中的緯度和經度表示北和西，請使用負值表示南和東的度數。

輸出樣本：

Enter point1 (latitude and longitude) in degress: 39.55, -116.24

Enter point2 (latitude and longitude) in degress: 41.5, 87.37

The distance between the points is 10691.79183231593 km

程式會轉彎

日常生活中充滿選擇的事項，如你要從台北到桃園，可選擇搭客運或搭計程車或搭高鐵。程式是一行接一行的循序執行，因此，我們要有一個機制讓程式可以選擇要執行的敘述，好比程式會轉彎，避開不要執行的敘述，以執行該做的敘述。

何謂選擇敘述（selection statement）？
其重要性如何？

選擇敘述表示在某一條件下，做某些事情。由於 Python 是一種程序性的語言（procedure language），表示上一行敘述執行後接下一行敘述，亦即一行接一行地執行。但有時有些敘述不必執行想跳過去的話，此時就要靠選擇敘述來完成。利用當某一條件為真時，處理其對應要處理的敘述。

可否舉一些例子來說明？

其實在我們的日常生活中到處都充滿了選擇的動作，我來舉一些範例做說明。例如以下的敘述：

1. 若中大樂透，則去買一台瑪莎拉蒂休旅車。
2. 若今天下雨，則帶傘，否則不帶傘。
3. 若您考了雅思（IELTS），成績是8，則可申請劍橋大學，否則申請其他學校。
4. 開車到某一十字路口，若紅燈，則停；若綠燈，則行。
5. 今天晚上要去戲院看電影或去錢櫃唱歌。
6. 遇到大四學姊也許會問她，畢業後要唸研究所或是找工作。
7. 到一陌生地方，在某十字路口會碰到左轉、右轉或直走。
8. 我們到在餐廳用餐時，會看到菜單上的主食上會有鮭魚、牛排、豬排或雞排。

喔！這麼多，阿志哥您好強，一下就想出這麼多的例子。

還好啦，其實可以將 Python 提供選擇敘述，分為幾個型態：單向 if 敘述，雙向 if-else 敘述，巢狀 if 敘述或多向的 if-elif-else 敘述。現在我將一一來解說，先從單向的 if 敘述開始。請看以下的講義。

講義

5-1　單向的選擇敘述：if敘述

單向的選擇敘述有如道路的單行道，如圖5-1所示。

● 圖5-1　單向選擇敘述示意圖

它只關心在條件的運算式爲眞時才處理的敘述，但不管其爲假的情況。如上述範例的第1個敘述：若中大樂透，則去買一台瑪莎拉蒂休旅車。

單向if敘述的語法如下：

```
if boolean-expression:
    statement(s)
```

上述的boolean-expression一般稱爲布林條件運算式，此運算式會得到眞（True）或假（False）兩種值。statement(s)爲Python合法的敘述。必須以if關鍵字爲基準點向右縮排至少一個空格，接著每一敘述都要相同的空格。注意，boolean-expression後面有冒號（:），將要執行的敘述加以隔開。

圖5-2的流程圖說明Python如何執行if敘述的語法。流程圖（flowchart）爲說明解決問題流程的圖解，以不同的方塊顯示各步驟，並藉由箭頭做連結以標示執行順序。程序運算被標示在各方塊內，而箭頭連結代表控制流程順序。菱形方塊用來標示布林條件運算式，矩形方塊則用來代表敘述。

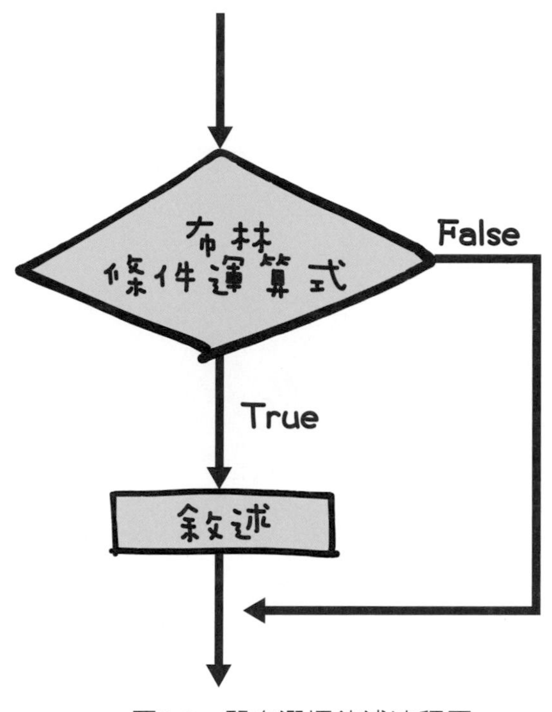

● 圖5-2　單向選擇敘述流程圖

若boolean-expression被解析爲True，則if區段內的敘述內容就會被執行。記得if區段內包含的敘述要向右縮排。

5-2 關係運算子

在選擇敘述一般會用及關係運算子，如表5-1所示：

表5-1 關係運算子

運算子	名稱	範例假設(score是85)	結果
<	小於	score < 80	False
<=	小於或等於	score <= 80	False
>	大於	score > 80	True
>=	大於或等於	score >= 80	True
==	等於	score == 80	False
!=	不等於	score != 80	True

請看以下範例：

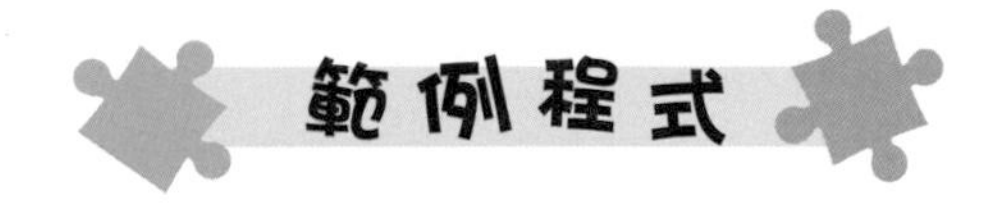

p5-5.py

```
X = 65
if X > 60:
    X = X + 5
print('X = %d'%(X))
```

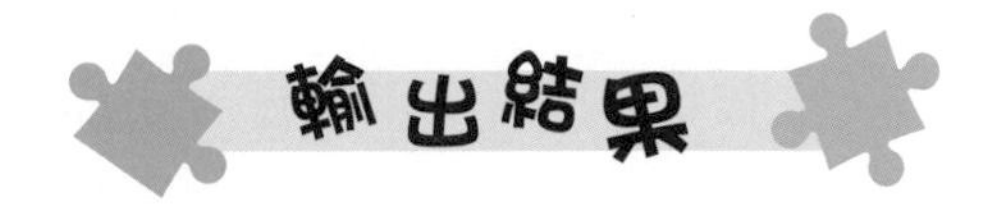


```
X = 70
```

其中選擇敘述表示若X大於60時，則將X加5。

需注意的是，關係運算子是用兩個等號（==）來表示，而不是單一等號（=）。單一等號用在指定的意思。含有關係運算子的運算式，運算後的結果爲一個布林值（Boolean value）True或False。

講了那麼多，我出一些題目讓妳做做看。

好喔！

請妳撰寫一程式，輸入一分數的分子和分母，若分母不為 0，則計算出分子除以分母的結果。

沒問題。（經過 3 分鐘）寫好了，請過目。

範例程式

p5-6-1.py

```
numerator = eval(input("請輸入分子: "))
denominator = eval(input("請輸入分母: "))
if denominator != 0
    ans = numerator / denominator
print(numerator, "/", denominator, "=", ans)
print("Over")
```

OK, 我來 Run 一下。喔喔，怎麼有 Invalid syntax 的錯誤訊息。

等等，我忘了在 if 敘述的後面加冒號。正確的程式應如下：

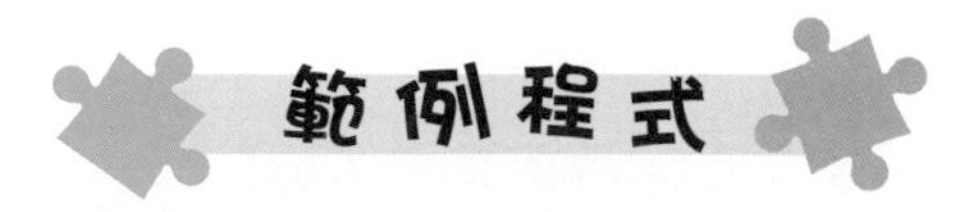

p5-6-2.py

```
numerator = eval(input("請輸入分子: "))
denominator = eval(input("請輸入分母: "))
if denominator != 0 :
```

```
    ans = numerator / denominator
print(numerator, "/", denominator, "=", ans)
print("Over")
```

哈哈，不用 Run 我就看出有不對的地方。

阿志哥，不要鬧了，這麼簡單還會錯嗎？應該沒有問題的。

妳看，當妳輸入分母為 0 時，輸出結果是錯的。

△此時苡凡不得已戴起了她的近視眼鏡，努力地尋找 Bug 所在。

唉喲，找不到啦，不學了！

△苡凡妹生氣了。阿志哥此時出手了。

當 if 敘述的條件運算式為真時，所要處理的敘述要內縮並加以對齊，否則，只會處理緊接在它後面的敘述而已，所以當你輸入分母為 0 時，將會產生 ans 未定義的錯誤訊息，如圖 5-3 所示。

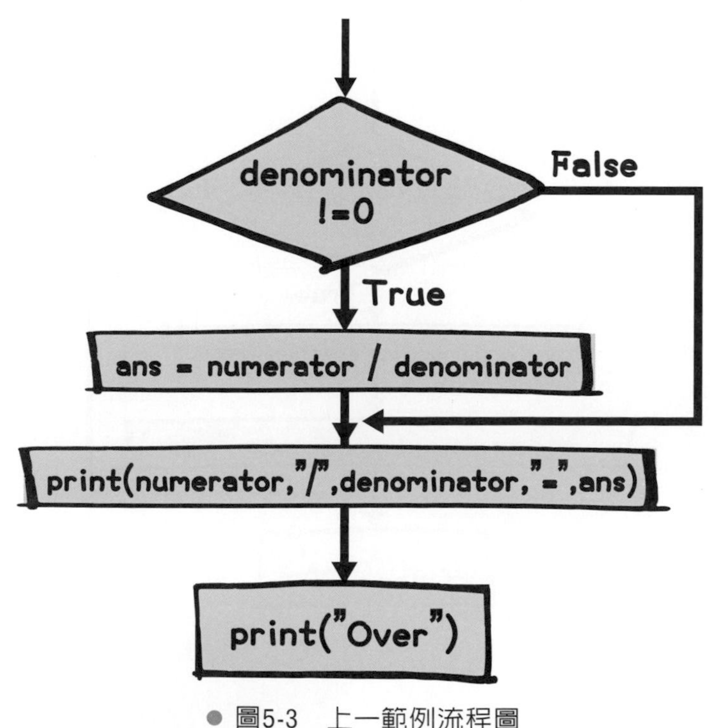

● 圖5-3　上一範例流程圖

OK, I got it. 找到 Bug 了，應該將

```
print(numerator, "/", denominator, "=", ans)
```

對齊上一敘述，因為這兩個敘述當條件運算式為真時要一起處理的。

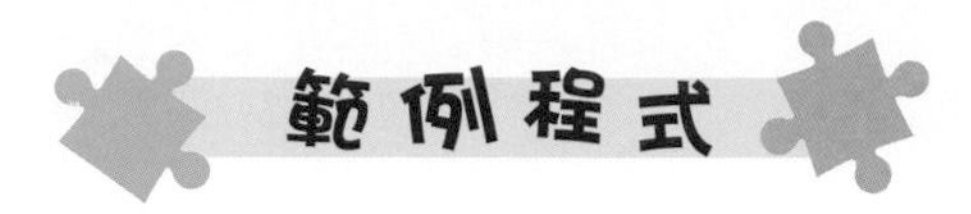

p5-8.py

```
numerator = eval(input("請輸入分子: "))
denominator = eval(input("請輸入分母: "))
if denominator != 0 :
    ans = numerator / denominator
    print(numerator, "/", denominator, "=", ans)
print("Over")
```

妳出現的 Bugs 是多數初學者常犯錯的地方，相信以後妳一定不會再犯此錯誤了。現在來測試一下，我想應該是沒問題才對。此範例程式的示意圖，如圖 5-4 所示：

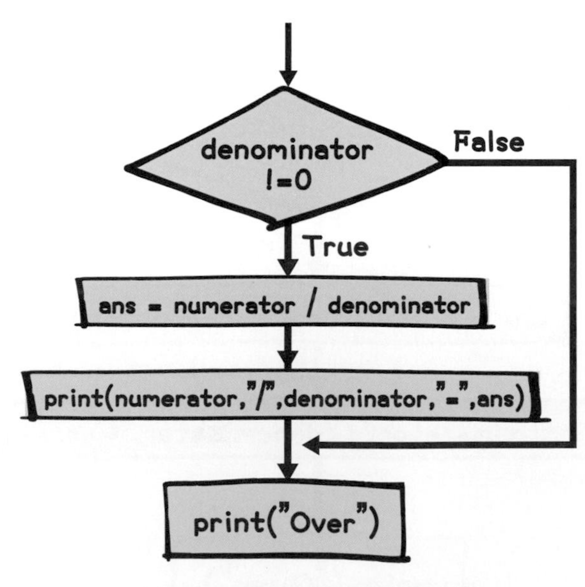

● 圖5-4　上一範例程式流程圖

我了解了，如果 denominator 不等於 0，則計算 numerator / denominator，並顯示結果；否則，直接輸出 Over 字串。那要內縮多少空格呢？

這沒有絕對的數目，由妳作主即可。我都空 3 或 4 個空格。

輸出結果 1

```
請輸入分子: 125
請輸入分母: 25
125 / 25 = 5.0
Over
```

輸出結果 2

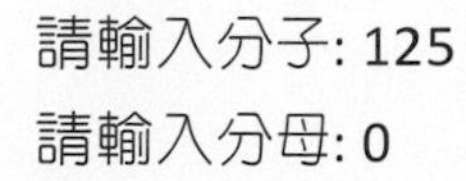

```
請輸入分子: 125
請輸入分母: 0
Over
```

還有一個地方也是初學者常犯錯的地方，現在的妳已慢慢對 debug 很感興趣，那就打鐵趁熱，請 debug 以下的程式。程式的大意是，當輸入的數值是 5 的倍數時，則顯示它是 5 的倍數。

範例程式

p5-9-1.py

```
number = eval(input("Please input a number: "))
if number % 5 = 0:
    print(number, "is 5's multiple")
print("Over")
```

我找到了，是不是要將 if 敘述後面的 = 改為 == ？如下所示：

範例程式

p5-9-2.py

```
number = eval(input("Please input a number: "))
if number % 5 == 0:
    print(number, "is 5's multiple")
print("Over")
```

Very good. 一個等號（=）是表示指定的意思，而兩個等號（==）表示判斷兩個值是否相等，千萬不可以搞混，Python 在條件運算式中是不允許這樣寫的。

請問在上述分子除以分母的程式，當輸入分母為 0 時，也要顯示適當的訊息，那該如何撰寫呢？

這類的問題可以利用雙向的選擇敘述 if…else 敘述來完成。請看以下講義。

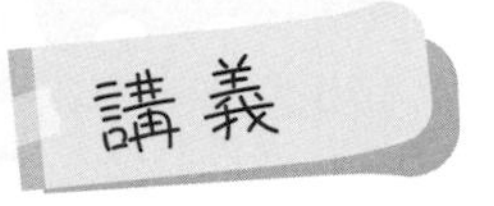

5-3　雙向的選擇敘述：if…else 敘述

雙向的選擇敘述有如你開車到一陌生的T字路口，此時可能要選擇左轉或右轉。如圖5-5所示。

● 圖5-5　雙向選擇敘述示意圖

本章一開始列出的第2到第6個敘述（p5-2）也是雙向選擇敘述之一。將兩數相除時，若分母不爲 0，則計算其商，否則顯示分母不可爲 0 的訊息，則如下敘述所示：

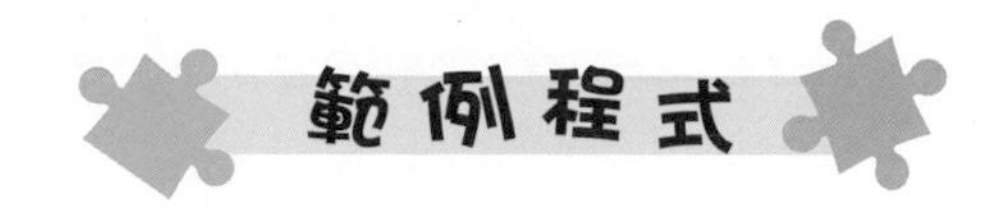

p5-11.py

```
numerator = eval(input("請輸入分子: "))
denominator = eval(input("請輸入分母: "))
if denominator != 0:
    ans = numerator / denominator
    print(numerator, "/", denominator, "=", ans)
else:
    print("分母不可為 0")
print("Over")
```

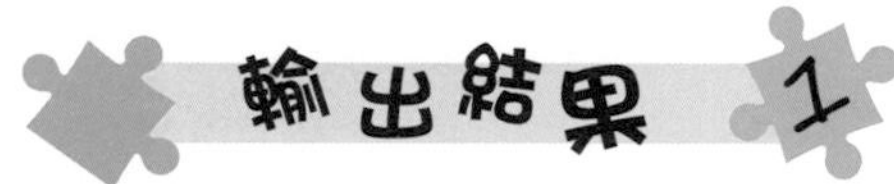

```
請輸入分子: 125
請輸入分母: 25
125 / 25 = 5.0
Over
```

```
請輸入分子: 125
請輸入分母: 0
分母不可為 0
Over
```

程式中只多了一個else: 及其相對應要執行的敘述，以印出當條件運算式爲False時的訊息。其對應的流程圖如圖5-6所示：

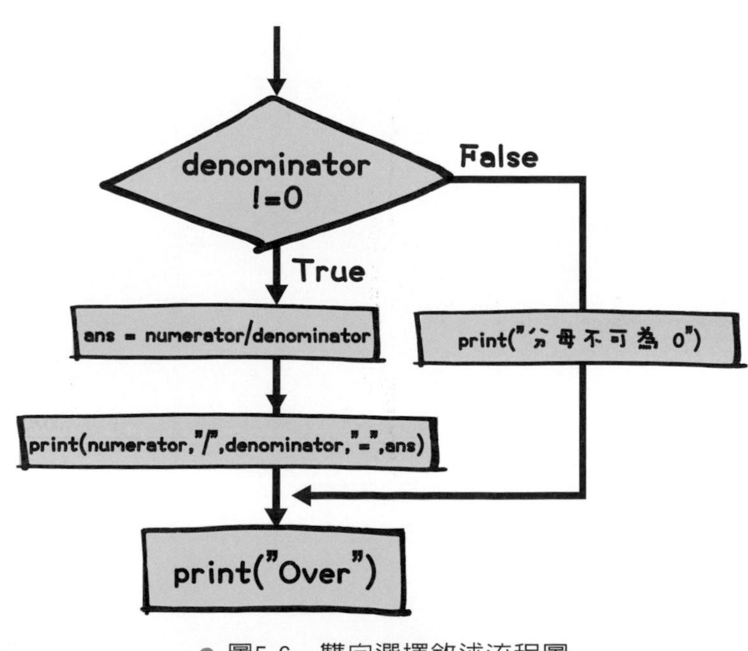

● 圖5-6　雙向選擇敘述流程圖

來來來，換妳當主角，撰寫一程式用以判斷輸入數值是偶數或奇數。

啊，簡單啦，看我的。（經過一分鐘後）寫完了，請指正。

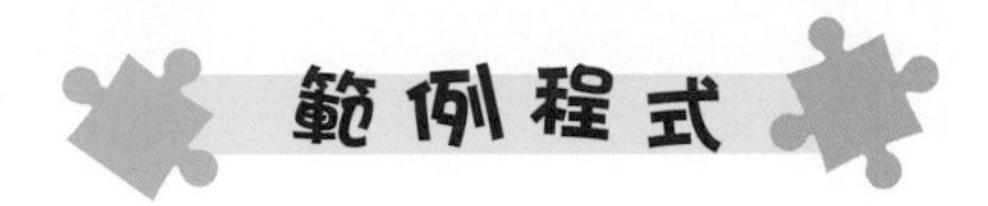

p5-12-1.py

```
num = eval(input("Please input a number: "))
if num % 2 == 0:
    print(num, "is an even number.")
else
print(num, "is a odd number.")
print("Over")
```

Oh, No. 這有點小問題，else 後面要加冒號，並且也要內縮喔！正確的程式應如下：

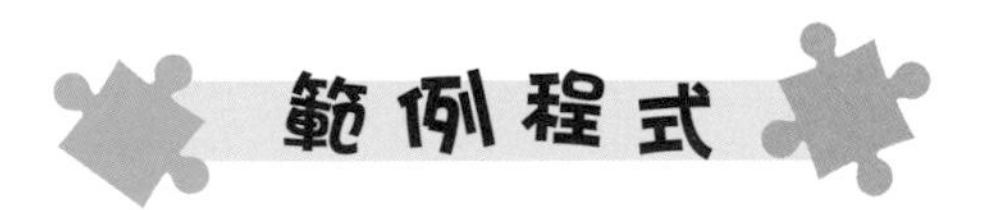

p5-12-2.py

```
num = eval(input("Please input a number: "))
if num % 2 == 0:
    print(num, "is an even number.")
else:
    print(num, "is a odd number.")
print("Over")
```

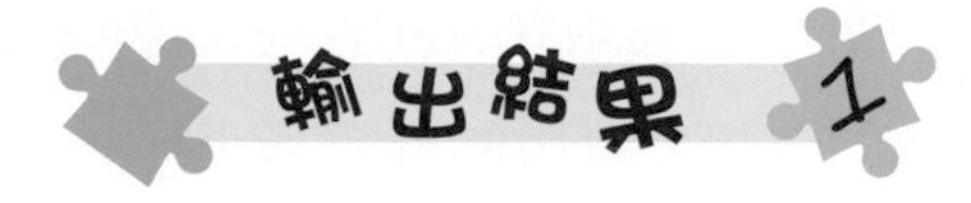

Please input a number: 88
88 is an even number
Over

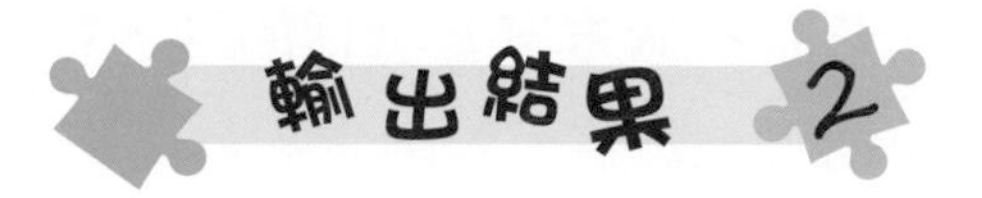

Please input a number: 89
89 is a odd number
Over

完全了解。也許剛剛我分神了。喔！對了，若有大於 2 個條件時該如何撰寫呢？

妳問得很好，這也是我接下來要講的主題，多向的選擇敘述。請參閱以下講義。

5-4 多向的選擇敘述：if…elif…else 敘述

多向的選擇敘述有如你開車到一陌生的十字路口，此時可能要選擇左轉、右轉或直走（如圖5-7所示）。或是在餐廳用餐時要選擇的主食是鮭魚、牛排、豬排或雞排。

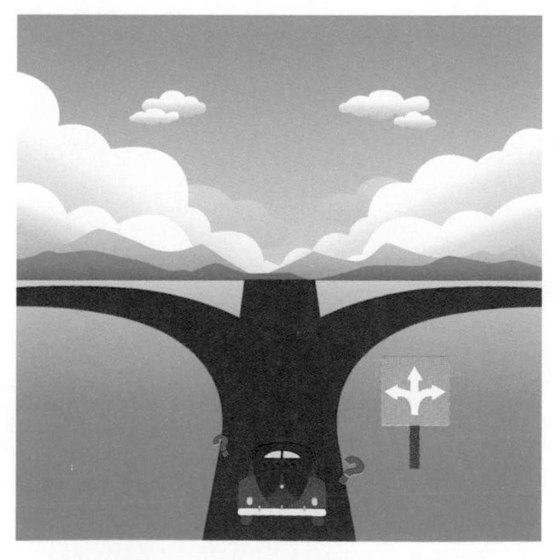

● 圖5-7 多向選擇敘述示意圖

若有多個方案要選擇的話，則可使用多個if…else或if…elif…else敘述。例如輸入一數字，判斷它大於0、或小於0、或等於0。對應的程式如下所示：

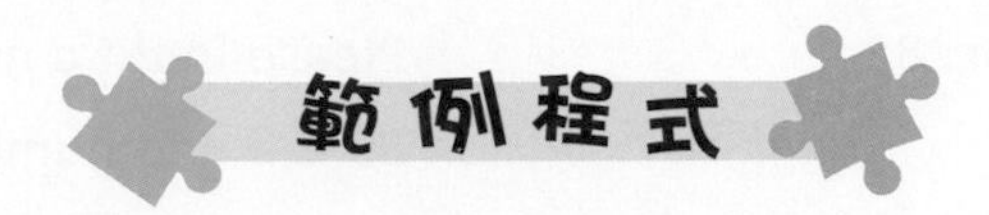

p5-14.py

```
number = eval(input("Please input a number: "))
if number > 0:
    print(number, "is greater than 0")
else:
    if number < 0:
        print(number, "is less than 0")
    else:
        print(number, "is equal to 0")
print("Over")
```

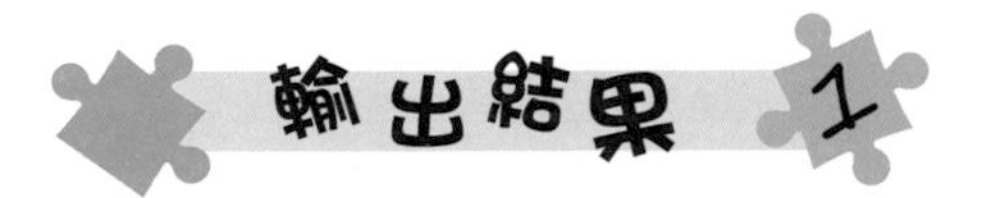


```
Please input a number: 20
20 is greater than 0
Over
```

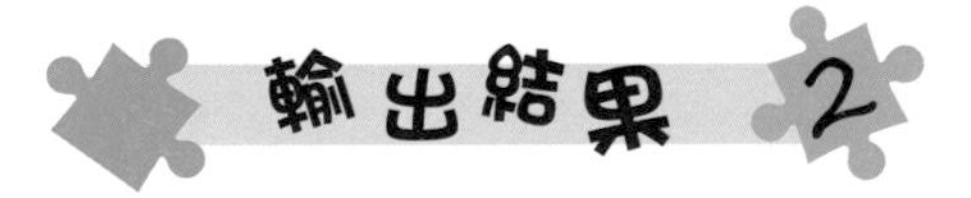


```
Please input a number: -10
-10 is less than 0
Over
```

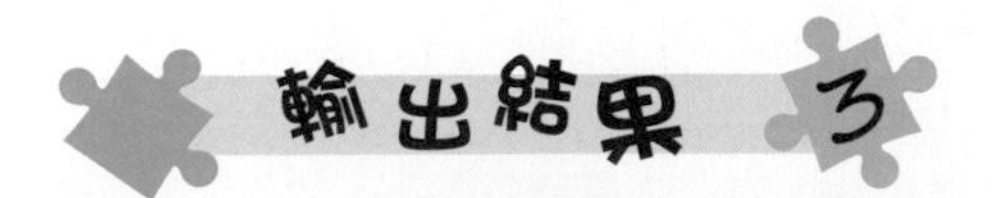


```
Please input a number: 0
0 is equal to 0
Over
```

上述範例程式其所對應的流程圖如圖5-8所示：

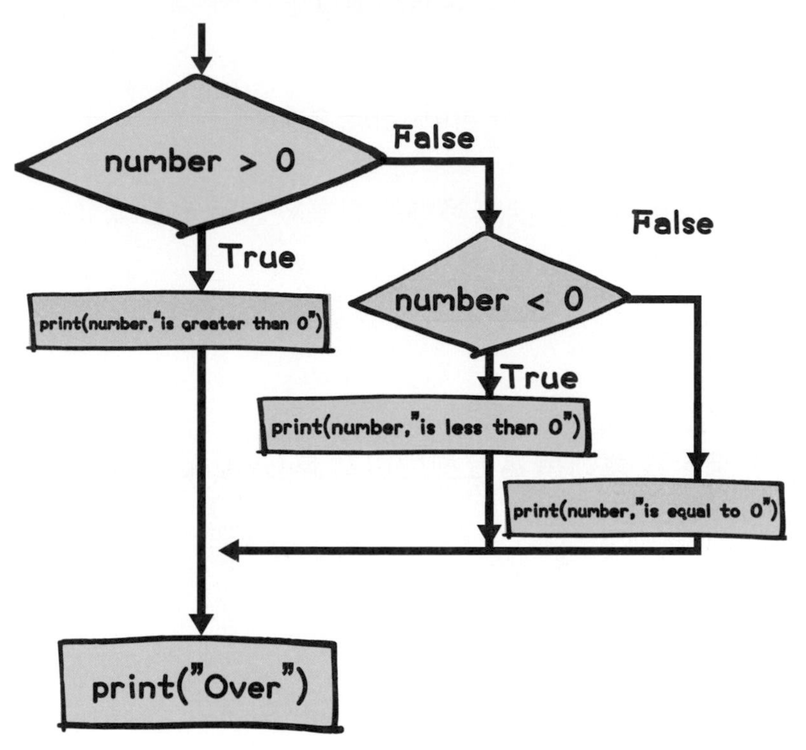

● 圖5-8 多向選擇敘述流程圖

若很多個if…else時，程式在閱讀上會較吃力，因此常以if…elif…else取代之。如下程式所示：

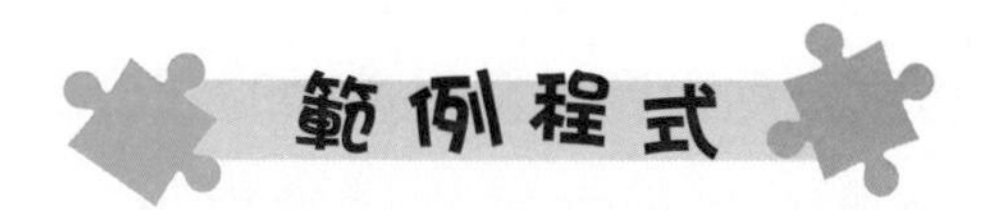

p5-15.py

```
number = eval(input("Please input a number: "))
if number > 0:
    print(number, "is greater than 0")
elif number < 0:
    print(number, "is less than 0")
else:
    print(number, "is equal to 0")
print("Over")
```

苡凡，妳覺得這程式有沒有較清楚呢？

有的，我比較喜歡 if…elif…else 的敘述。

好，那以後我們要撰寫多向的選擇敘述時，都以 if…elif…else 來表示。

沒問題。

接下來，我教妳撰寫分別用以計算 GPA 和 BMI 的程式。請看以下的講義。

5-4-1　計算GPA

台灣學業成績的計算是採百分點制，即0到100分，而美國大學成績，是以四分制或五分制的「點數」來計算。因此，當申請美國的學校時，學校需要學生的「學業成績平均點數」，亦即所謂的GPA（Grade Point Average），這時須先將百分點級制換算爲美國的四分點級制或五分點級制。

通常，學校會將換算方法列在英文成績單上，美國大學四點制的算法，如表5-2所示：

表5-2　GPA對應表

分數	GPA
80～100	A
70～79	B
60～69	C
50～59	D
49以下	E

如下範例程式所示：

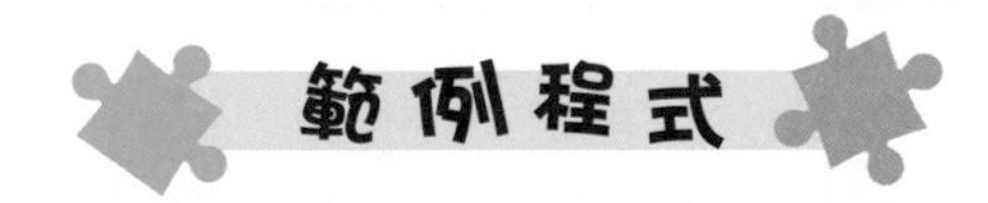

p5-17.py

```
score = eval(input("Please input your score: "))
if score >= 80:
    print("Grade A")
elif score >= 70:
    print("Grade B")
elif score >= 60:
    print("Grade C")
elif score >= 50:
    print("Grade D")
else:
    print("Grade E")
```

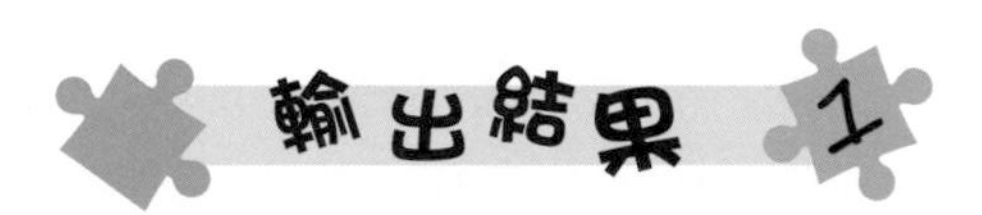


```
Please input your score: 86
Grade A
```

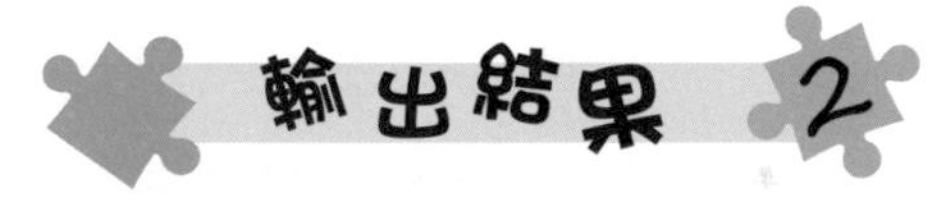


```
Please input your score: 62
Grade C
```

這個程式與上一範例程式大同小異，只是有較多的選項而已，基本上還是以if…elif…else的敘述來表示。

到目前為止，基本上已可處理相當多的問題了。只要遇到表格的形式，差不多就可以多向的 if…elif…else 敘述來完成。現在換妳來撰寫一計算 BMI 的程式，請看以下的講義。

5-4-2 計算BMI

身高體重指數（Body Mass Index，簡稱BMI），又稱身體質量指數。主要用於統計用途。「身高體重指數」的概念是由19世紀中期的比利時統計學家及數學家凱特勒（Lambert Adolphe Jacques Quetelet）最先提出。它的定義如下：

w = 體重，單位：公斤;

h = 身高，單位：公尺;

BMI = w / h^2，單位：公斤/平方公尺

BMI根據身高與體重來衡量健康狀況。計算公式是以公斤為單位的體重，除上以公尺為單位的身高平方。對於16歲以上的BMI說明如表5-3所示：

表5-3 BMI對應表

BMI	說明
BMI < 18.5	Underweight（體重不足）
18.5 <= BMI < 25	Normal（正常）
25 <= BMI < 30	Overweight（過重）
30 <= BMI	Obese（肥胖）

好了，一些 BMI 的基本概念都有了，苡凡妳準備好了嗎？

早就想試試看了。（經過 5 分鐘）OK, 寫好了，但怎麼出現不合法的語法呢？

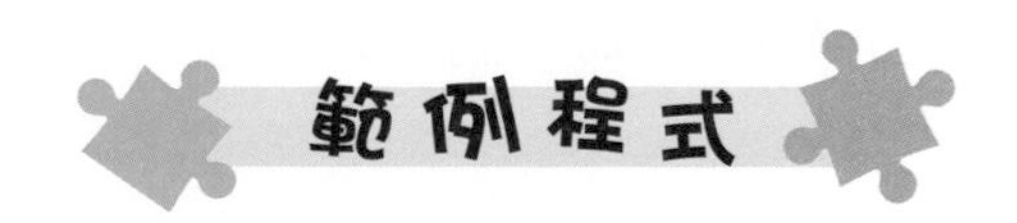

p5-18.py

```
weight = eval(input("Please input your weight(kilogram): "))
height = eval(input("Please input your height(centimeter): "))
bmi = weight / (height * height)
```

```
print("Your BMI is", format(bmi, ".2f"))
if bmi < 18.5:
    print("Underweight")
elseif bmi < 25:
    print("Normal")
elseif bmi < 30:
    print("Overweight")
else:
    print("Obese")
```

我看到兩個問題，其中一個應該將 elseif 改為 elif。另一個妳自己想想。

對吼，不是 elseif 應該是 elif。（經過 3 分鐘後）找到了，找到了，剛剛輸入的身高是以公分計算的，所以必須除以 100，這樣才能算出正確的 BMI。請看我修改後的程式。

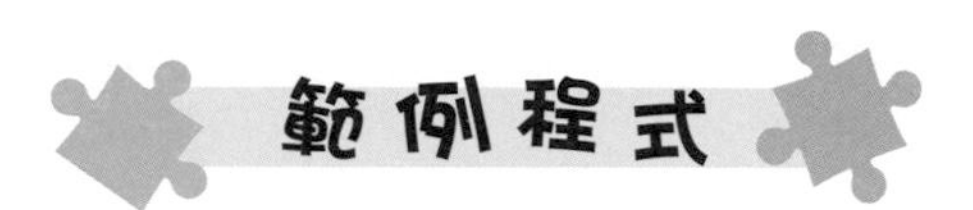

p5-19.py

```
weight = eval(input("Please input your weight(kilogram): "))
height = eval(input("Please input your height(centimeter): "))
heightInMeters = height/100

bmi = weight / (heightInMeters * heightInMeters)
print("Your BMI is", format(bmi, ".2f"))

if bmi < 18.5:
    print("Underweight")
elif bmi < 25:
    print("Normal")
elif bmi < 30:
    print("Overweight")
else:
    print("Obese")
```

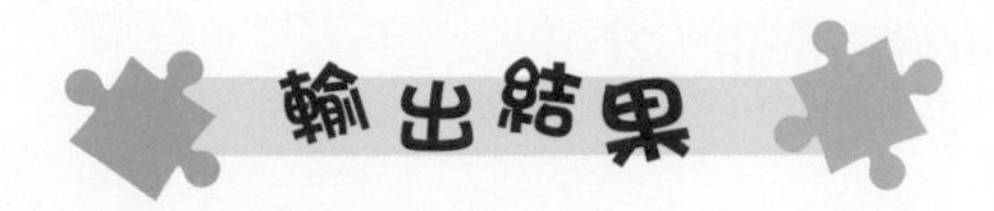

```
Please input your weight(kilogram): 67
Please input your height(centimeter): 185
Your BMI is 19.58
Normal
```

完全正確。

Debug 真的好好玩。

沒錯，若妳覺得除錯很好玩，那我可以跟妳說，常常除錯的話，妳的程式設計會愈來愈厲害，而且是學資訊的人才，有朝一日必定不得了。

阿志哥，您過獎了，功力有您的十分之一已經算不錯了，我還要繼續跟您學習。

這有什麼問題，我的目標就是將妳教成 Python 達人。

感謝感謝。我問個問題，若條件運算式中有多個條件組成的話，該怎麼辦？

好問題，這些狀況在日常生活也常碰到，比方說，第一種，如果要申請某某獎學金，可能學業成績要 85 分以上，而且操性成績 80 分以上才能申請。第二種，若你是我的讀者，或是你是我的學生，在學校遇到我，只要說出通關密語，阿志哥將請你吃輔大霜淇淋。其中第一種和第二種狀況的差異在於：第一種的多個條件是「且」，而第二種的多個條件是以「或」組合而成的。

若要將上述的條件運算式以 Python 程式語言撰寫的話，則需要邏輯運算子來幫忙。請看以下的講義。

5-5 邏輯運算子

Python的邏輯運算子（logical operators）計有not、and，以及or。這些運算子可用來建立複合的條件運算式。

迴圈主體的敘述是否被執行，有時候取決於數個條件運算式的組合。此時可藉由邏輯運算子將多個條件內容合併在一起，組成複合的條件運算式。邏輯運算子，又稱作布林運算子（boolean operator），作用於布林值（Boolean value），並建立新的布林值。表5-4列出所有邏輯運算子，表5-5定義了not運算子，用來將True變成False，將False變成True。而表5-6定義了and運算子，只有在兩個布林運算元皆爲True的情況下，結果才會是True。表5-7則定義了or運算子。只要兩個布林運算元有一個爲True，結果就會是True。

表5-4　邏輯運算子

運算子	說明
not	邏輯運算子（反）
and	邏輯運算子（且）
or	邏輯運算子（或）

表5-5　not運算子的真值表

c	not c	範例（假設 score=80, gender=F）
True	False	not(score > 78) 是 False，因為 (score > 78) 是True
False	True	not(gender == 'M') 是 True，因為 (gender == 'M') 是 False

表5-6　and運算子的真值表

c1	c2	c1 and c2	範例（假設 score = 85, behavior = 80）
False	False	False	
False	True	False	(score > 90) and (behavior >= 70) 是 False，因為 (score > 90) 是 False
True	False	False	
True	True	True	(score >= 85) and (behavior >= 80) 是True，因為 (score >= 85) 與 (behavior >= 80) 皆為 True

表5-7　or 運算子的真值表

c1	c2	c1 or c2	範例（假設 score = 85, behavior = 80）
False	False	False	(score >= 90) or (behavior > 80) 是False，因為 (score >= 90) 與 (behavior > 80) 皆為 False
False	True	True	(score > 90) or (behavior >= 80) 是 True，因為 (behavior >= 80) 是 True
True	False	True	
True	True	True	

讀完了上述的講義，妳應該對單一的條件運算式或複合式的條件運算式皆可運用自如了，例如要計算輸入的年份是閏年或是平年。苡凡，妳是否來撰寫判斷輸入的年份是否為閏年（leap year）的程式。

啊，是可以寫啦，但是我忘了判斷此年份是否為閏年的條件了。阿志哥，可否告訴我一下？

我來說明要撰寫程式之前必須知道問題的解決方法。判斷閏年的條件有二，分別為 (1) 此年份能被 400 整除，(2) 可被 4 整除而且不能被 100 整除。這兩個條件只要一個條件成立即可。

知道了。（經過 3 分鐘）請看以下的程式。

p5-23-1.py

```
year = eval(input("Please enter which year? "))
if year % 400 == 0 or (year % 4 == 0 and year % 100 != 0):
    print(year, "is leap year")
else:
    print(year, "is not leap year")
```

非常好。完全正確。

上述範例程式可以將判斷式分開，可提高其可讀性。如以下範例程式所示：

p5-23-2.py

```
year = eval(input("Please enter which year? "))
cond1 = year % 400 == 0
cond2 = year % 4 == 0
cond3 = year % 100 != 0
if cond1 or (cond2 and cond3):
    print(year, "is leap year")
else:
    print(year, "is not leap year")
```

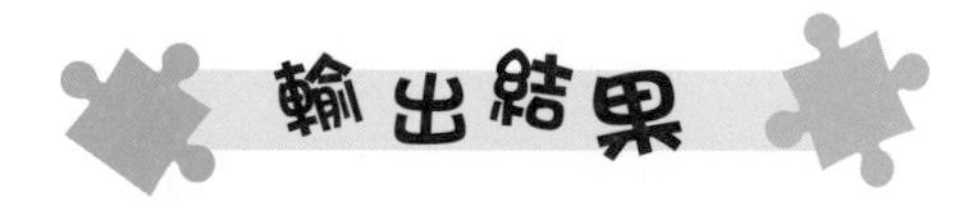


```
Please enter which year? 2020
2020 is leap year
```

5-6 運算子優先順序與結合性

運算子的運算優先順序與結合性決定運算子如何運作解析，這會影響運算式的運算結果。假設我們有以下這個運算式：

2 + 8 * 6 < 6 + 7 * (12 - 8) + 12 / 6

輸出的值會是什麼？這些運算子的執行順序爲何？

位於括弧內的運算式會優先被解析。當解析不帶有括弧的運算式時，便根據優先順序及結合性規則來執行。

優先順序規則爲各運算子定義優先順序，如表5-8所示，其包含所有你已學過的運算子。表所列的運算子由上往下，優先順序往下遞減。邏輯運算子的優先順序低於關係運算子，而關係運算子的優先順序又低於算術運算子。擁有相同優先順序的運算子會被歸類於同一個群組。

參照表5-8，上述運算式運算子 < 的左邊運算式 2 + 8 * 6，運算的結果是50，而 < 右邊的運算式6 + 7 * (12 - 8) + 12 / 6，其運算結果爲36。所以50 < 35是False。此爲最後的答案。

苡凡，若上述運算式沒有加括號時，答案是多少？

若沒有括號的話，則 < 的左邊運算式 2+8*6 是 50，而右邊 6+7*12-8+12/6 是 6+84-8+2，其值為 84，故答案為 True。

非常好，完全正確。我將目前學過的運算子以及其優先順序列於表 5-8，請看以下講義。

講義

表5-8 運算子優先順序

運算優先順序	運算子
↓	+, - (一元運算子的正、負號)
	** (次方)
	not
	*、 /、//、 % (乘、除、整數相除、餘數)
	+, - (二元運算子的加與減)
	<, <=, >, >= (比較運算子)
	==, != (相等運算子)
	and
	or
	=, +=, -=, *=, /=, //=, %= (指定運算子)

如果擁有相同優先順序的運算子一起使用，它們的結合性（associativity）將決定解析的順序。所有除了指定運算子之外的二元運算子，皆爲向左結合（left associative）。比方說，* 和 / 的優先順序相同，且都是向左結合，以下這個運算式：

a * b / c * d

等同於

((a * b) / c) * d

若有多個括號，則由內括號先執行。

5-7　範例集錦

5-7-1　絕對值

請撰寫一程式，要求使用者輸入一數字並印出其絕對值。

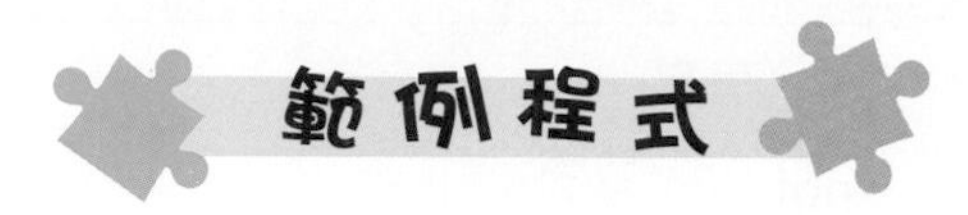

p5-26-1.py

```
number = eval(input("Please enter a number: "))

if number >= 0:
    print(number)
else:
    print(-number)
```

```
Please enter a number: -100
100
```

輸出結果 2

```
Please enter a number: 100
100
```

5-7-2　判斷及格成績

請撰寫一程式，要求使用者輸入一個分數並顯示you pass或you fail。（分數>=60爲you pass）

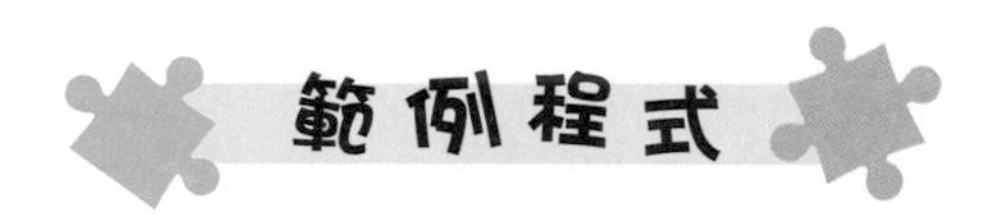

p5-26-2.py

```
score = eval(input('Enter your score: '))
if score >= 60:
    print('you pass')
else:
    print ('you fail')
```

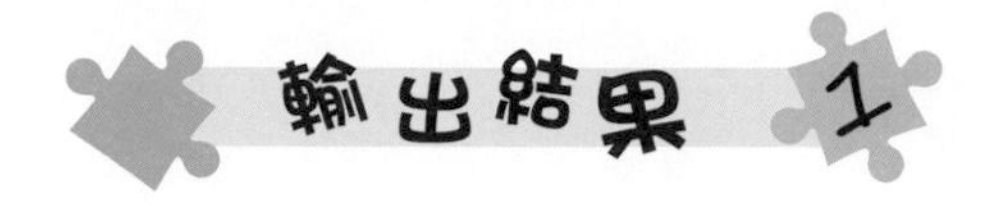


```
Enter your score: 90
you pass
```

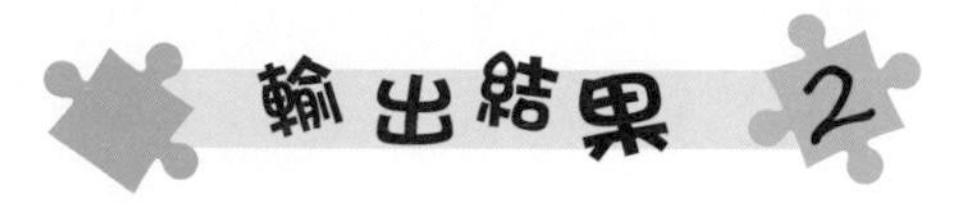


```
Enter your score: 50
you fail
```

5-7-3 算術四則運算

請撰寫一程式，提示使用者輸入兩個數字以及一個符號（'+'、'-'、'*'或'/'）。接著對這兩個數字作所指定符號的算術運算並顯示結果。

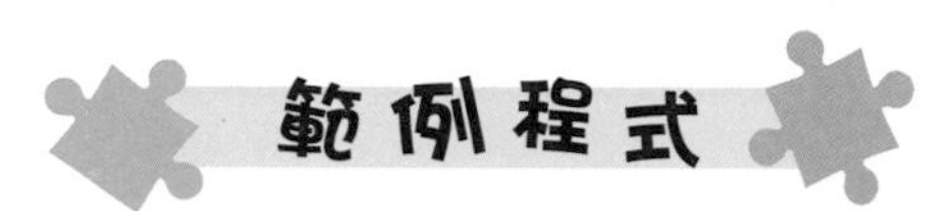

p5-27.py

```
number1= eval(input('Enter number1: '))
number2= eval(input('Enter number2: '))

operator = input('Enter an arithmetic operator (+, -, *, /): ')
result = 0
flag = 0
if operator == '+':
    result = number1 + number2
elif operator == '-':
    result = number1 - number2
elif operator == '*':
    result = number1 * number2
elif operator == '/':
    result = number1 / number2
else:
    flag = 1
    print('Invalid operator')

if flag != 1:
    print('%.4f %c %.4f = %.4f' %(number1, operator, number2, result))
```

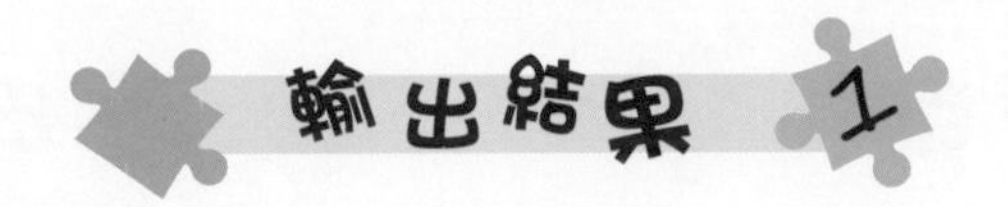

```
Enter number1: 88
Enter number2: 66
Enter an arithmetic operator (+, -, *, /): -
88.0000 - 66.0000 = 22.0000
```

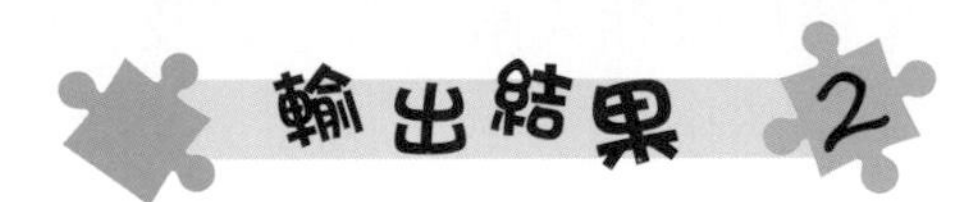


```
Enter number1: 100
Enter number2: 200
Enter an arithmetic operator (+, -, *, /): +
100.0000 + 200.0000 = 300.0000
```

5-7-4 年齡劃分

請撰寫一程式，提示使用者輸入年齡。根據以下標準顯示對應的年齡劃分：

表5-9 年齡劃分

年齡	年齡劃分
0 ~ 6	童年
7 ~ 17	少年
18 ~ 40	青年
41 ~ 65	中年
>= 66	老年

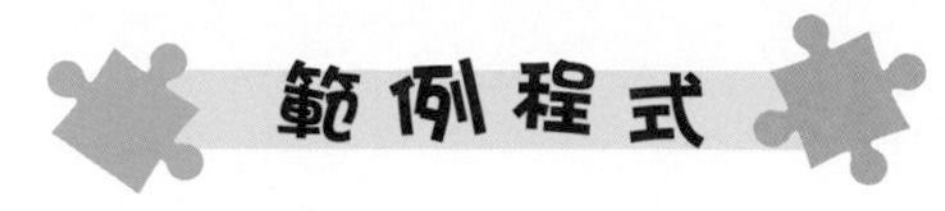

p5-29-1.py

```
age = eval(input('請輸入年齡: '))
state = ''

if age < 6:
    state = '童年'
elif age <= 17:
    state = '少年'
elif age <= 40:
    state = '青年'
elif age <= 65:
    state = '中年'
else:
    state = '老年'

print('您的年齡屬於%s' % state)
```

```
請輸入年齡：18
您的年齡屬於青年
```

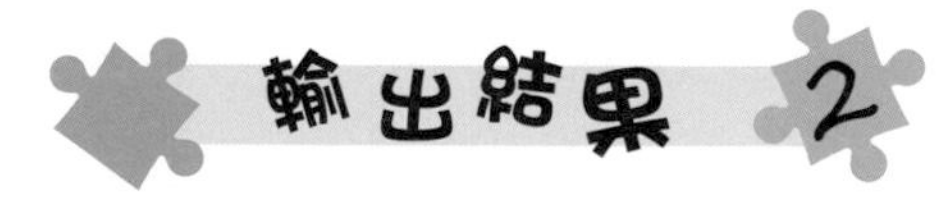


```
請輸入年齡：45
您的年齡屬於中年
```

5-7-5 猜猜你生日

撰寫一程式，讓使用者答覆一些問題後，程式將會回答他的生日是幾日。例如，他的生日是某月13日，程式將會回答13。程式如下：

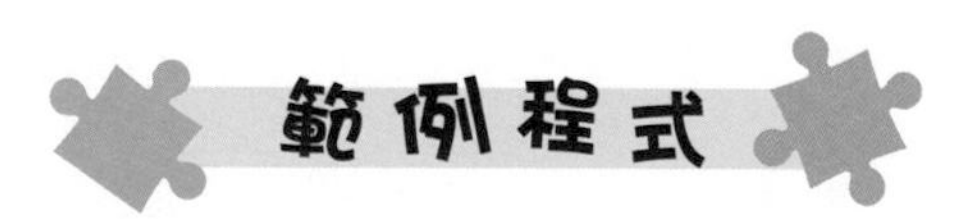

p5-29-2.py

```
day = 0
question1 = "Is your birthday in set1?\n" + \
            " 1  3  5  7\n" + \
            " 9  11  13  15\n" + \
```

```
               "17  19  21  23\n" + \
               "25  27  29  31\n" + \
               "\nEnter 1 for Yes and 0 for No: "
answer = eval(input(question1))

if answer == 1:
    day += 1

question2 = "Is your birthday in set2?\n" + \
               " 2   3   6   7\n" + \
               "10  11  14  15\n" + \
               "18  19  22  23\n" + \
               "26  27  30  31\n" + \
               "\nEnter 1 for Yes and 0 for No: "
answer = eval(input(question2))

if answer == 1:
    day += 2

question3 = "Is your birthday in set3?\n" + \
               " 4   5   6   7\n" + \
               "12  13  14  15\n" + \
               "20  21  22  23\n" + \
               "28  29  30  31\n" + \
               "\nEnter 1 for Yes and 0 for No: "
answer = eval(input(question3))

if answer == 1:
    day += 4

question4 = "Is your birthday in set4?\n" + \
               " 8   9  10  11\n" + \
               "12  13  14  15\n" + \
               "24  25  26  27\n" + \
               "28  29  30  31\n" + \
               "\nEnter 1 for Yes and 0 for No: "
```

```
answer = eval(input(question4))

if answer == 1:
    day += 8

question5 = "Is your birthday in set5?\n" + \
            "16  17  18  19\n" + \
            "20  21  22  23\n" + \
            "24  25  26  27\n" + \
            "28  29  30  31\n" + \
            "\nEnter 1 for Yes and 0 for No: "
answer = eval(input(question5))

if answer == 1:
    day += 16

print("Your birthday is", day)
```

輸出結果

```
Is your birthday in set1?
 1   3   5   7
 9  11  13  15
17  19  21  23
25  27  29  31

Enter 1 for Yes and 0 for No: 1
Is your birthday in set2?
 2   3   6   7
10  11  14  15
18  19  22  23
26  27  30  31

Enter 1 for Yes and 0 for No: 0
Is your birthday in set3?
```

```
 4  5  6  7
12 13 14 15
20 21 22 23
28 29 30 31

Enter 1 for Yes and 0 for No: 1
Is your birthday in set4?
 8  9 10 11
12 13 14 15
24 25 26 27
28 29 30 31

Enter 1 for Yes and 0 for No: 1
Is your birthday in set5?
16 17 18 19
20 21 22 23
24 25 26 27
28 29 30 31

Enter 1 for Yes and 0 for No: 0
Your birthday is 13
```

這個遊戲很容易進行程式設計，您可能會疑惑這個遊戲是怎麼被建立的。遊戲背後的數學意義其實非常簡單，集合內的數字並不是偶然被歸類成一個群組，這些數字是經過深思熟慮才被放置到五個集合裡。五個集合的頭一個數字分別是1、2、4、8和16，對應到二進位數字，分別是1、10、100、1000和10000。介於1到31的十進位整數，其相對應的二進位數值最多只會有五個位數，如圖5-9(a)所示。這裡我們將其標示爲$b_5b_4b_3b_2b_1$。因此，$b_5b_4b_3b_2b_1 = b_50000 + b_4000 + b_300 + b_20 + b_1$，如圖5-9(b)所示。如果生日日期的二進位數值在b_k位置上的數位爲1，那麼該日期應該就會出現在Setk裡。比方說，日期19的二進位數值爲10011，代表會出現在set1、set2及set5裡。其爲二進位數值1 + 10 + 10000 = 10011或十進位數值1 + 2 + 16 = 19。日期31的二進位數值為11111，代表會出現在set1、set2、set3、set4及set5內。其為二進位數值1 + 10 + 100 + 1000 + 10000 = 11111或十進位數值1 + 2 + 4 + 8 + 16 = 31。

十進位	二進位
1	00001
2	00010
3	00011
…	
19	10011
…	
31	11111

$$
\begin{array}{r}
b_5\,0\,0\,0\,0 \\
b_4\,0\,0\,0 \\
b_3\,0\,0 \\
b_2\,0 \\
+\quad b_1 \\
\hline
b_5\,b_4\,b_3\,b_2\,b_1
\end{array}
\qquad
\begin{array}{r}
10000 \\
10 \\
+\quad 1 \\
\hline
10011 \\
\\
19
\end{array}
\qquad
\begin{array}{r}
10000 \\
1000 \\
100 \\
10 \\
+\quad 1 \\
\hline
11111 \\
\\
31
\end{array}
$$

● 圖5-9 (a)介於1到31的數字可使用5位數的二進位數值來表示
(b)5位數的二進位數值可藉由二進位數值1，10，100，1000，或10000相加來取得

到這裡妳已學到不少了，接下來也是日常生活中常發生的現象，重複做某件事，在程式語言中以迴圈敘述表示。迴圈敘述和這一章的選擇敘述應可解決妳程式設計中大部分的問題了。苡凡，準備好了嗎？

Yes, 我隨時都在 ready。Let's go!

1. 試問下列程式的輸出結果：

(a)

```
score = eval(input('Enter your score: '))
if score >= 60:
    score += 10
print('Your score is %d'%(score))
```

(b)

```
score = eval(input('Enter your score: '))
if score >= 60:
    score += 10
else:
    score += 8
print('Your score is %d'%(score))
```

(c)

```
temperature = eval(input('Enter temperature today: '))
if temperature >= 28:
    print('Hot')
else:
    print('Comfortable')
print('Over')
```

(d)

```
temperature = eval(input('Enter temperature today: '))
if temperature >= 28:
    print('Hot')
elif temperature >= 22:
    print('Comfortable')
else:
    print('Cold')
print('Over')
```

(e)

```
temperature = eval(input('Enter temperature today: '))
humility = eval(input('Enter humility today: '))
if temperature >= 28:
    print('Hot')
elif temperature >= 22 and humility >= 40 and humility <= 50:
    print('Comfortable')
else:
    print('Cold')
print('Over')
```

(f)

```
char = input('Enter a character: ')
if char >= 'a' and char <= 'z':
    print('%c is lowercase character'%(char))
elif char >='A' and char <= 'Z':
    print('%c is uppercase character'%(char))
else:
    print('%s is other character'%(char))
```

2. 改錯題

(a)

```
radius = eval(input("Please input radius:"));


if radius = 0
    print("Negative is not invalid !!!");
else
    area = radius * radius * 3.14158;
print("radius = ", radius)
print("area = ", area)
```

(b)

```
temperature = eval(input('Enter temperature today: '))
if temperature >= 28:
    print('Hot')
elseif temperature >= 22:
    print('Comfortable')
else:
    print('Cold')
print('Over')
```

(c)

```
score = eval(input('Enter your score: '))
if score >= 60 then:
    score += 10
else:
    score += 8
print('Your score is %d'%(score))
```

(d)

```
temperature = eval(input('Enter temperature today: '))
humility = eval(input('Enter humility today: '))
if temperature >= 28:
    print('Hot')
elif temperature >= 22 && humility >= 40 && humility <= 50:
    print('Comfortable')
else:
    print('Cold')
print('Over')
```

(e)

```
year = eval(input("Please input what year? "))
if year % 400 == 0 and (year % 4 == 0 or year % 100 != 0):
    print(year, "is leap year")
else:
    print(year, "is not leap year")
```

3. 試撰寫一程式，提示使用者輸入二個數值後，判斷其大小然後印出。
4. 試撰寫一程式，提示使用者輸入一數值然後，判斷它是否為3的倍數且是5的倍數。
5. 試撰寫一程式，提示使用者輸入一分數的分子與分母，若分母為0，則印出分母不可為0的錯誤訊息，否則印出此分數。

6. 假設您到一家行銷公司上班，薪水包括底薪和佣金。底薪是6,000元，而其佣金率如下表：

銷售金額（元）	佣金率
0.01 ～ 5,000	10%
5,000 ～ 10,000	12%
10,000 ～ 15,000	14%
15,000以上	16%

試撰寫一程式，提示使用輸入此月的銷售金額，然後算出其薪水。

7. 試撰寫一程式，提示使用者輸入三位數，然後判斷此數字是否為迴文數字（palindrome number）。提示：若一數字由左至右或由右至左讀取是一樣的話，則稱數值迴文數字。

8. 試撰寫一程式、提示使用者輸入(x, y) 的座標，然後判斷此點是否在圓心為(0, 0)，半徑為8的圓內。提示：若此點到圓心的距離小於8，則在圓內，否則在圓外。

9. 試撰寫一程式，提示使用者輸入一邊長，若此邊長為負，則印出「無效的邊長」，否則，計算以此邊長的正五邊形面積。

   提示：正五邊形的面積為 $(5*s^2)/(4*\tan(pi/5))$。

10. 試撰寫一程式，提示使用者在一選單下輸入某一候選人的號碼，當他輸入選號，則印出此候選人的姓名。選單如下：

    (1)小柯　(2)小姚　(3)小丁　(4)路人甲

    請輸入理想的候選人

11. 試舉五個你日常生活中常發生要做選擇的例子。

選擇題

(　　) 1. 試問下列哪一項不是關係運算子？

(A) ==　(B) =　(C) <　(D) >=

(　　) 2. 試問下列哪一項不是邏輯運算子?

(A) and　(B) or　(C) not　(D) &&

(　　) 3. 試問下列哪一項不是Python選擇敘述的語法?

(A) if　(B) if…else　(C) if …then…else　(D) if …elif…else

(　　) 4. 試問下列哪一個敘述為偽？

(A) 由關係運算子產生的結果不是真，就是假

(B) Python 以True表示真，False表示假

(C) 當只有一個條件無法判斷時，則需要邏輯運算子將多個條件結合在一起

(D) Python也提供switch…case的語法

(　　) 5. 運算子的結合性關係到執行的先後順序，試問下列所列的運算子，其結合性是由高至低排序的？

(A) not, //, ==, and, +=

(B) //, ==, not, and, +=

(C) not, ==, //, and, +=

(D) ==, and, not, //, +=

(　　) 6. 試問下一程式的輸出結果為何？

```
score = 89
if score >= 90:
    print('Excllent!')
elif score >=80:
    print('Good!')
else:
    print('Not bad!')
```

(A) Excellent!　(B) Good!　(C) Not bad!　(D) Good

(　　)7. 試問下一程式的輸出結果為何?

```
score = 78
if score >= 90:
    print('Excllent!')
elif score >=80:
    print('Good!')
else:
    print('Not bad!')
```

(A) Excellent!　(B) Good!　(C) Not bad!　(D) Good

(　　)8. 試問下一程式的輸出結果為何？

```
a = 177
if (a % 2) == 0 and (a % 3 == 0):
    print('可被2和3整除')
elif (a % 2) == 0 or (a % 3 == 0):
    print('可被2或3整除')
else:
    print('不能被2和3整除')
```

(A) 可被2和3整除　(B) 可被2或3整除

(C) 不能被2和3整除　(D) 產生錯誤的訊息

(　　)9. 試問下一程式的輸出結果為何？

```
a = 179
if (a % 2) == 0 and (a % 3 == 0):
    print('可被2和3整除')
elif (a % 2) == 0 or (a % 3 == 0):
    print('可被2或3整除')
else:
    print('不能被2和3整除')
```

(A) 可被2和3整除　(B) 可被2或3整除

(C) 不能被2和3整除　(D) 產生錯誤的訊息

(　　) 10.試問下一敘述的輸出結果為何？

print(8 + 5 // 2 * 3 > 2 * (7 - 4) + 10 / 2)

(A) True　(B) False　(C) 10　(D) 11

簡答題

1. 試問下列程式的輸出結果。

(a) 若輸入a為9和30時，下一程式之輸出結果為何?

```
a = eval(input('Enter a number: '))
if a % 3 == 0:
    print('%d is multiple of 3'%(a))
elif a % 5 == 0:
    print('%d is multiple of 5'%(a))
else:
    print('%d is not multiple of 3 or 5'%(a))
```

(b) 若輸入a為9和30時，下一程式之輸出結果為何?

```
a = eval(input('Enter a number: '))
if a % 3 == 0:
    print('%d is multiple of 3'%(a))
if a % 5 == 0:
    print('%d is multiple of 5'%(a))
if a % 3 != 0 and a % 5 != 0:
    print('%d is not multiple of 3 or 5'%(a))
```

除錯題

1. 小明剛學Python 程式設計，由於是新手所以有些地方有Bugs，煩請聰明的你加以Debug以下程式。

(a)

```
a = 100
if a = 100:
    a =+ 10
else:
   a =- 10
print('a = %d'(a1))
```

(b)

```
a = 10
if a > 20:
    a += 5
else if a > 10:
    a += 2
else
    a += 1
print('a = %d'%(a))
```

(c)

```
a1 = 100
If a % 2 == 0:
    print(%d is even number.'%(a))
Else
    print("%d is even number.'%(a)
```

實作題

1. 購物金折扣

   購物金額折扣方案如下表：

金額（元）	折扣
5,000（含）以上	9.5折
15,000（含）以上	9折
25,000（含）以上	8.5折
35,000（含）以上	8折

   請撰寫一程式，要求使用者輸入購物金額，並顯示折扣優惠後的實付金額。

2. 季節

   請撰寫一程式，要求使用者輸入一個月份，並顯示該月所屬的季節。假設1~3月為春天、4~6月為夏天、7~9月為秋天、10~12月為冬天。

3. 遊樂園票價

   某某某遊樂園票類分劃分如下表：

年齡（歲）	票價
0 ~ 5	免費
兒童票 (6 ~ 11)	590元
青少年票 (12 ~ 17)	790元
成人票 (18 ~ 59)	890元
敬老票 (>= 60)	399元

   請撰寫一程式，要求使用者輸入歲數並顯示適當的票價。

4. 判斷是否為3或5的倍數

   試撰寫一程式，先提示使用者輸入一整數，然後判斷它是3的倍數或是5的倍數。

5. 判斷字元的屬性

   試撰寫一程式，先提示使用者輸入一字元，判斷它是否為英文字母（包括大、小寫）、數字，或是特殊的字元。如a為英文字母，9為數字，而$為特殊字元。

6. 計算應納稅額

   試依據下表撰寫一程式計算全年應納稅額。

106年度綜合所得稅速算公式一覽表（單位：新台幣元）

綜合所得淨額				稅率		累進差額		全年應納稅額
0	~	540,000	×	5%	−	0	=	
540,001	~	1,210,000	×	12%	−	37,800	=	
1,210,001	~	2,420,000	×	20%	−	134,600	=	
2,420,001	~	4,530,000	×	30%	−	376,600	=	
4,530,001	~	10,310,000	×	40%	−	829,600	=	
10,310,001		以上	×	45%	−	1,345,100	=	

7. 判斷某一點座標是在圓的外面還是裡面？

   請撰寫一程式，提示使用者輸入一個點座標(x, y)，接著檢視該點是否位於中心點為(0, 0)，半徑為10的圓內。

   例：(4, 5)即在圓內，而(9, 9)則在圓外。

   兩點(x_1, x_2)和(y_1, y_2)之間的距離之計算公式為：

   $$\sqrt{((x_1 - x_2)^2 + (y_1 - y_2)^2)}$$

8. 判斷是否為迴文數字

   試撰寫一程式，提示使用者輸入四位數，然後判斷此數字是否為迴文數字(palindrome number)。若一數字由左至右或由右至左讀取是一樣的話，則稱數值迴文數字。此題目和實習題目第7題類似，你可以參閱此題的解法。

9. 計算三角形面積

   試撰寫一程式，提示使用者輸入三角形的三邊長，若此三角形的三邊長可構成一合法的三角形時，則計算其面積。三角形的任何兩邊的邊長和大於第三邊的邊長才能構成一合法的三角形。

   提示：若三角形的三邊長分別為s1、s2、s3，則此三角形的面積為s(s-s1)(s-s2)(s-s3) 乘積的開根號，其中s = (s1+s2+s3)/2

10. 試撰寫一程式，讓使用者回答一些問題後，程式將會回答他的生日是幾月幾日。這可與本章第5-7-5節的猜生日範例程式結合，成為一完整的猜生日程式。

像蜜蜂一樣嗡嗡嗡

有時我們會像蜜蜂一樣，嗡嗡嗡都在重複處理一些事項，工作永遠做不完，這好比你上體育課時，老師叫你跑操場六圈一般。

阿志哥，迴圈（loop）是什麼東東？其意義又為何？
迴圈表示重複做某一件事。這也經常發生在日常生活中，我們舉一些範例來說明。請看以下的講義。

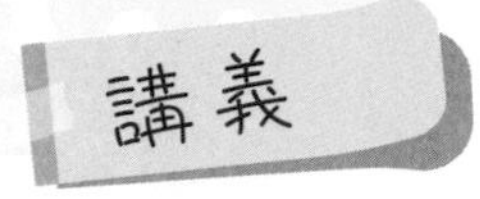

1. 我們上體育籃球課時，老師會先要大家跑五圈籃球場來熱身，跑籃球場就是在做重複的動作。
2. 到加油站加98無鉛汽油50公升，這也是迴圈的概念，因爲會重複加油，直到油表到50公升才停止。（假設汽車的油箱可加50公升以上的油）

還有很多很多，您是否也可以舉一、二個迴圈的例子。

好了，我們用一個簡單的範例來說明，現在請妳撰寫一程式印出 5 次以下字串：

Learning Python is fun!

這太簡單了，如下所示：

```
print('Learning Python is fun')
print('Learning Python is fun')
print('Learning Python is fun')
print('Learning Python is fun')
print('Learning Python is fun')
```

不錯，那印出 100 次以上的字串呢？

這只要將下面這個敘述複製 100 次即可。

print('Learning Python is fun')

雖然這樣做也對。以此方式撰寫 5 次也許還可以，但若要印 100 次或更多次數時，就不太方便也不合適了，此時就要靠迴圈敘述。迴圈用來控制特定區塊內敘述的重複執行。Python 提供二種迴圈敘述型態：while 迴圈與 for 迴圈。以下將以一些範例加以說明。請看以下講義。

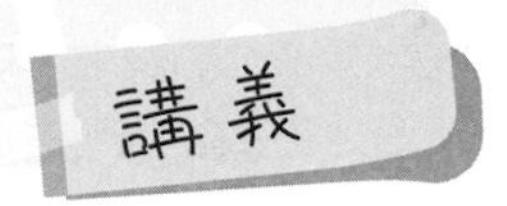

6-1 while迴圈

while迴圈在條件爲眞時，重複執行敘述內容。

while迴圈的語法如下：

```
while condition:
    statement(s)
```

迴圈內要被重複執行的敘述（statements）被稱作迴圈主體（loop body）。迴圈主體的一次性執行被稱作迴圈的迭代（iteration）或重複（repetition）。迴圈含有condition，爲一個控制主體敘述執行的布林運算式。此運算式每次執行都會被測試，以決定迴圈敘述是否要被執行。如果測試的結果爲True，則迴圈敘述就會被執行；若測試結果爲False，則整個迴圈就會被終止，程式接著執行while迴圈後的敘述。

若要印出上述100次的

```
Learning Python is fun!
```

可利用以下的範例程式完成：

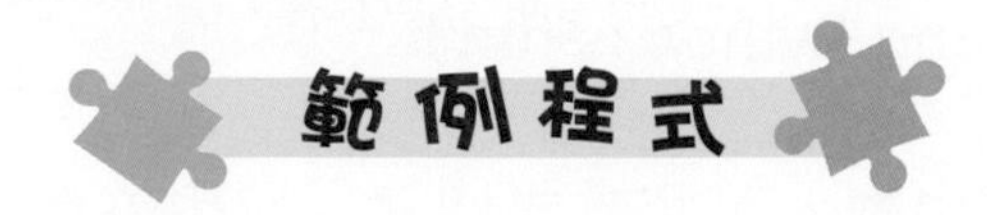

p6-4.py

```
count = 1
while count <= 100:
    print('Learning Python is fun!')
    count = count +1
```

上述程式迴圈將顯示Learning Python is fun! 字串100次，這是使用while迴圈的範例。變數count被初始爲1。迴圈檢查count <= 100是否爲True。

若爲True，便執行迴圈主體敘述，從而顯示 Learning Python is fun! 的訊息，並將count遞增1。持續執行迴圈敘述，直到count <= 100爲False爲止，也就是當count到達101，迴圈便會終止，接著執行迴圈敘述後的敘述。其流程圖如圖6-1所示。

while迴圈敘述要注意的地方有二：

1. while count <= 100 後面有一冒號（:），它表示迴圈從以下的敘述組成迴圈主體的敘述。若忘記加冒號將會產生語法錯誤的訊息。
2. 迴圈主體的敘述必須內縮，並且加以對齊。凡是要一起處理的複合敘述（compound statements）必須要這樣撰寫，切記切記。

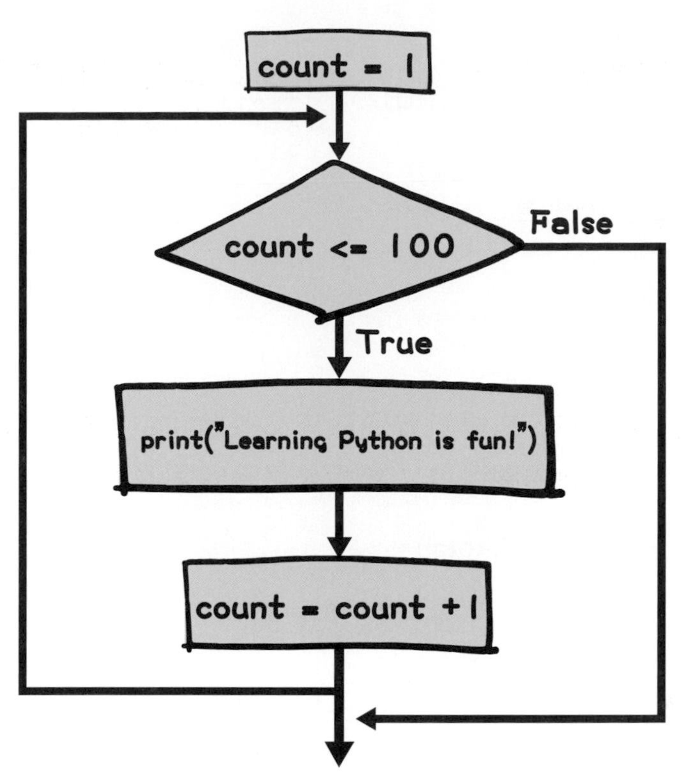

● 圖6-1　當count<=100為True時，while迴圈會重複執行迴圈主體敘述

condition即爲count <= 100，而迴圈主體內容則包含了以下兩個敘述：

```
print('Learning Python is fun!')
count = count +1
```

在此範例中，由於控制變數count用來計算執行的次數，因此，必須清楚知道迴圈主體須被執行的次數。

若要計算 1 加到 10 的總和。直覺的做法有如按計算器一般，如下程式所示：

```
total = 0
total = 1+2+3+4+5+6+7+8+9+10
print("1+2+3+...+10 = ", total)
```

但是如果要從 1 加到 100 的話就有點不便了，此時應該要以迴圈敘述來完成。苡凡，這由妳來撰寫看看。

沒問題。（經過 2 分鐘後）寫好了。

```
total = 0
k = 1
while k <= 100
    total = total + k
k = k +1
print('1 + 2 + 3 + ... + 100 = ', total)
```

可是好像有 bugs 說。

妳再看看我剛剛寫的講義。

找到錯誤了，我忘了在 while 的條件運算式後加冒號，還有要將

k ＝ k ＋ 1

和

total ＝ total ＋ k

對齊。

完整的程式應如下：

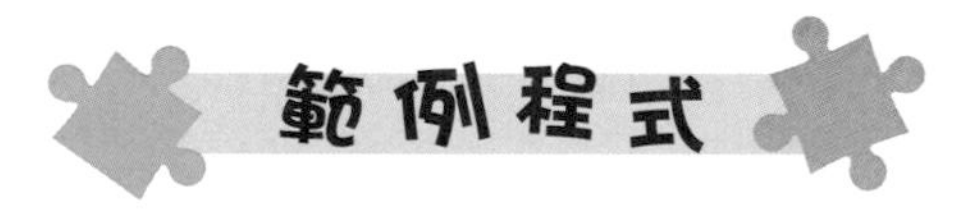

p6-6.py

```
total = 0
k = 1
while k <= 100:
    total = total + k
    k = k +1
print('1 + 2 + 3 + ... + 100 = ', total)
```

```
1 + 2 + 3 +...+ 100 = 5050
```

答對了，就是這麼簡單。其實 Python 是一種很容易學的程式語言，而且是一很友善的直譯器。當有語法不對之處，就會告訴你錯誤的所在及其錯誤的訊息。上述程式所對應的流程圖如圖 6-2 所示：

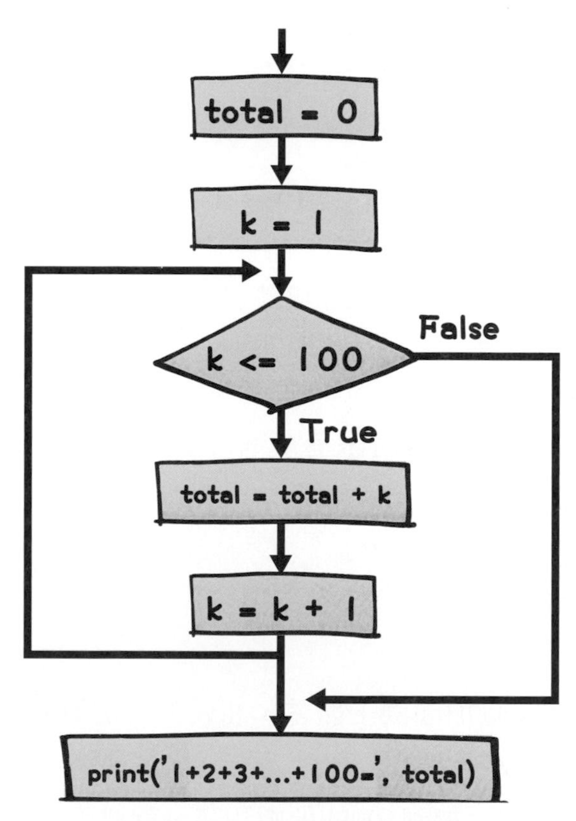

● 圖6-2　1加到100的流程圖

太棒了，我會了，真的很簡潔。

上述的 1 加到 100 是以遞增的方式撰寫，其實也可以使用遞減的方式從 100+99+98+…+1。

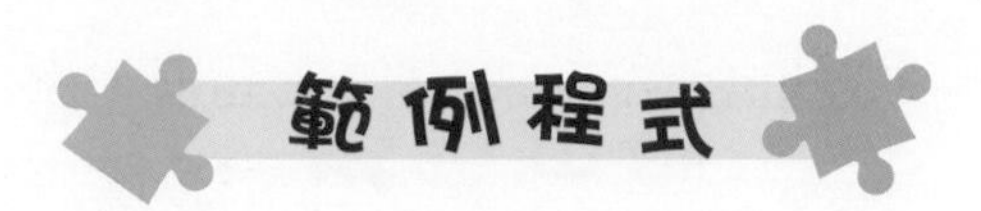

p6-8.py

```
total = 0
k = 100
while k >= 1:
    total += k
    k -= 1
print('100 + 99 + 98 + ... + 1 = %d'%(total))
```

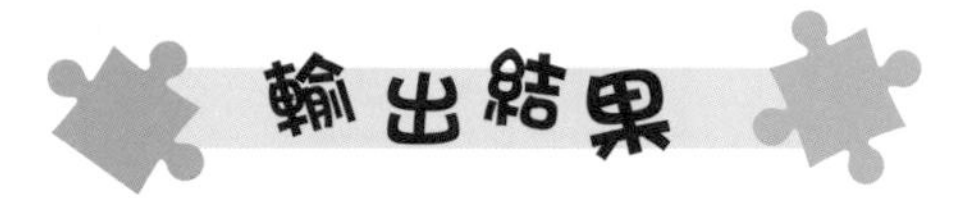


```
100 + 99 + 98 + ... + 1 = 5050
```

此程式是由 100 開始，每次遞減 1，直到 k >= 1 為止。特別注意迴圈的結束點。

在撰寫迴圈時，有幾個重要事項需要特別注意，請參閱以下講義。

第一個是**初始值**，以加油例子而言，油表上一定要先歸0。當然初始值不一定是0，也許是其他值，例如，計算1加到100的總和，則初始值是1，這要看問題的屬性，如要計算1加到100的偶數和時，就會將初始值設爲2。

第二個是**迴圈何時結束**，若沒有這個條件或是設錯，將會形成無窮迴圈（infinite loop），這是撰寫迴圈的惡夢。一定要知道結束點在哪兒，如計算1加到100的總和，其結束點不是99，也不是101，而是100。若是加到99，結果將是4950；若是加到101，則結果會是5151。

第三個是**每次迴圈的增量**，可能是1、2或其他值。如上述計算1加到100的總和，其每次的增量爲1，若是計算1到100的偶數和，則初始值設爲2，每次的增量爲2。

阿志哥，您的講義寫得好清楚，我這門外漢一看就完全了解。

好，既然這樣，那就請妳撰寫 1 到 100 的偶數和。

那有什麼問題。（經過 2 分鐘）哈哈，以下是我撰寫的程式，應該沒有問題，因為結果是對的。我也順便畫出了其對應的流程圖。

範例程式

p6-9.py

```
evenTotal = 0
k = 2
while k <= 100:
    evenTotal = evenTotal + k
    k = k + 2
print('2 + 4 + 6 + ...  +100 = ', evenTotal)
```

輸出結果

```
2 + 4 + 6 +... + 100 =  2550
```

此程式所對應的流程圖如圖6-3所示：

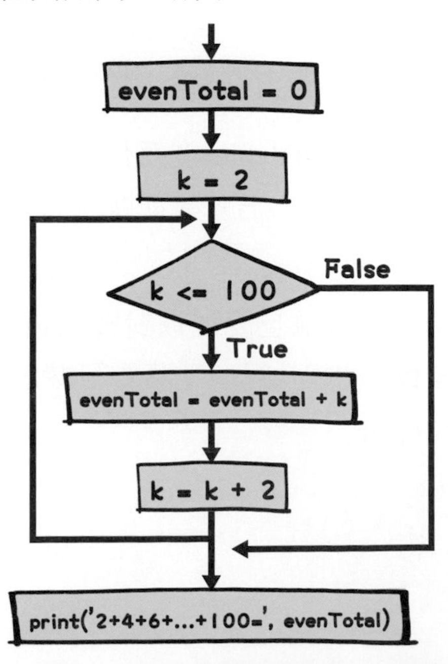

● 圖6-3　1到100的偶數和之流程圖

妳真是學得很快，已學會了 while 迴圈。打鐵趁熱，再來教妳另一個相當好用的 for 迴圈敘述。請看以下的講義。

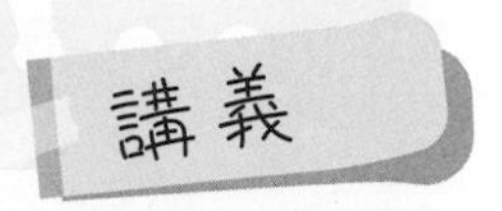

6-2 for 迴圈

基本上while迴圈和for迴圈是可以互用的。例如，while迴圈如下：

```
k = initialValue:
while k < endValue:
    # 迴圈主體的敘述
   …
    k += 1
```

將它轉換爲for迴圈，如下所示：

```
for k in range(initialValue, endValue):
    # 迴圈主體的敘述
   …
```

注意，k是由initialValue開始，每次加1，直到endValue – 1爲止，而且這兩個值一定要爲整數。

for迴圈敘述和while迴圈敘述類似，需注意的地方有二：

1. for k in range(initialValue, endValue)後面有一冒號（:），它表示迴圈從以下的敘述組成迴圈主體的敘述。若您忘記加上冒號，將會產生語法錯誤的訊息。
2. 迴圈主體的敘述必須內縮，並且要加以對齊。這和while迴圈敘述是一樣的，沒有對齊的敘述不會一起執行，千萬要記得。

以下舉幾個範例來看看：

```
>>> for k in range(1, 6):
        print(k)
```

```
1
2
3
4
5
```

此迴圈的initialValue是1，而endValue是6，所以表示從1到5加以印出。切記，只印到endValue – 1。也就是說，終止條件是k小於endvalue(6)。

若省略initialValue的起始值，其預設爲0，如下所示：

```
>>> for k in range(6):
        print(k)
```

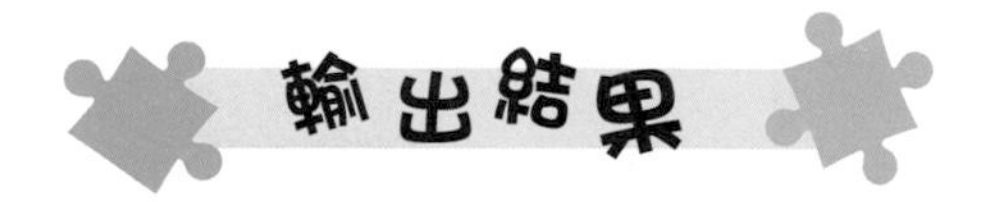


```
0
1
2
3
4
5
```

從輸出結果可得知range(6) 表示range(0, 6)。

除了上述的版本之外，還有一版本爲：

```
for k in range(initialValue, endValue, stepValue)
```

其中stepValue是每次的增量，例如：

```
>>> for k in range(1, 10, 2):
        print(k)
```

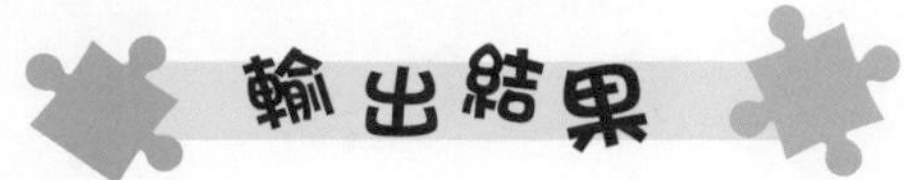


```
1
3
5
7
9
```

此迴圈範圍從1到9，每次的增量爲2，而不是1（預設值），並加以印出。所以印出的答案爲1、3、5、7、9。

注意，stepValue也可以是負值。若是負值，則其範圍是從initialValue到大於等於endValue+1。例如：

```
>>> for k in range(10, 1, -1):
        print(k)
```

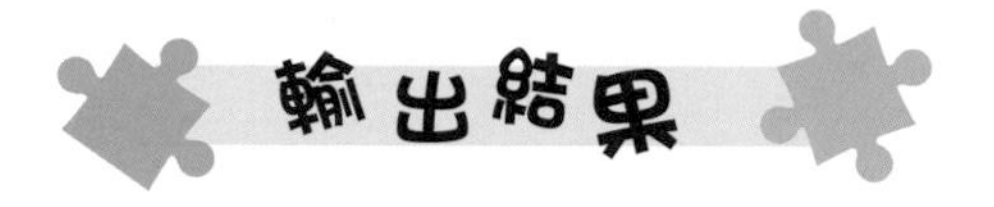


```
10
9
8
7
6
5
4
3
2
```

此時迴圈的增量爲 -1，所以從10到2，每次皆加(-1)。再繼續看一範例。

```
>>> for k in range(10, 1, -2):
        print(k)
```

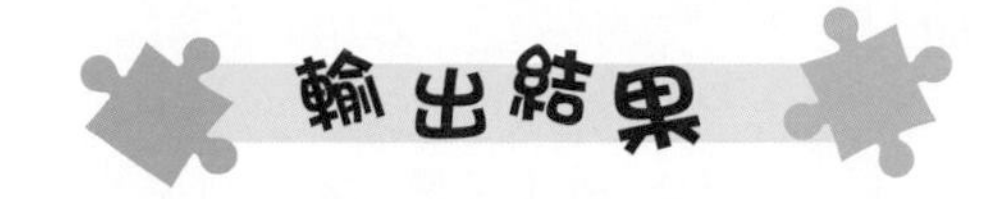


```
10
8
6
4
2
```

此時增量爲 -2，所以印出 10、8、6、4、2。若是

```
for k in range(10, 2, -2)
```

則答案是多少呢？應該是10、8、6、4。因爲此迴圈的範圍是從10（此爲initialValue）到大於等於3（此爲endValue+1），每次遞減2。

苡凡，妳現在將上述以 while 迴圈執行的範例程式，改以 for 迴圈執行看看。

好呀，我現在就來撰寫，也順便看看我的了解程度如何。

1. 印出100次的Learning Python is fun!

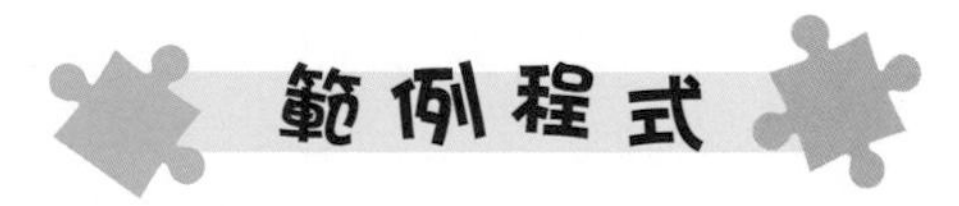

p6-13.py

```
for k in range(1, 101):
    print('Learning Python is fun!')
```

2. 計算1加到100的總和

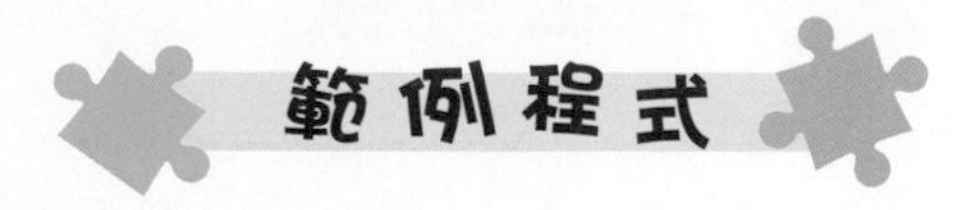

p6-14-1.py

```
total = 0
for i in range(1, 101):
    total += i
print('1 + 2 + 3 + ... + 100 = ', total)
```

3. 計算1加到100的偶數和

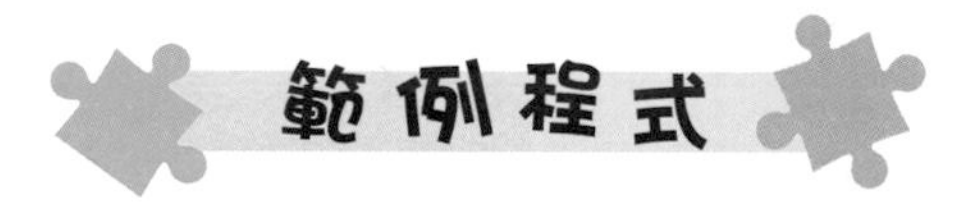

p6-14-2.py

```
total = 0
for i in range(2, 101, 2):
    total += i
print('2 + 4 + 6 + ... + 100 = ', total)
```

94 狂，厲害厲害，全對。

好說好說，要學的還很多呢！阿志哥，請問一個問題，通常我們都利用自然的方法來結束迴圈，也就是到達迴圈的結束點時會自動結束。若要在迴圈還未結束時就想要結束離開，該如何處理呢？

苡凡，妳問得非常好。Python 有 break 敘述供妳使用，這與 C 語言的 break 敘述相同。我舉一些範例來說明，請看以下的講義。

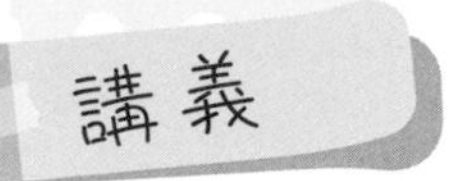

6-3 break與continue

假設我們從1開始累加，要找出加到哪一位數字時，總和是大於或等於100。

範例程式

輸出結果

p6-15.py

```
total = 0
number = 0
while True:
    number += 1
    total += number
    if total >= 100:
        break
print('The number is', number)
print('Total is', total)
```

```
The number is 14
Total is 105
```

程式中的break是用來結束迴圈。例如程式中的while迴圈。

```
while True:
```

它表示為無窮迴圈，因此在if判斷式中當total大於或等於100時，則呼叫break敘述來結束此無窮迴圈。接著印出此數字是多少，以及總和是多少。

苡凡，妳可以試試看若要找出一直累積偶數和，直到大於或等於1000，此數字是多少？

好，我來做做看。（經過5分鐘後）呼～請看以下的程式。

範例程式

輸出結果

p6-16-1.py

```
total = 0
number = 0
while True:
    number += 2
    total += number
    if total >= 1000:
        break
print('The number is', number)
print('Total is', total)
```

```
The number is 64
Total is 1056
```

我只改了您上次程式的兩個地方而已。感覺這 break 功能很強，下次我遇到無窮迴圈時，就可以加以應用了。阿志哥，還有其他相關的主題嗎？

有，與 break 相對應的是 continue。它表示不執行位於 continue 下的敘述，而是再回到迴圈的條件判斷式。假設從 1 加到 100，但不加 5 的倍數之數值，迴圈總共執行 100 次，如下範例程式所示。

範例程式

輸出結果

p6-16-2.py

```
total = 0
number = 0
while number < 100:
    number += 1
    if number % 5 == 0:
        continue
    total += number

print('the total is', total)
```

```
the total is 4000
```

苡凡，妳懂嗎？

當然。那若要處理只加 5 的倍數之數字，是不是可以寫成這樣：

範例程式

p6-17-1.py

```
total = 0
number = 0
while number < 100:
    number += 1
    if number % 5 != 0:
        continue
    total += number
print('the total is', total)
```

輸出結果

```
the total is 1050
```

答對了，寫得很好，妳已融會貫通了。接下來，若將範例程式 p6-17-1.py 中的 continue 改為 break，請妳告訴我答案，並解釋一下。

範例程式

p6-17-2.py

```
total = 0
number = 0
while number <= 100:
    number += 1
    if number % 5 == 0:
        break
    total += number
print('the total is', total)
```

我想應該是 10。程式將在 number 是 5 的倍數時結束迴圈。所以輸出結果如下所示：

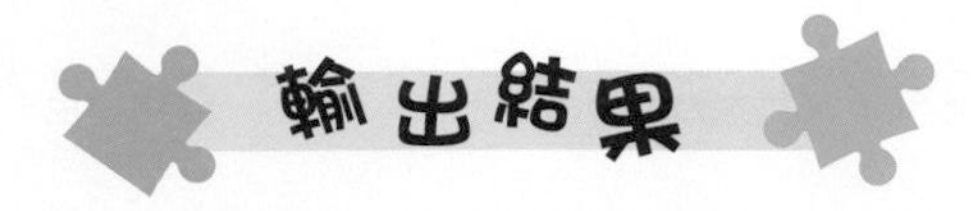


```
the total is 10
```

答對了。苡凡，妳現在已學到了有關 Python 迴圈的一二了，我將它做個整理，讓妳往後撰寫有關迴圈的敘述時能更加得心順手。

6-4　不定數迴圈

我有聽到一名詞是不定數迴圈，這是什麼啊？

你問得非常好，迴圈基本上分成兩種，一種是定數迴圈，它的執行次數是固定的；另一種是不定數迴圈，表示它執行的次數是不確定，會由使用者來決定，例如當使用者輸入某一數值時，執行 break 敘述來結束迴圈的執行。

p6-18.py

```
total = 0
count = 0
while True:
    num = eval(input('Enter an integer: '))
    count += 1
    if num == -9999:
        break
    else:
        total += num

print('count:', count)
print('total', total)
```

```
Enter an integer: 100

Enter an integer: 200

Enter an integer: 300

Enter an integer: 400

Enter an integer: 500

Enter an integer: -9999
count: 6
total 1500
```

苡凡妳看懂嗎？

我大概看得懂。這程式共輸入 6 次，在最後一次輸入值是 -999。這個程式使用。

```
while True:
```

是一無窮迴圈，怎麼會只執行6次呢?

妳說得對，此程式是無窮迴圈，所以程式設定了迴圈結束的機制點，那就是當使用者輸入 -9999 時就結束迴圈。當然你想要加總的數字 -9999 是被排除的，因此可視為它是一種不定數迴圈。

我懂了，程式是藉助 break 來結束迴圈。

我們將上述程式的無窮迴圈改以執行十次，如下所示：

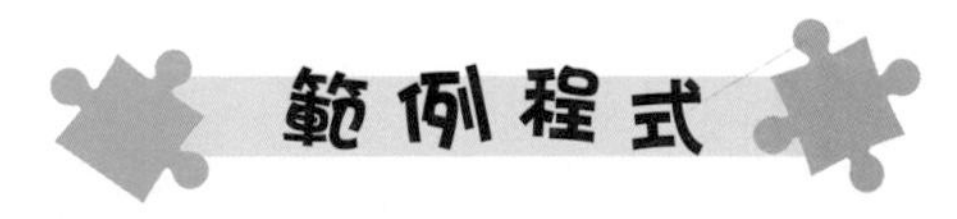

p6-19.py

```
total = 0
count = 0
while count < 10:
    num = eval(input('Enter an integer: '))
    count += 1
    if num == -9999:
        break
    else:
        total += num

print('count:', count)
print('total', total)
```

程式不一定要執行十次，有可能在某一次輸入數值為 -9999，此時將執行 break，並結束迴圈，這也是不定數迴圈，如以下輸出結果所示。

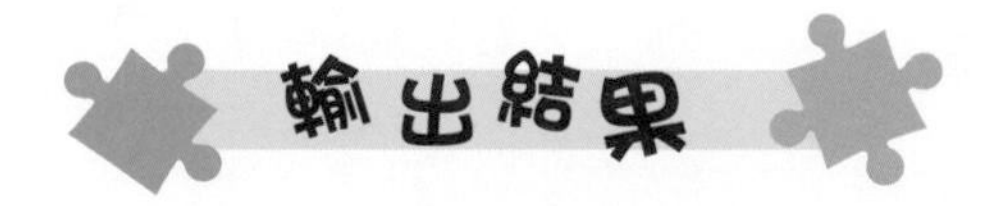


```
Enter an integer: 10

Enter an integer: 20

Enter an integer: 30

Enter an integer: -9999
count: 4
total 60
```

我看懂了，凡是在迴圈內，不管你設定執行幾次的迴圈或是在無窮迴圈中，只要讓使用者控制結束迴圈的執行，皆可稱為不定數迴圈。

完全正確，妳真的有了解到。

謝謝您，想請問阿志哥，若想撰寫一程式印出小時候使用的墊板，上面有九九乘法表（如下所示），應要如何撰寫呢？

```
1*1= 1  2*1= 2  3*1= 3  4*1= 4  5*1= 5  6*1= 6  7*1= 7  8*1= 8  9*1= 9
1*2= 2  2*2= 4  3*2= 6  4*2= 8  5*2=10  6*2=12  7*2=14  8*2=16  9*2=18
1*3= 3  2*3= 6  3*3= 9  4*3=12  5*3=15  6*3=18  7*3=21  8*3=24  9*3=27
1*4= 4  2*4= 8  3*4=12  4*4=16  5*4=20  6*4=24  7*4=28  8*4=32  9*4=36
1*5= 5  2*5=10  3*5=15  4*5=20  5*5=25  6*5=30  7*5=35  8*5=40  9*5=45
1*6= 6  2*6=12  3*6=18  4*6=24  5*6=30  6*6=36  7*6=42  8*6=48  9*6=54
1*7= 7  2*7=14  3*7=21  4*7=28  5*7=35  6*7=42  7*7=49  8*7=56  9*7=63
1*8= 8  2*8=16  3*8=24  4*8=32  5*8=40  6*8=48  7*8=56  8*8=64  9*8=72
1*9= 9  2*9=18  3*9=27  4*9=36  5*9=45  6*9=54  7*9=63  8*9=72  9*9=81
```

這就要用到多重迴圈（multiple loop）或巢狀迴圈（nested loop）。請參閱以下的講義。

6-5 多重迴圈

多重迴圈表示迴圈中的敘述又有迴圈敘述稱之。在多重迴圈中有內迴圈和外迴圈之稱。在迴圈外圍的稱爲外迴圈，在迴圈內層的稱爲內迴圈。以下用一範例程式來說明。

p6-21.py

```
for i in range(1, 4):
    print('i = ', i)
    for j in range(1, 6):
        print('  j = ', j)
    print('')
```

輸出結果

```
i =  1
  j =  1
  j =  2
  j =  3
  j =  4
  j =  5

i =  2
  j =  1
  j =  2
  j =  3
```

```
  j =  4
  j =  5


i =  3
  j =  1
  j =  2
  j =  3
  j =  4
  j =  5
```

for i in range(1, 4): 爲外迴圈，而for j in range(1, 6): 爲內迴圈。外迴迴圈的範圍從1到3，內迴迴圈的範圍從1到5。從輸出結果得知，當外迴圈i變數爲1時，內迴圈的變數j會從1執行到5。同理，當外迴圈i變數爲2時，內迴圈的變數j也會從1執行到5。依此類推，一直執行到i爲3時，整個迴圈才會結束。此處再複習一下輸出格式。假設有一程式敘述如下：

```
i = 10
j = 20

print('%d*%d=%3d'%(i, j, i*j))
```

print敘述中有一單引號括起來的字串，當中有三個%的符號，每一個符號後有一英文字d，表示以整數印出，而3d表示以三位欄位寬印出整數。字串後加上%格式，其中i對應第一個%d，j對應第二個%d，而i*j對應%3d。此敘述的輸出結果如下：

```
10*20=200
```

說到這裡，接下來，就請妳以此為基礎，動手撰寫上述的九九乘法表。

OK, OK. 我來寫寫看。請看。

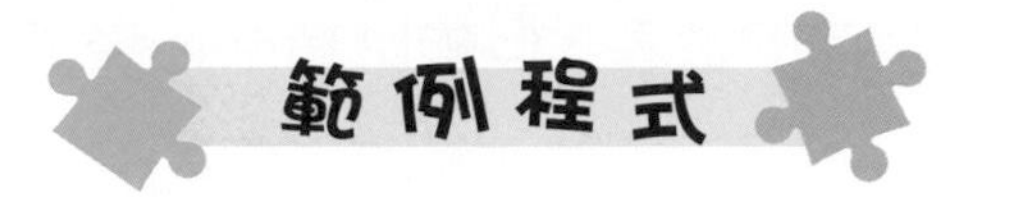

p6-23.py

```
#version 1.0
for i in range(1, 10):
    for j in range(1, 10):
        print('%d*%d=%2d'%(i, j, i*j))
```

輸出結果

```
1*1= 1
1*2= 2
1*3= 3
1*4= 4
1*5= 5
1*6= 6
1*7= 7
1*8= 8
1*9= 9
2*1= 2
2*2= 4
2*3= 6
2*4= 8
2*5=10
2*6=12
2*7=14
2*8=16
2*9=18
...
（略）
...
9*1= 9
9*2=18
9*3=27
9*4=36
9*5=45
9*6=54
9*7=63
9*8=72
9*9=81
```

雖然寫得不錯，有產生九九乘法表內的數字，但輸出結果怪怪的。不需要每一次都跳行。

好，讓我想想看。（經過 2 分鐘）耶！寫完了，請看。

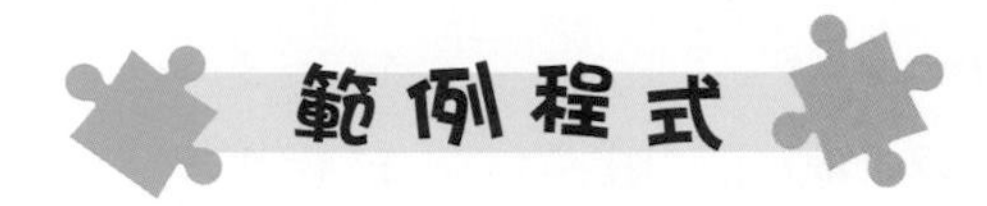

p6-24.py

```
#version 2.0
for i in range(1, 10):
    for j in range(1, 10):
        print('%d*%d=%2d '%(i, j, i*j), end = ' ')
```

我執行的輸出結果都連在一起了。苡凡，這還可以改善。

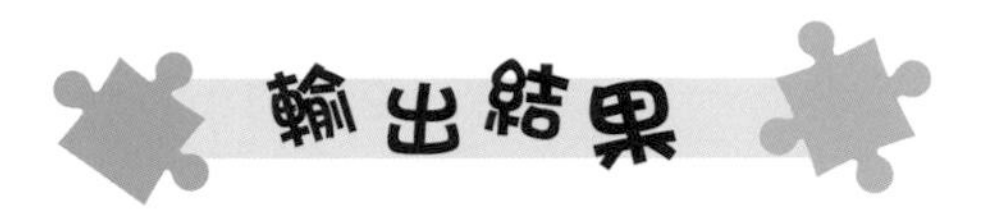


```
1*1= 1  1*2= 2  1*3= 3  1*4= 4  1*5= 5  1*6= 6  1*7= 7  1*8= 8  1*9= 9  2*1= 2
2*2= 4  2*3= 6  2*4= 8  2*5=10  2*6=12  2*7=14  2*8=16  2*9=18  3*1= 3  3*2= 6
3*3= 9  3*4=12  3*5=15  3*6=18  3*7=21  3*8=24  3*9=27  4*1= 4  4*2= 8  4*3=12
4*4=16  4*5=20  4*6=24  4*7=28  4*8=32  4*9=36  5*1= 5  5*2=10  5*3=15
5*4=20  5*5=25  5*6=30  5*7=35  5*8=40  5*9=45  6*1= 6  6*2=12  6*3=18
6*4=24  6*5=30  6*6=36  6*7=42  6*8=48  6*9=54  7*1= 7  7*2=14  7*3=21
7*4=28  7*5=35  7*6=42  7*7=49  7*8=56  7*9=63  8*1= 8  8*2=16  8*3=24
8*4=32  8*5=40  8*6=48  8*7=56  8*8=64  8*9=72  9*1= 9  9*2=18  9*3=27
9*4=36  9*5=45  9*6=54  9*7=63  9*8=72  9*9=81
```

Sorry，歹勢，我剛忘了加上要在每一列印完時加跳行的動作。阿志哥，以下是我第二版的程式，請過目。謝謝。

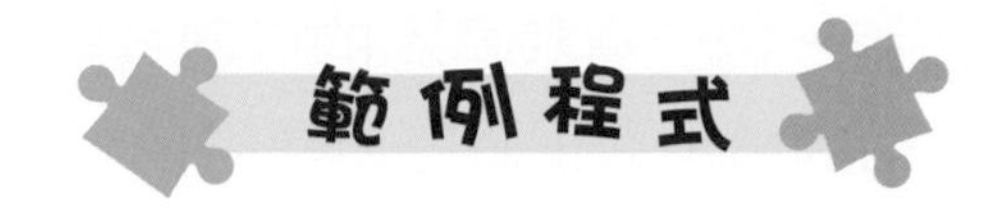

p6-25.py

```
#version 3.0
for i in range(1, 10):
    for j in range(1, 10):
        print('%d*%d=%2d '%(i, j, i*j), end = '')
  print()
```

我再來 Run 一下。

輸出結果

```
1*1= 1  1*2= 2  1*3= 3  1*4= 4  1*5= 5  1*6= 6  1*7= 7  1*8= 8  1*9= 9
2*1= 2  2*2= 4  2*3= 6  2*4= 8  2*5=10  2*6=12  2*7=14  2*8=16  2*9=18
3*1= 3  3*2= 6  3*3= 9  3*4=12  3*5=15  3*6=18  3*7=21  3*8=24  3*9=27
4*1= 4  4*2= 8  4*3=12  4*4=16  4*5=20  4*6=24  4*7=28  4*8=32  4*9=36
5*1= 5  5*2=10  5*3=15  5*4=20  5*5=25  5*6=30  5*7=35  5*8=40  5*9=45
6*1= 6  6*2=12  6*3=18  6*4=24  6*5=30  6*6=36  6*7=42  6*8=48  6*9=54
7*1= 7  7*2=14  7*3=21  7*4=28  7*5=35  7*6=42  7*7=49  7*8=56  7*9=63
8*1= 8  8*2=16  8*3=24  8*4=32  8*5=40  8*6=48  8*7=56  8*8=64  8*9=72
9*1= 9  9*2=18  9*3=27  9*4=36  9*5=45  9*6=54  9*7=63  9*8=72  9*9=81
```

對了吧？

呵呵，妳寫得不錯，但這好像不是我們小時候墊板上的九九乘法表。妳再看看。

那是那裡錯呢？

九九乘法表的第一欄位應該是 1 的倍數，第二欄位是 2 的倍數，以此類推。印出的第一列正確的訊息應如下：

```
1*1= 1  2*1= 2  3*1= 3  4*1= 4  5*1= 5  6*1= 6  7*1= 7  8*1= 8  9*1= 9
```

我看出來了，每一欄位的第一個數字會變，第二個數字不會變，因此，只要將上述的範例程式中的 .format(i, j, i*j) 改為 .format(j, i, i*j) 就可以了，以下是我撰寫的程式，請看第三版的程式。

 **範例程式** 

p6-26.py

```
#version 4.0
for i in range(1, 10):
    for j in range(1, 10):
        print('%d*%d=%2d '%(j, i, i*j), end = ' ')
    print()
```

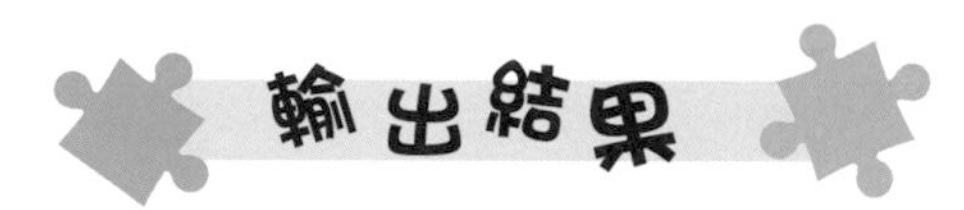


```
1*1= 1  2*1= 2  3*1= 3  4*1= 4  5*1= 5  6*1= 6  7*1= 7  8*1= 8  9*1= 9
1*2= 2  2*2= 4  3*2= 6  4*2= 8  5*2=10  6*2=12  7*2=14  8*2=16  9*2=18
1*3= 3  2*3= 6  3*3= 9  4*3=12  5*3=15  6*3=18  7*3=21  8*3=24  9*3=27
1*4= 4  2*4= 8  3*4=12  4*4=16  5*4=20  6*4=24  7*4=28  8*4=32  9*4=36
1*5= 5  2*5=10  3*5=15  4*5=20  5*5=25  6*5=30  7*5=35  8*5=40  9*5=45
1*6= 6  2*6=12  3*6=18  4*6=24  5*6=30  6*6=36  7*6=42  8*6=48  9*6=54
1*7= 7  2*7=14  3*7=21  4*7=28  5*7=35  6*7=42  7*7=49  8*7=56  9*7=63
1*8= 8  2*8=16  3*8=24  4*8=32  5*8=40  6*8=48  7*8=56  8*8=64  9*8=72
1*9= 9  2*9=18  3*9=27  4*9=36  5*9=45  6*9=54  7*9=63  8*9=72  9*9=81
```

非常好，完全正確。妳可以當妳班上的小老師了。

還差遠呢！阿志哥，可以再教我一些迴圈敘述和選擇敘述結合在一起的範例嗎？

可以呀，沒想到妳這麼好學。以下的範例集錦是我以前在學校的作業或是考試題目。回家後好好看一看，下星期再問妳有哪些題目不懂。

阿志哥，謝謝您，再見。

6-6 範例集錦

6-6-1 產生100個亂數

Python的亂數是在random模組下，經由呼叫random()或randint()所產生的數字。呼叫random()函式將會產生大於等於0，而且小於1.0浮點數的亂數，而randint(a, b)將會產生介於a~b之間的亂數。

```
>>> import random
>>> random.random()
    0.41540086003961774
>>> random.random()
    0.250720106025045
>>> random.randint(1, 49)
    29
>>> random.randint(1, 38)
    36
```

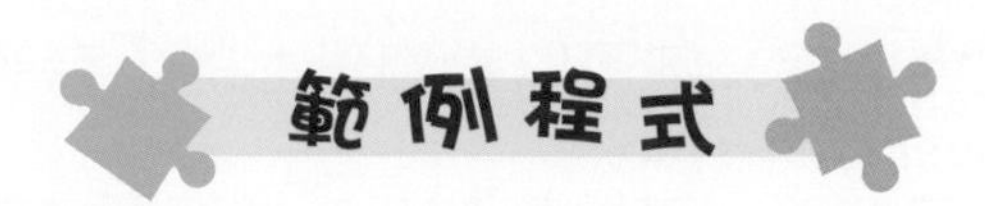

p6-28-1.py

```
import random
for i in range(1, 101):
    randomNumber = random.randint(1, 100)
    print(randomNumber, end = ' ')
```

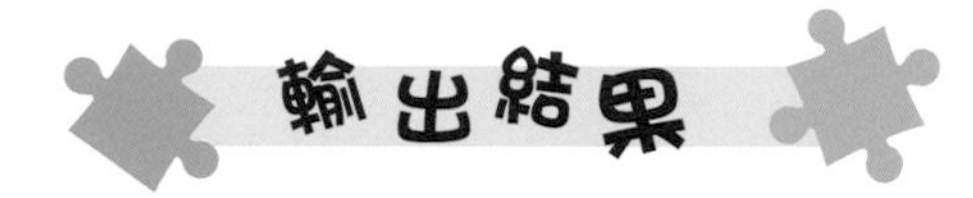


```
23 42 56 83 63 98 56 10 15 41 86 89 22 47 1 84 34 95 61 49 90 21 22 2 87 88 64 5
80 7 28 58 22 31 33 69 58 36 74 45 48 37 24 20 83 71 97 45 100 88 58 38 60 23 89
51 100 19 2 78 71 35 81 89 99 41 82 63 57 59 18 40 34 59 7 12 88 16 45 43 65 97
73 72 9 22 82 1 99 96 72 18 75 5 86 81 10 54 74 10
```

由於要呼叫random模組下的randint函式，所以需要將random模組載入進來，因此在程式中需要import random這一敘述。注意，random.randint(1, 100)表示其產生的亂數是介於1到100之間。再次提醒您，for i in range(1, 101)其區間為1到100。

當下次再產生100個亂數時，會和上述的輸出結果有所不同。請參閱以下的範例程式。

6-6-2　計算100個亂數中有幾個偶數，有幾個奇數

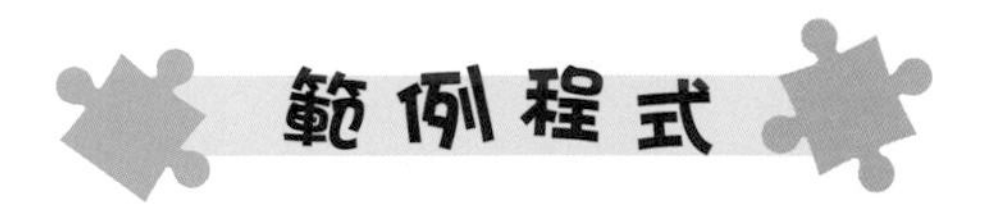

p6-28-2.py

```
import random
evenCount = 0
oddCount = 0
for i in range(1, 101):
```

```
    randomNumber = random.randint(1, 100)
    print(randomNumber, end = ' ')
    if randomNumber % 2 == 0:
        evenCount += 1
oddCount = 100 – evenCount

print('\nEven number: ', evenCount, '\nOdd number: ', oddCount)
```

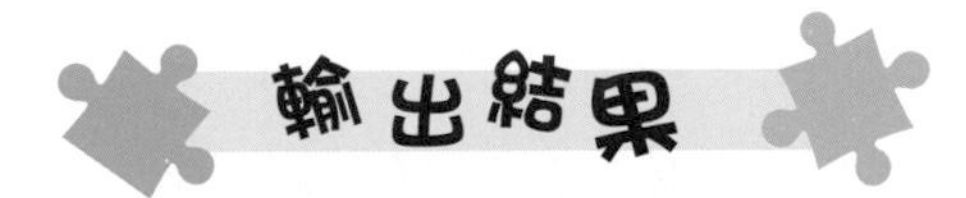


```
7 35 95 63 93 52 32 3 71 26 7 100 6 44 19 56 13 84 12 79 42 60 21 35 39 26 19 28
9 50 49 35 37 57 64 8 44 65 65 58 30 68 35 99 12 95 85 37 80 59 79 77 81 98 93 44
67 51 91 13 52 77 1 92 33 96 80 59 21 3 30 95 28 59 61 39 17 50 73 55 95 53 86 64
81 84 4 26 3 62 75 92 48 78 31 83 64 83 76 40
Even number:  43
Odd number:  57
```

在輸出結果上還有一可改進的地方，是否可將這100個亂數以每一列十個來顯示。其實這很簡單，只要利用迴圈變數來計數即可，如下一範例程式的 i 變數。

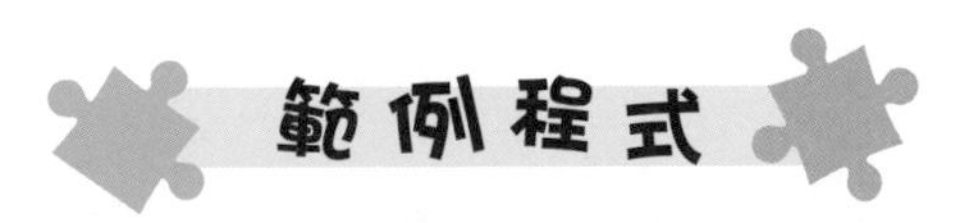

p6-29.py

```
import random
evenCount = 0
oddCount = 0

for i in range(1, 101):
    randomNumber = random.randint(1, 100)
    if i % 10 == 0:
        print('%5d'%(randomNumber))
    else:
```

```
        print('%5d'%(randomNumber), end = ' ')
    if randomNumber % 2 == 0:
        evenCount += 1
oddCount = 100 - evenCount
print('\nEven number: ', evenCount, '\nOdd number: ', oddCount)
```

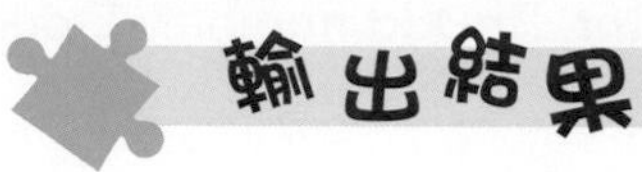

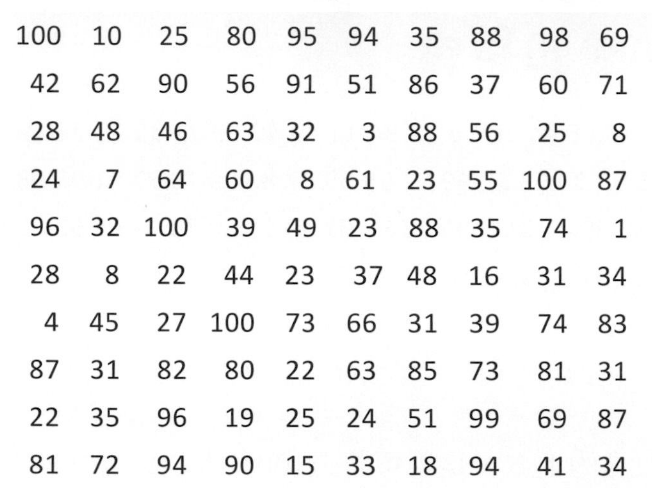

```
  100   10   25   80   95   94   35   88   98   69
   42   62   90   56   91   51   86   37   60   71
   28   48   46   63   32    3   88   56   25    8
   24    7   64   60    8   61   23   55  100   87
   96   32  100   39   49   23   88   35   74    1
   28    8   22   44   23   37   48   16   31   34
    4   45   27  100   73   66   31   39   74   83
   87   31   82   80   22   63   85   73   81   31
   22   35   96   19   25   24   51   99   69   87
   81   72   94   90   15   33   18   94   41   34
```

```
Even number:  52
Odd number:  48
```

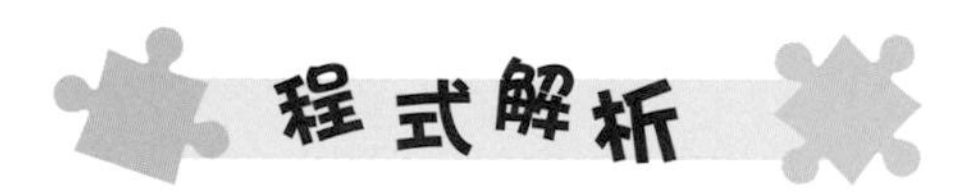

此程式利用 i % 10 判斷是否等於 0。若是則以 5d 的格式規格印出，並跳行；否則以同樣的格式規格印出，但不跳行。

6-6-3 判斷它是否為質數

若一數字只能被1和本身整除，則此數字稱爲質數（prime number）。今由使用者輸入一數字，然後判斷此數字是否爲質數。

範例程式

p6-31.py

```
number = eval(input('Please input an integer: '))
divisor = 2
flag = 1
while divisor < number:
    if number % divisor == 0:
        # If true, number is not prime number
        flag = 0
        break
    divisor += 1
if flag == 0:
    print(number, 'is not prime number')
else:
    print(number, 'is prime number')
```

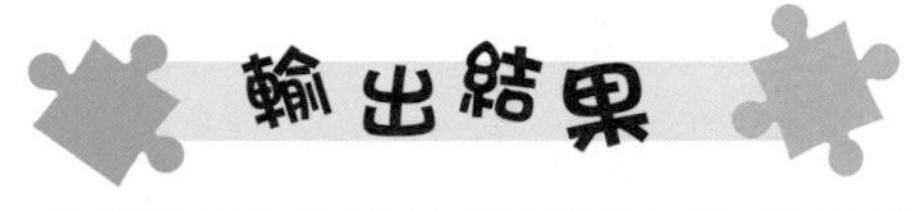


```
Please input an integer: 223
223 is prime number
```

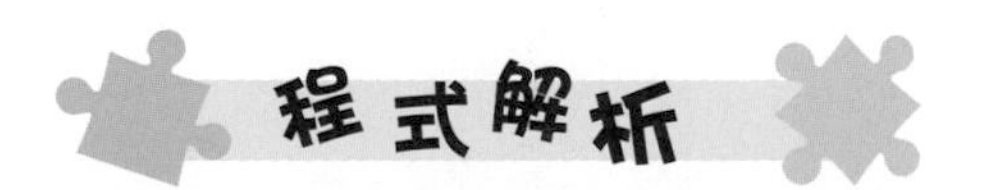

判斷一數字（假設是number）是否爲質數，簡單的做法是將數字除以一變數（假設爲divisor），此變數從2開始，一直遞增1，直到divisor < number的判斷條件式爲假才結束。在while迴圈中，利用if敘述更改flag變數，若number除以divisor的餘數爲0時，則將flag設爲0，此時已得知此數字不是質數，並利用break結束迴圈。

上述的範例程式有些是比較多餘的，其實只要divisor <= number / 2即可。如下範例程式所示：

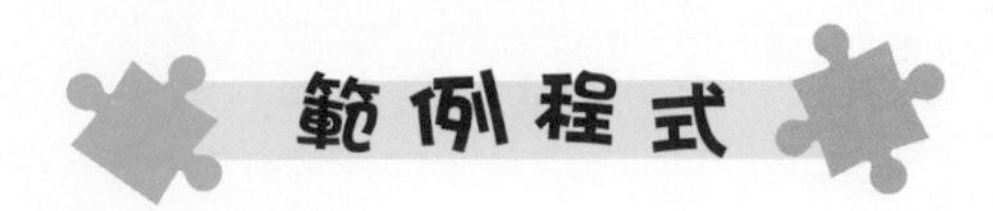

p6-32.py

```
number = eval(input('Please input an integer: '))
divisor = 2
flag = 1
while divisor <= number / 2:
    if number % divisor == 0:
        # If true, number is not prime number
        flag = 0
        break
    divisor += 1
if flag == 0:
    print(number, 'is not prime number')
else:
    print(number, 'is prime number')
```

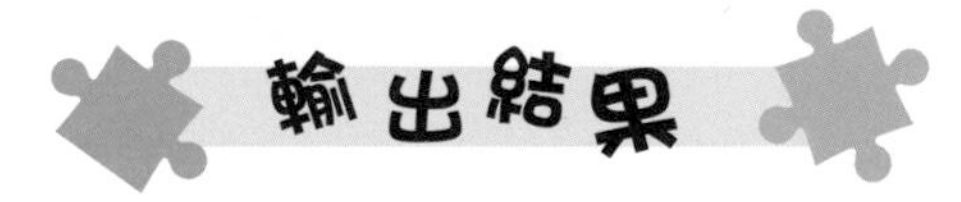

```
Please input an integer: 223
223 is prime number
```

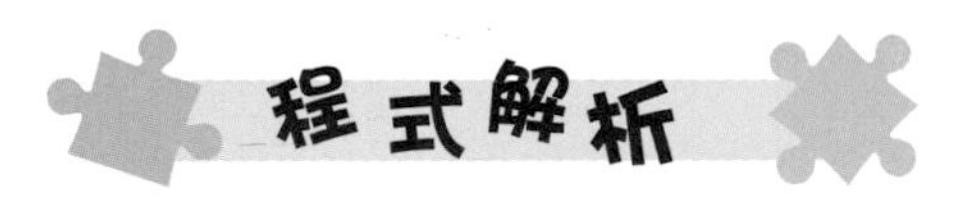

此程式與上一程式不同之處在於while迴圈的判斷式以

```
divisor <= number / 2
```

來表示，注意是小於等於喔！

6-6-4 判斷1~1000數字中的質數

假設今要將1~1000的數字中，若是質數，則將其印出。如下範例程式所示：

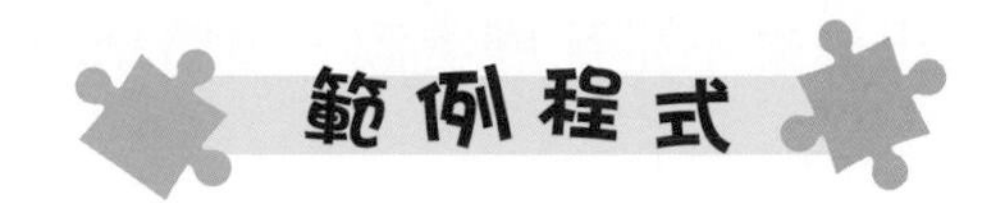

p6-33.py

```
for number in range(2, 1001):
    divisor = 2
    flag = 1
    while divisor  <= number / 2:
        if number % divisor == 0:
            flag = 0
            break
        divisor += 1
    if flag == 1:
        print(number, end = ' ')
```

輸出結果

```
2 3 5 7 11 13 17 19 23 29 31 37 41 43 47 53 59 61 67 71 73 79 83 89 97 101 103
107 109 113 127 131 137 139 149 151 157 163 167 173 179 181 191 193 197 199
211 223 227 229 233 239 241 251 257 263 269 271 277 281 283 293 307 311 313
317 331 337 347 349 353 359 367 373 379 383 389 397 401 409 419 421 431 433
439 443 449 457 461 463 467 479 487 491 499 503 509 521 523 541 547 557 563
569 571 577 587 593 599 601 607 613 617 619 631 641 643 647 653 659 661 673
677 683 691 701 709 719 727 733 739 743 751 757 761 769 773 787 797 809 811
821 823 827 829 839 853 857 859 863 877 881 883 887 907 911 919 929 937 941
947 953 967 971 977 983 991 997
```

程式解析

題目雖然是判斷1到1000的數字中有那些是質數，但由於1不是質數，所以在迴圈中以

```
for number in range(2, 1001)
```

表示之。但我們發現輸出結果不是那麼美觀，現將結果每十個列印於一列，如下範例程式所示：

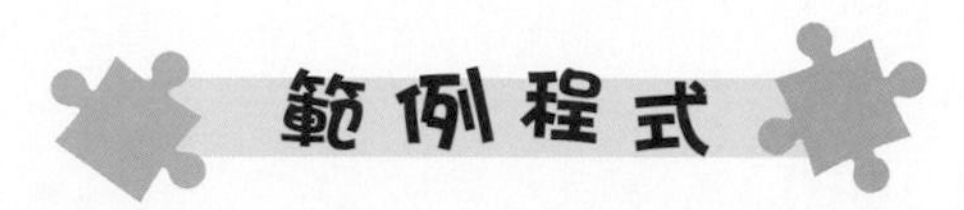

p6-34.py

```
count = 0
for number in range(2, 1001):
    divisor = 2
    flag = 1
    while divisor  <= number / 2:
        if number % divisor == 0:
            flag = 0
            break
        divisor += 1
    if flag == 1:
        count += 1
        if count % 10 == 0:
            print('%5d'%(number))
        else:
            print('%5d'%(number), end = '')
```

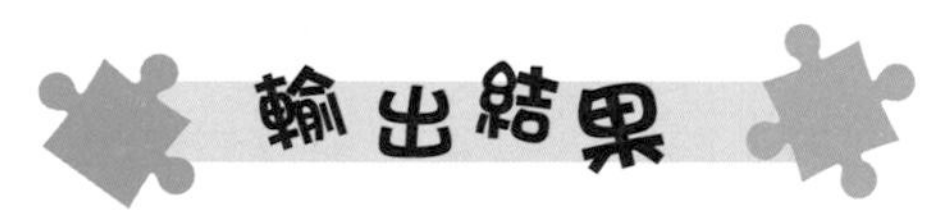


```
    2    3    5    7   11   13   17   19   23   29
   31   37   41   43   47   53   59   61   67   71
   73   79   83   89   97  101  103  107  109  113
  127  131  137  139  149  151  157  163  167  173
  179  181  191  193  197  199  211  223  227  229
  233  239  241  251  257  263  269  271  277  281
  283  293  307  311  313  317  331  337  347  349
  353  359  367  373  379  383  389  397  401  409
  419  421  431  433  439  443  449  457  461  463
  467  479  487  491  499  503  509  521  523  541
```

```
547 557 563 569 571 577 587 593 599 601
607 613 617 619 631 641 643 647 653 659
661 673 677 683 691 701 709 719 727 733
739 743 751 757 761 769 773 787 797 809
811 821 823 827 829 839 853 857 859 863
877 881 883 887 907 911 919 929 937 941
947 953 967 971 977 983 991 997
```

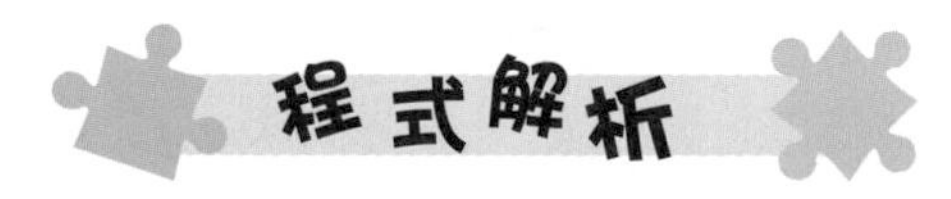

程式利用count變數來計數，當count除以10的餘數爲0時，則以%5d的格式規格印出並跳行，否則，以同樣的格式規格印出，但不跳行。

6-6-5 計算兩整數的最大公因數

兩整數的最大公因數（Greatest Common Divisor, GCD）是取其兩個整數的公因數當中最大者，如8與12，這兩數的公因數計有2和4，取其最大的公因數4，即爲這兩數的最大公因數。

計算兩數的最大公因數很簡單，只要從2開始除，當這兩數除以某數k皆可以整除，即餘數爲0，此數k即爲公因數。依此類推，每次k遞增1，直到k大於這兩數之一就停止。如下所示：

p6-35.py

```
number1 = eval(input('Please input an integer: '))
number2 = eval(input('Please input an integer: '))
gcd = 1
k =2
while k <= number1 and k <= number2:
    if number1 % k == 0 and number2 % k == 0:
        gcd = k
    k += 1
print('The GCD for', number1, 'and', number2, 'is', gcd)
```

```
Please input an integer: 125
Please input an integer: 2525
The GCD for 125 and  2525 is 25
```

程式解析

程式一開始設定gcd爲1，並設定一變數k來判斷是否小於或等於number1及number2，若成立，再判斷這兩數是否都可以整除k，若是，則將此數k指定給gcd。接著將k加1，直到k大於number1或number2。

6-6-6 計算兩個分數的相加，並約為最簡分數

接下來，我們來個應用的題目，將兩個分數相加並約分成最簡分數，需要用到上述的最大公因數。

p6-36.py

```
numerator1 = eval(input('Please input an numerator1: '))
denominator1 = eval(input('Please input an denominator1: '))

numerator2 = eval(input('Please input an numerator2: '))
denominator2 = eval(input('Please input an denominator2: '))

number1 = numerator1*denominator2 + numerator2*denominator1
number2 = denominator1 * denominator2

gcd = 1
k =2
while k <= number1 and k <= number2:
    if number1 % k == 0 and number2 % k == 0:
```

```
        gcd = k
    k += 1
print('The GCD for', number1, 'and', number2, 'is', gcd)
print('%d/%d + %d/%d = '%(numerator1, denominator1, numerator2,
                          denominator2), end = ' ')
print('%d/%d'%(number1/gcd, number2/gcd))
```

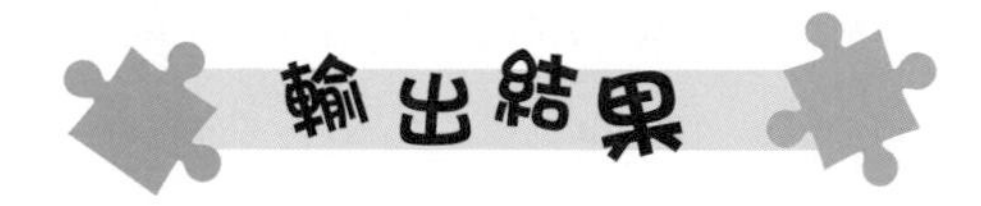


```
Please input an numerator1: 1
Please input an denominator1: 2
Please input an numerator2: 1
Please input an denominator2: 6
The GCD for 8 and 12 is 4
1/2 + 1/6 = 2/3
```

此題執行完兩個分數相加後，計算其GCD，再將分子與分母各除以GCD，便可得到最簡的分數。如此程式輸入了兩個分數，分別爲1/2和1/6，相加後的分數爲8/12，其GCD爲4，所以最終的分數爲2/3。

6-6-7 產生大樂透的六個數字

接下來，我們來個較實務的題目，那就是產生大透樂的六個號碼。您去彩券行買大樂透讓電腦選號，其原理也是這樣，只是它有解決重號的問題而已。

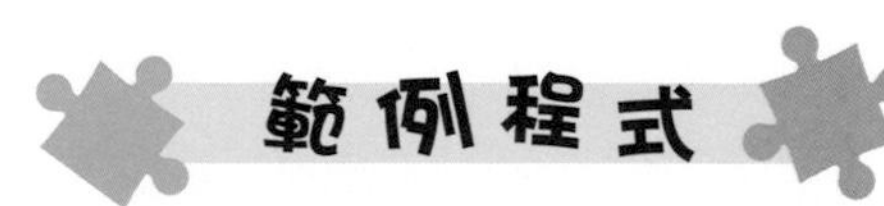

p6-37.py

```
import random
for i in range(1, 7):
    k = random.randint(1, 49)
    print(k, end = ' ')
```

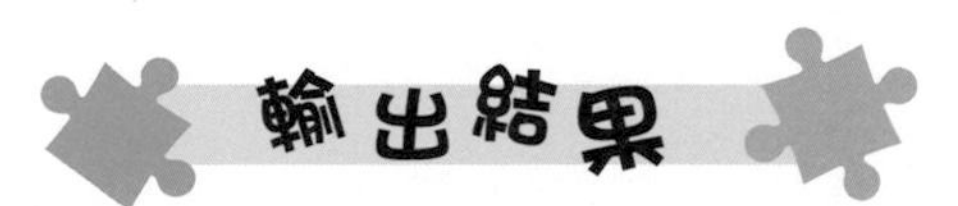


```
17 26 19 2 41 39
```

再多執行幾次時可能會碰到產生重複的數字，如以下的輸出結果：

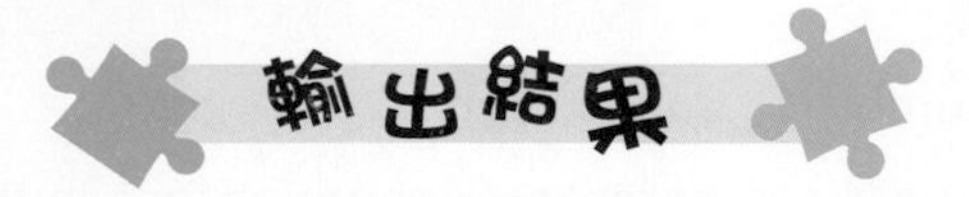


```
20 3 6 9 35 35
```

我們也可以解決此問題，但目前爲止還沒有足夠的資訊可以應用。這問題可能要等到談到串列再來做深入的討論，目前的做法是再重新執行一次。

各位讀者們，要不要試試手氣呀？萬一中了頭獎，不要忘了做公益喔！阿志哥應該也有功勞吧！

1. 試問下列程式碼的輸出結果為何？

(a)

```
fiveMulti = 0
k = 5
while k <= 100:
    fiveMulti += k
    k += 5
print(fiveMulti)
```

(b)

```
total = 0
num = 0
while True:
    num +=1
    total += num
    if total >= 5050:
        break
print('1+2+3+...+%d = %d'%(num, total))
```

(c)

```
for i in range(10):
    print(i, end=' ')
print('')

for i in range(2, 10):
    print(i, end=' ')
print('')

for i in range(1, 10, 2):
    print(i, end=' ')
print('')

for i in range(9, 1, -2):
    print(i, end=' ')
print('')
```

(d)

```
for i in range(10):
    print('%3d'%(i), end=' ')
print('')

for i in range(2, 10):
    print('%3d'%(i), end=' ')
print('')

for i in range(1, 10, 2):
    print('%3d'%(i), end=' ')
print('')

for i in range(9, 1, -2):
    print('%3d'%(i), end=' ')
print('')
```

2. 試問下列程式的輸出結果。

(a)

```
total = 0
i = 1
while i <= 100:
    i += 1
    total += i
print('total = %d'%total)
```

(b)

```
total = 0
i = 1
while i < 100:
    total += i
    i += 1
print('total = %d'%total)
```

(c)

```
i = 8
while i >= 1:
    j = 1
    while j <= i:
        print('%2d'%(j), end = '')
        j += 1
    print()
    i -= 1
print()
```

(d)

```
total = 0
for i in range(100, 1, 2):
    total += i
print('total = %d'%(total))
```

(e)

```
total = 0
for i in range(100, 1, -2):
    total += i
print('total = %d'%(total))
```

3. 除錯題

(a) 累加1～100的10倍數和

```
fiveMulti = 0
k = 10
while k <= 100
    fiveMulti += 10
    k += 5
print(fiveMulti)
```

(b)

```
fiveMulti = 0
k = 10
while k <= 100:
    fiveMulti += k
k += 5
print(fiveMulti)
```

(c)

```
num = 1
while TRUE:
    num +=1
    total += num
    if total >= 5050:
        break
print('1+2+3+...+%d = %d'%(num, total))
```

(d) 1加到100的奇數和

```
total = 0
num = 1
while num <= 100:
    if num % 2 == 0:
        num += 1
        continue
    total += num
print('1+3+5..+99 = ', total)
```

(e) 1加到100的偶數和

```
total = 0
for i in range(2, 100):
    if i % 2 == 0:
        total += i
    else:
        continue
print('2+4+6..+100 = ', total)
```

4. 試撰寫1加到100之3的倍數和。

5. 試撰寫一產生威力彩的程式，它共有二組號碼，第一組是選1~38之間的六個號碼，第二組是選1~8的其中一個號碼。若執行後的結果，若第一組有重號的，再多執行幾次。心血來潮時可以挑一組投注一下，搞不好中頭獎就是您。

6. 試利用多重迴圈撰寫一程式，以印出以下的結果：

```
1  2  3  4  5  6  7  8  9
2  4  6  8 10 12 14 16 18
3  6  9 12 15 18 21 24 27
4  8 12 16 20 24 28 32 36
5 10 15 20 25 30 35 40 45
6 12 18 24 30 36 42 48 54
7 14 21 28 35 42 49 56 63
8 16 24 32 40 48 56 64 72
9 18 27 36 45 54 63 72 81
```

7. 試利用多重迴圈分別撰寫程式以印出下列的圖形：

(a)

```
1
1 2
1 2 3
1 2 3 4
1 2 3 4 5
1 2 3 4 5 6
```

(b)

```
1 2 3 4 5 6
1 2 3 4 5
1 2 3 4
1 2 3
1 2
1
```

(c)

```
********
*******
******
*****
****
***
**
*
```

(d)

```
*
**
***
****
*****
******
*******
********
```

8. 利用第2章2-2節討論的format和.format的格式化印出九九乘法表。

9. 試撰寫一程式印出33～126之間ASCII 字元，每一列顯示10個字元。

10. 試問下一程式的意義，然後將continue 改為break，再執行一次，看看結果會是如何？

```
import random
total = 0
for i in range(1, 10):
    randNum = random.randint(1, 46)
    if randNum % 3 == 0:
        print('#%d: %d 是3的倍數'%(i, randNum))
        total += randNum
    else:
        print('#%d: %d 不是3的倍數'%(i, randNum))
        continue
print('total = %d'%(total))
```

選擇題

(　　) 1. 試問下一程式的輸出結果：

```
total = 0
i = 0
while i<100:
    i += 1
    total += i
print('%d'%(total))
```

(A) 5050　(B) 5051　(C) 5150　(D) 5151

(　　) 2. 試問下一程式的輸出結果：

```
total = 0
i = 1
while i<=100:
    total += i
    i += 1
print('%d'%(total))
```

(A) 5050　(B) 5051　(C) 5150　(D) 5151

(　　) 3. 試問下一程式的輸出結果：

```
total = 0
i = 1
while i<100:
    total += i
    i += 1
print('%d'%(total))
```

(A) 4950　(B) 5050　(C) 5150　(D) 5151

(　　) 4. 試問下一程式的輸出結果：

```
total = 0
i = 1
while i<100:
    total += i
i += 1
print('%d'%(total))
```

(A) 4950　(B) 5050　(C) 5150　(D) 無窮迴圈

(　　) 5. 試問下一程式的輸出結果：

```
total = 1
i = 1
while i<=100:
    total += i
    i += 1
print('%d'%(total))
```

(A) 4950　(B) 5050　(C) 5051　(D) 5151

(　　) 6. 試問下一程式的輸出結果：

```
total = 0
for i in range(1, 100):
    total += 1
print('%d'%(total))
```

(A) 98　(B) 99　(C) 5050　(D) 5049

(　　) 7. 試問下一程式的輸出結果：

```
total = 0
for i in range(5, 51, 5):
    total += i
print('%d'%(total))
```

(A) 265　(B) 270　(C) 275　(D) 280

(　　) 8. 試問下一程式的輸出結果：

```
total = 0
for i in range(100, 1, -1):
    total += i
print('%d'%(total))
```

(A) 5049　(B) 5050　(C) 5051　(D) 5049

(　　) 9. 試問下一程式的輸出結果：

```
total = 0
for i in range(1, -11, -1):
    total += i
print('%d'%(total))
```

(A) -52　(B) -53　(C) -54　(D) -55

(　　) 10. 試問下一程式的輸出結果：

```
total = 0
for i in range(1, 20, 2):
    total += i
print('%d'%(total))
```

(A) 99　(B) 100　(C) 101　(D) 190

除錯題

1. (有關 while迴圈敘述)

以下程式印出1到100之5的倍數和。由於小明剛學到while迴圈敘述，所以有些地方撰寫有誤，請聰明的你加以Debug一下。

(a)

```
#印出1到100之5的倍數和
i = 0
total = 0
while i <= 100
    total += i
i += 5
print('total = %d'%(total))
```

(b)

```
#印出1到100之5的倍數和
i = 0
total = 0
while i <= 100:
    i += 5
    total += i
print('total = %d'%(total))
```

2. (有關 for … in range迴圈敘述)

以下是從1加到100之偶數和。由於小華剛學到for … in range迴圈敘述，所以有些地方撰寫有誤，請聰明的你加以Debug一下。

(a)

```
#印出1到100的偶數和
total = 0
for i in range(1, 100, 2):
    total += i
print('total = %d'%(total))
```

(b)

```
#印出1到100的偶數和
total = 0
for i in range(100, 2, -2):
    total += i
print('total = %d'%(total))
```

實作題

1. 序列總和

試撰寫一程式，計算以下序列之和

1/3 + 3/5 + 5/7 + 7/9 + 9/11 + … + 95/97 + 97/99

2. 計算薪資：

假設您到一家行銷公司上班，薪水包括底薪和佣金。底薪是6,000元，而其佣金率如下表：

銷售金額（元）	佣金率
0.01 ~ 5,000	10%
5,000 ~ 10,000	12%
10,000 ~ 15,000	14%
15,000以上	16%

試撰寫一程式，要求使用者輸入一數字k代表接下來有k位員工。接著，讓使用者輸入k位員工的銷售金額，並計算k位員工的薪水。

3. 計算的順序

當您處理一很大的數與很小數的計算時，將會產生刪除的錯誤。較大的數將會刪除最小的數。例如，計算100000000.0 + 0.000000001其結果為100000000.0。為了要避免刪除錯誤的產生，因此要小心選擇計算的順序。

以計算以下序列為例，從右到左做計算會比從左到右來得更正確：

$$1+\frac{1}{2}+\frac{1}{3}+\cdots+\frac{1}{n}$$

請撰寫一程式，計算上述序列在n =60,000時，由左到右與由右到左的加總值。

4. 請利用迴圈加總以下算式：

$$\frac{1}{\sqrt{2}+\sqrt{3}}-\frac{1}{\sqrt{3}+\sqrt{4}}+\frac{1}{\sqrt{4}+\sqrt{5}}-\frac{1}{\sqrt{5}+\sqrt{6}}+\frac{1}{\sqrt{6}+\sqrt{7}}-\cdots+\frac{1}{\sqrt{200}+\sqrt{201}}$$

5. 假設今年的大學學費為52,800，若每年調升2%，幾年後學費會高於或等於70, 000。試撰寫一程式計算之。

6. 試撰寫一程式，印出21世紀哪些年份是閏年，而且 五年印一列。(提示:閏年有二個條件，一為此年份可被400整除，二為此年份可被4整除但不可被100整除)

7. 某一班開學時舉辦班長的選舉，共有三位候選人，如下：

   (1) 苡凡

   (2) 果寧

   (3) 心聐

   假設班上有十位同學，每位同學有一選票，計有十張票，在每次投票後，皆會顯示該次投票後，每位候選人的得票數。記得會有廢票。程式一開始會顯示一候選人的顯單以提示使用者。

8. 試撰寫一程式，以亂數產生器產生100個1到200的數值，計算這100個數值中有多少個是偶數，有多少個是奇數。

9. 試撰寫一無窮迴圈的程式，提示使用者一直輸入學生的分數，用以計算這些學生的平均數。當輸入的分數為 -1時，則結束此無窮迴圈 。

10. 試撰寫一程式，輸入兩個西元的年份，如year1和year2然後在year1和year2區間判斷哪些是閏年，並加以印出。

11. 承第10題，要判斷year1是否小於等於year2，若不是，則要加以對調，試撰寫一程式測試之。

12. 承第11題，印出閏年時，每十個閏年印一列。試以西元2020～2220測試之。

分工合作更有效率

單打獨鬥的時代已過去了，現在講求的是分工合作，每個人各司其職，好比一家人中，有人修剪樹木、有人打掃、有人顧小孩，而有人煮三餐。

昨天我看到有關函式（function）的主題，但看來看去真的不知道它有什麼功能。為什麼需要函式呢？

函式使得程式模組化（modularized）。其好處一是可重複使用，二是程式維護容易，因而可以降低維護成本。將一大程式畫分幾個模組，亦即分成幾個函式所組成，這些函式各司其職，如有輸入資料的，有運算的，有顯示的，或是處理其他事情的等等。請參閱以下講義。

講義

7-1 自定函式

函式有兩種，一為系統本身所提供的函式，如print()與input()函式，您可以直接直接呼叫使用，二為使用者自訂（user-defined）的函式，這也是本章所要討論的主題。我們以範例來加以解說。假設要輸出以下的結果：

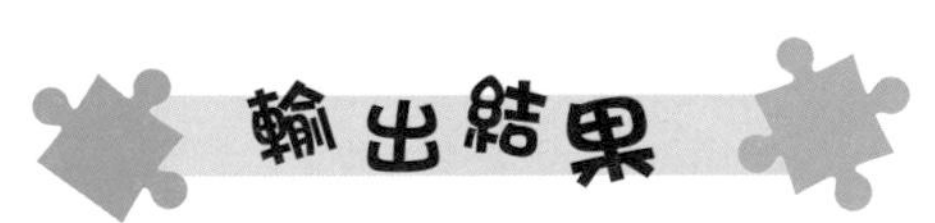


```
********************
Learning Python now!!!
********************
```

您可能會這樣寫：

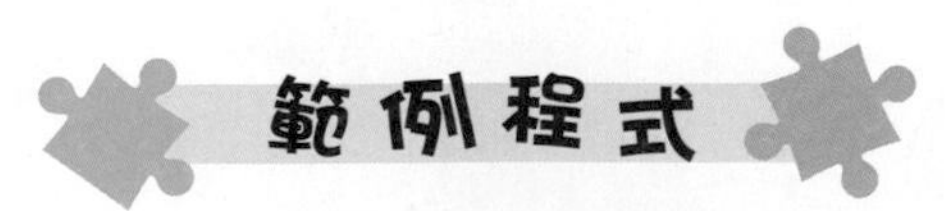

p7-2.py

```
for i in range(20):
    print('*', end = ' ')
print('')
```

```
print('Learning Python now!!! ')

for i in range(20):
    print('*', end = ' ')
print('')
```

這種寫法皆是之前撰寫的型式。其中印出20個星星的片段程式寫了兩次。此情況可以將它獨立於一函式，當程式需要印出20個星星時，只要呼叫此函式即可，所以，撰寫一次印出星星的函式就可以了。如以下範例程式所示：

p7-3.py

```
def printStar():
    for i in range(20):
        print('*', end=' ')
    print(' ')

def main():
    printStar()
    print('Learning Python now!!! ')
    printStar()

main()
```

定義函式的語法如下：

```
def functionName(parameter-list):
    statement(s)
```

以def關鍵字為起啟點，接下來是使用者自訂的函式名稱，如上一範例程式的printStar()。接下來的函式參數列（parameter-list），它可有可無，依問題而定。切記，最後要加上冒號（:）。函式的主體敘述要內縮，可以內縮三格或四格，空多少格沒有特別的規定，但空四格在視覺上是較佳的。

我們也定義了一函式名稱main()，此函式呼叫printStar()、print()，最後再呼叫printStar() 等三個函式。程式的最後要呼叫main()加以啟動。

好了，行文至此，現在由妳來撰寫一下，如何在九九乘法表的上、下加上星星。如下所示：

```
************************************************************************
1*1= 1  2*1= 2  3*1= 3  4*1= 4  5*1= 5  6*1= 6  7*1= 7  8*1= 8  9*1= 9
1*2= 2  2*2= 4  3*2= 6  4*2= 8  5*2=10  6*2=12  7*2=14  8*2=16  9*2=18
1*3= 3  2*3= 6  3*3= 9  4*3=12  5*3=15  6*3=18  7*3=21  8*3=24  9*3=27
1*4= 4  2*4= 8  3*4=12  4*4=16  5*4=20  6*4=24  7*4=28  8*4=32  9*4=36
1*5= 5  2*5=10  3*5=15  4*5=20  5*5=25  6*5=30  7*5=35  8*5=40  9*5=45
1*6= 6  2*6=12  3*6=18  4*6=24  5*6=30  6*6=36  7*6=42  8*6=48  9*6=54
1*7= 7  2*7=14  3*7=21  4*7=28  5*7=35  6*7=42  7*7=49  8*7=56  9*7=63
1*8= 8  2*8=16  3*8=24  4*8=32  5*8=40  6*8=48  7*8=56  8*8=64  9*8=72
1*9= 9  2*9=18  3*9=27  4*9=36  5*9=45  6*9=54  7*9=63  8*9=72  9*9=81
************************************************************************
```

我來試試看。（經過 5 分鐘）我已經寫好以下程式並且仔細看了，可是怎麼都沒有動靜呢？

p7-4.py

```
def printStar():
    for i in range(72):
        print('*')
    print('')

def multiply():
    for i in range(1, 10):
        for j in range(1, 10):
            print('%d*%d=%2d '%(i, j, i*j), end = ' ')
        print('')
```

```
def main():
    printStar()
    multiply()
    printStar()
```

當然不會動啊，因為妳要呼叫 main() 來加以啓動。

了解。可是在程式最後加了 main()，也和您列出的不一樣，星星都會跳行。

妳再看看 print 函式那一行。

喔！我找到了！剛剛忘了在 print('*') 這一敘述加上 end = ''。

沒錯，但還有幾個地方不對。

（經過 2 分鐘後）找到了！

```
print('%d*%d=%2d '%(i, j, i*j), end = ' ')
```

由於乘法表每一乘法都是第一個數字在變，所以應以內迴圈的變數表示，如下的敘述才對。

```
print('%d*%d=%2d '%(j, i, i*j), end = ' ')
```

好棒，好棒，完全答對。

Debug 好好玩。正確的程式如下所示：

p7-6.py

```
def printStar():
    for i in range(72):
        print('*', end = ' ')
    print(' ')

def multiply():
    for i in range(1, 10):
        for j in range(1, 10):
            print('%d*%d=%2d '%(j, i, i*j), end = ' ')
        print(' ')

def main():
    printStar()
    multiply()
    printStar()

main()
```

聽到妳這句話，妳以後可以來考資訊相關的研究所，如何？

那是一定要的啦！有了一技之長，以後就可以挑工作了。

7-2　傳送參數給函式

好，我一定好好教妳。接下來要講解函式如何傳送參數。如本章最前面的範例程式，若印出星星的個數是由使用者來決定的話，此時就要利用參數來傳送了。請參閱以下的講義。

以下的程式是先印出20個星星，最後再列印30個星星。

範例程式

p7-7.py

```
def printStar(n):
    for i in range(1, n+1):
        print('*', end=' ')
    print(' ')

def main():
    printStar(20)
    print('Learning Python now!!! ')
    printStar(30)

main()
```

```
********************
Learning Python now!!!")
******************************
```

程式中printStar(n) 函式中的n，接收由main()函式第一次呼叫printStar(20)傳送來的20，第二次呼叫printStar(30)傳送來的30。20或30我們稱之爲實際參數（actual parameter），而n稱之爲形式參數（formal parameter）。這表示n是由20或30所給的。當然也可以使用變數當做實際參數。如以下的範例程式：

範例程式

p7-8.py

```
def printStar(n):
    for i in range(1, n+1):
        print('*', end=' ')
    print('')

def main():
    for k in range(1, 11):
        printStar(k)

main()
```

輸出結果

```
*
**
***
****
*****
******
*******
********
*********
**********
```

程式解析

程式列印十列，第一列有一個星星，第二列有兩個星星，第三列有三個星星，依此類推，在第十列有十個星星。在main()函式中呼叫printStar(k)，其中的k是實際參數。

好了，說到此，苡凡請妳動手做一下，請撰寫一程式印出以下的圖形：

```
1
12
123
1234
12345
123456
1234567
12345678
123456789
```

好的，我來試試看。（經過了 2 分鐘）寫好了，請帥哥看一下：

p7-9.py

```
def printNumber(n):
    for i in range(1, n+1):
        print(i, end=' ')
    print('')

def main():
    for k in range(1, 10):
        printNumber(k)

main()
```

唉呀，我一點都不帥，只是寫程式寫出一些心得而已。我看看。沒錯。請妳說明一下。

好的。我只是將上述的 printStar(n)，改為 printNumber(n)，並將此函式中的

```
print('*', end=' ')
```

改為

```
print(i, end=' ')
```

及將 main() 函式中的

```
for k in range(1, 11):
    printStar(k)
```

改為

```
for k in range(1, 10):
    printNumber(k)
```

這樣子就大功告成了。

7-3　從函式回傳值

妳已看過如何定義函式、傳送參數給函式，接下來談談如何從函式回傳值。我們以撰寫一程式，提示使用者輸入起始值和終止值，然後從起始值開始，每次累加 1，直到終止值。請看以下的講義：

講義

範例程式

p7-10.py

```
def sum(f, end):
    total = 0
    for k in range(f, end+1):
        total += k
    return total

def main():
    f  = eval(input('Enter from number: '))
    end  = eval(input('Enter end number: '))

    tot = sum(f, end)
    print('%d + %d + ··· + %d = %d'%(f, f+1, end, tot))

main()
```

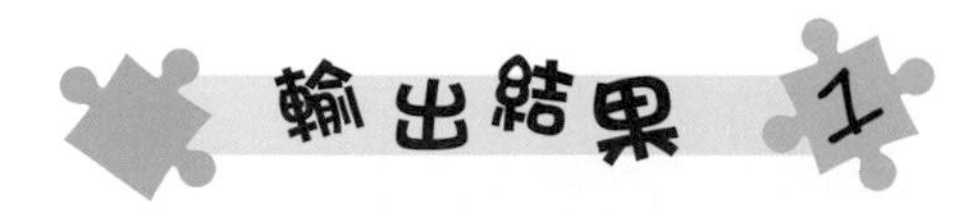


```
Enter from number: 1
Enter end number: 100
1 + 2 + ... + 100 = 5050
```

```
Enter from number: 2
Enter end number: 100
2 + 3 + ... + 100 = 5049
```

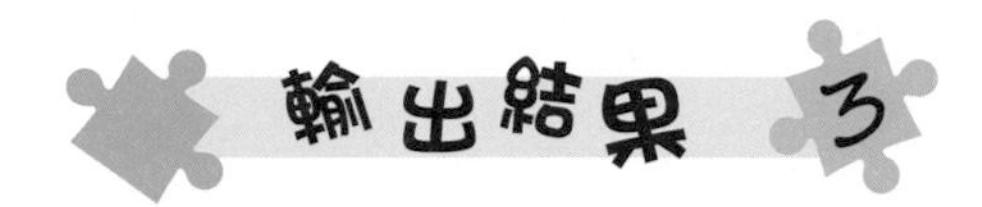


```
Enter from number: 1
Enter end number: 99
1 + 2 + ... + 99 = 4950
```

以上的輸出結果驗證此程式是無誤的。

程式中的sum函式，接收了兩個參數，分別是f與end。之後利用for 迴圈計算從f到end的總和。注意，在range中要將end加1。最後，利用return將total的值回傳。

當main函式呼叫sum函式時，其total的回傳值指定給tot。所以tot就是從f到end的加總。

我發現實際參數和形式參數都是同名稱，f 和 end。這樣可以嗎？

沒問題的，這不會衝突，因為它們在不同的函式中，一個在 sum 函式，另一個在 main 函式，所以各自在不同的有效範圍中。妳接下來做做看，如何加總某一範圍的偶數和或奇數和。

OK，我來做做看偶數和的加總。（經過 5 分鐘）如下所示：

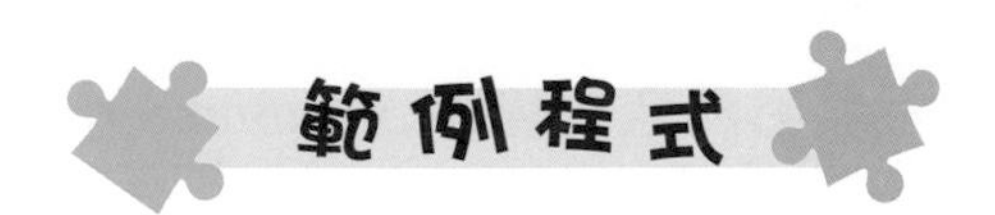

p7-11.py

```
def sum(f, end):
    total = 0
```

```
    for k in range(f, end+1):
        if (k % 2 == 0):
            total += k
    return total

def main():
    f, end = eval(input('Enter from number, and end number: '))
    tot = sum(f, end)
    print('Sum of even numbers from %d to %d is %d'%(f, end, tot))

main()
```

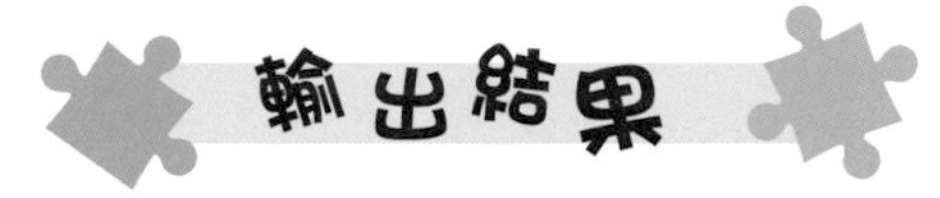


```
Enter from number, and end number: 1, 100
Sum of even numbers from 1 to 100 is 2550
```

非常好，妳在 for 迴圈中加了一個 if 判斷式，並且也將輸入資料改以另一方式表示，一次輸入兩個資料。給妳按個讚。

謝謝您的鼓勵，我會再加油。

一起努力，接下來我要談及另一重點，那就是全域變數（global variable）與區域變數（local variable）。請看以下講義。

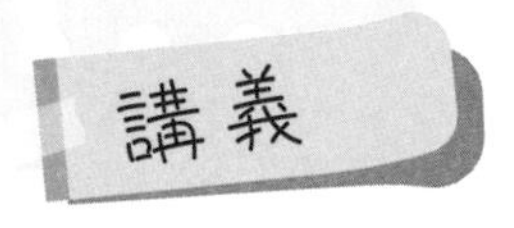

7-4 全域變數與區域變數

定義在函式外面的變數稱爲全域變數（global variable），而定義函式內部的稱之爲區域變數（local variable）。函式會先使用區域變數，若沒有區域變數才會使用全域變數。

全域變數，顧名思義，它的有效範圍是從定義它的地方開始，到程式結束爲止。而區域變數的有效範圍爲其定義此函式的內部而已。

一個優良的程式設計師是很少用全域變數的，因爲有效範圍太大，所以維護上較不易。請參考以下範例程式：

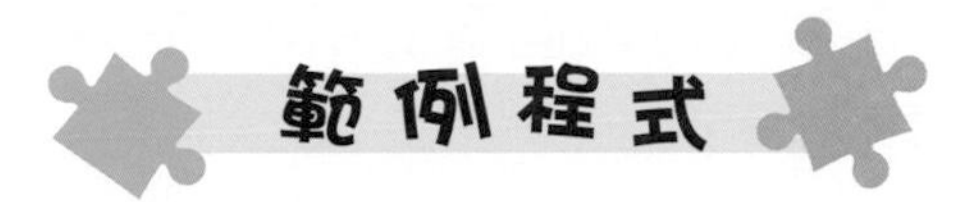

p7-13-1.py

```python
a = 100
def main():
    a = 200
    print('a = ', a)

main()
print('a = ', a)
```

```
a =  200
a =  100
```

由於main() 函式有定義區域變數a，所以在其裡面的print()函式會使用區域變數的a，而在main()函式外面的print()函式會使用全域變數的a。

注意，雖然程式中有兩個相同名稱的變數，但它們在不同的有效範圍，所以是合法的。

若想要在 main() 函式中使用全域變數可以嗎？

可以的，只要在 main() 函式中將 global 加在變數名稱前即可，如下程式所示：

範例程式

p7-13-2.py

```python
a = 100
def main():
    global a
    a = 200
    print('a = ', a)

main()
print('a = ', a)
```

```
a =  200
a =  200
```

了解，您解釋得非常清楚。

我想妳已完全掌握其要點了。現在我想將前面章節所學的範例以函式的方式來呈現。請看以下的講義。

7-5　範例集錦

以下的範例皆爲前面章節提過的，只是改以函式的方式撰寫而已。

7-5-1　求兩數的GCD

兩個整數的最大公因數（Greatest Common Divisor, GCD），表示可以整除這兩整數的最大的整數。

範例程式

p7-14.py

```
def gcdFunction(n1, n2):
    gcd = 1
    k = 2
    while k <= n1 and k <= n2:
        if n1 % k == 0 and n2 % k == 0:
            gcd = k
        k += 1
    return gcd

def main():
    number1 = eval(input('Please input an integer: '))
    number2 = eval(input('Please input an integer: '))
    answer = gcdFunction(number1, number2)
    print('The GCD for', number1, 'and', number2, 'is', answer)

main()
```

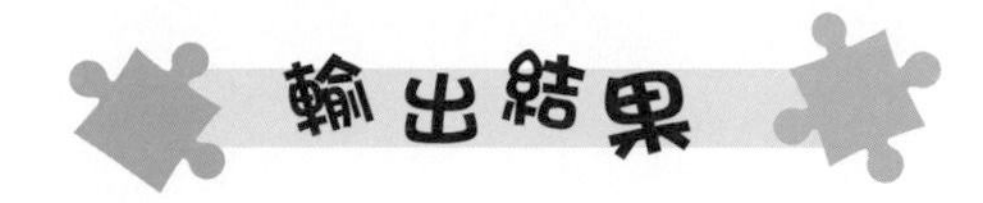


```
Please input an integer: 24
Please input an integer: 32
The GCD for 24 and 32 is 8
```

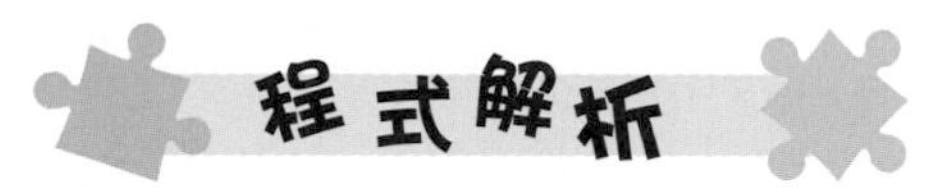

將程式畫分爲二個函式，其中gcdFunction(n1, n2) 函式接收兩個參數，分別爲n1與n2。

而另一個爲main()函式負責輸入兩個整數，分別爲number1與number2，之後呼叫gcdFunction(number1, number2)，將number1與number2傳送給n1與n2，此函式會回傳gcd 給answer。最後印出此兩數的最大公因數。

記得要以呼叫main() 來啓動程式的執行。這些函式名稱都是使用者自訂的名稱。

7-5-2 判斷是否為質數

一整數若只被1和本身整除，則稱此數爲質數（prime number）。

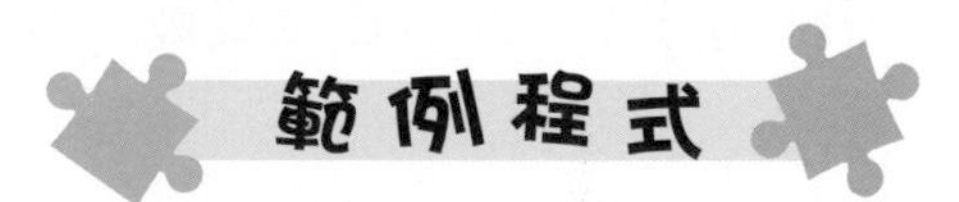

p7-15.py

```
def primeFunction(n):
    divisor = 2
    flag = 1
    while divisor <= n/2:
        if n % divisor == 0:
            flag = 0
            break
        divisor += 1
    return flag
```

```
def main():
    number = eval(input('Please input an integer: '))
    result = primeFunction(number)
    if result == 0:
        print(number, 'is not prime number')
    else:
        print(number, 'is prime number')

main()
```

```
Please input an integer: 17
17 is prime number
```

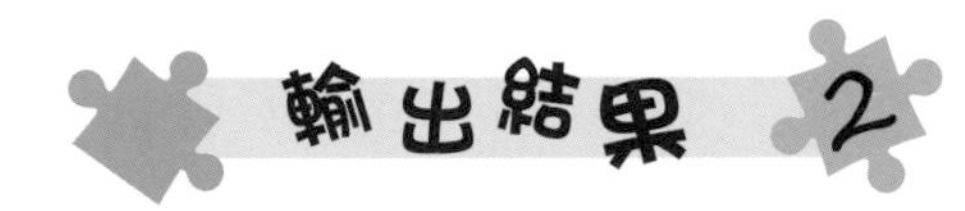


```
Please input an integer: 22
22 is not prime number
```

程式解析

將程式畫分爲二個函式，其中primeFunction(n) 函式判斷接收的參數n是否爲質數，並回傳flag。若flag是1，表示它是質數；反之，若flag是0，則表示它不是質數。

回傳值flag由main() 函式的result來接收，最後判斷result是0還是1，再加以印出。

7-5-3 計算BMI

依據體重和身高計算BMI。其中身高是以公尺爲單位，而體重是以公斤爲單位，請參閱p5-18表5-3的BMI對應表。

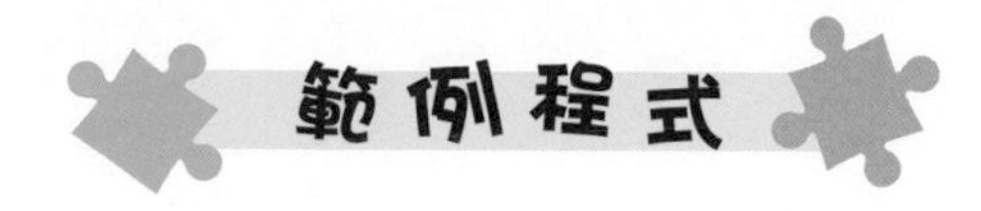

p7-17.py

```
def bmiFunction(w, h):
    hInMeter = (h/100)
    bmi = w / (hInMeter * hInMeter)
    print('Your BMI is', format(bmi, '.2f'))

    if bmi < 18.5:
        print('Underweight')
    elif bmi < 25:
        print('Normal')
    elif bmi < 30:
        print('Overweight')
    else:
        print('Obese')


def main():
    weight = eval(input('Please input your weight(kilogram): '))
    height = eval(input('Please input your height(centimeter): '))
    bmiFunction(weight, height)

main()
```

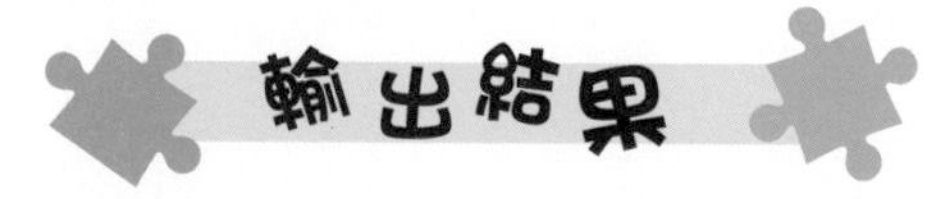


```
Please input your weight(kilogram): 67
Please input your height(centimeter): 175
Your BMI is 21.88
Normal
```

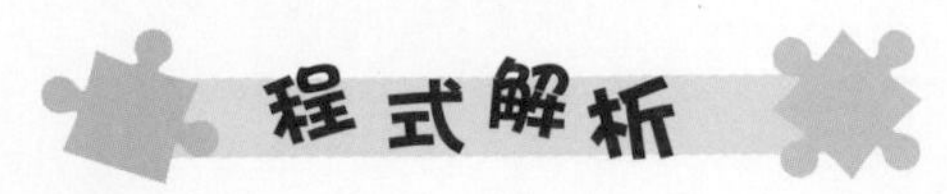

將程式畫分為二個函式，其中bmiFunction(w, h) 函式接收main() 函式傳送由使用者輸入的weight與height。因為此程式使用公分輸入身高，所以需要除以100變為公尺。在bmiFunction(w, h) 函式中，將依據w與h的參數計算出bmi，然後印出其所對應的項目。

7-5-4　計算GPA

GPA一般是歐、美計算學生的分數的標準。國內的學校都是以百分制來計算，因此有一轉換公式用以計算其GPA，請參閱第5-18頁表5-2 GPA對應表。

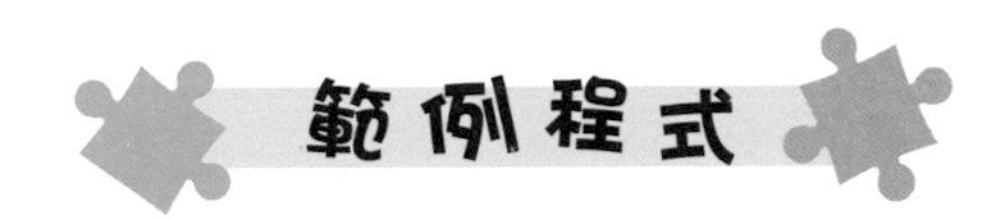

p7-18.py

```
def gpaFunction(score):
    if score >= 80:
        print('Grade A')
    elif score >= 70:
        print('Grade B')
    elif score >= 60:
        print('Grade C')
    elif score >= 50:
        print('Grade D')
    else:
        print('Grade E')

def main():
    score = eval(input('Please input your score: '))
    gpaFunction(score)

main()
```

```
Please input your score: 86
Grade A
```

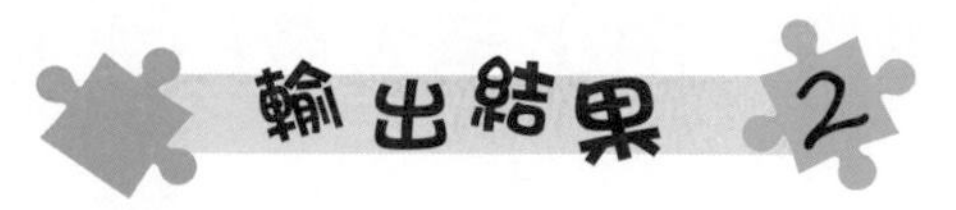


```
Please input your score: 67
Grade C
```

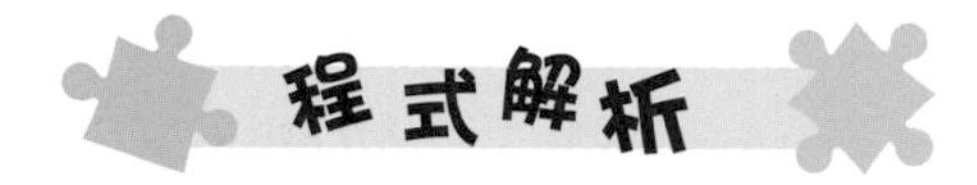

程式以elif來判斷分數所對應的GPA。

呼，好多範例，不過還好，因為這些都已在前面的章節看過了，只是把它轉為函式的寫法罷了，所以還可以應付。

沒錯，此處只是教妳如何將前面的一些程式轉為函式的寫法，對妳應該不是問題。接下來，要談論的是在其他程式語言比較少見的特性，那就是回傳多個值。 請再看以下的講義。

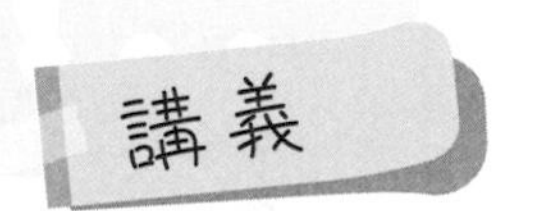

7-6 回傳多個參數值

在7-3節，我們談過如何從函式回傳一參數值。Python還有一特殊功能是可以回傳多個參數值，這在其他的程式語言，如C、C++、Java，是沒有的。我們來看幾個範例順便加以說明。

7-6-1 由小至大或由大至小排序

範例程式

p7-20.py

```
def ascending(a, b):
    if a < b:
        return a, b
    else:
        return b, a

def descending(a, b):
    if a > b:
        return a, b
    else:
        return b, a

def main():
    print("Sorting by ascending")
    x, y = ascending(10, 20)
    print(x, y)
    x, y = ascending(30, 40)
    print(x, y)

    print("\nSorting by descending")
    x, y = descending(10, 20)
    print(x, y)
    x, y = descending(30, 40)
    print(x, y)

main()
```

輸出結果

```
Sorting by ascending
10 20
30 40

Sorting by descending
20 10
40 30
```

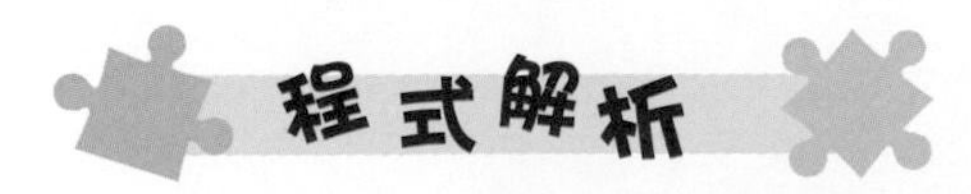

我們發現在ascending或descending函式中都回傳兩個參數值。

7-6-2 計算兩數之間的總和與平均數，並加以回傳總和與平均數

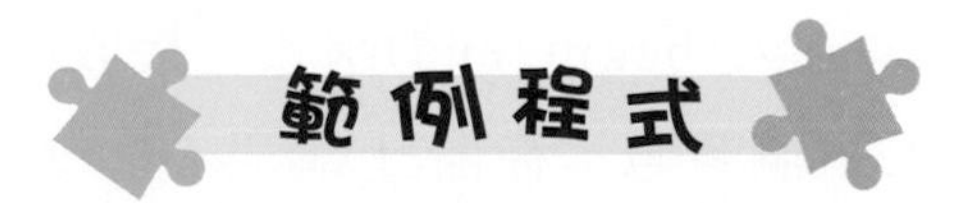

p7-21.py

```
def sumAndAverage(begin, end):
    sum = 0
    for k in range(begin, end+1):
        sum += k
    average = sum / (end-begin+1)
    return sum, average

def main():
    begin2 = eval(input("Please input begin number: "))
    end2 = eval(input("Please input end number: "))
    total, aver = sumAndAverage(begin2, end2)
    print("The number from %d to %d"%(begin2, end2))
    print("Summation is %d, Average is %.2f"%(total, aver))

main()
```

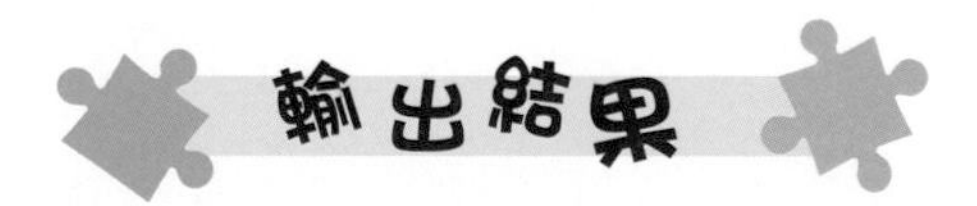


```
Please input begin number: 1
Please input end number: 10
The number from 1 to 10
Summation is 55, Average is 5.50

Please input begin number: 1
Please input end number: 100
The number from 1 to 100
Summation is 5050, Average is 50.50
```

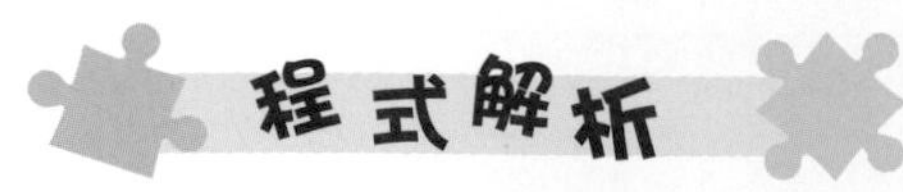

程式中的sumAndAverage(begin, end)函式，接收main() 函式呼叫此函式時傳送來的begin2和end2兩個參數，從而計算其之間的總和與平均數。最後呼叫main()函式加以啓動。

7-6-3 兩數對調

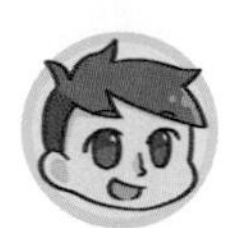

苡凡，相信妳看了上述兩個範例後，應該對回傳多個參數值不再陌生才對。妳來做做看兩數對調的程式，並加以解釋一下。

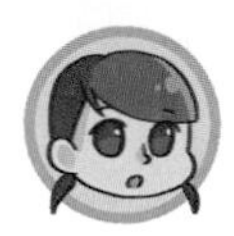

好呀，我來試試看。（經過 5 分鐘）完成了，請看以下的程式。

p7-22.py

```
# 兩數對調
def main():
    a = eval(input("Please input a: "))
    b = eval(input("Please input b: "))
    print("a = ", a, "b = ", b)

    # swap two numbers
    temp = a
    a = b
    b = temp

    print("a = %d, b = %d" %(a, b))

main()
```

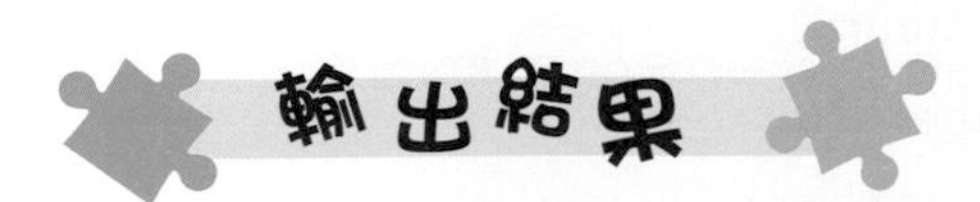


```
Please input a: 100
Please input b: 200
a =  100, b =  200
a =  200, b =  100
```

這是一般的做法，妳是否可以將兩數的對調撰寫為一函式，然後加以回傳給呼叫者。

OK，我再寫寫看。完成了，請您過目以下的程式。我的做法是利用 swapNumbers(x, y) 函式，將 x 與 y 對調，並加以回傳。回傳參數值在 main() 函式以 a 與 b 加以接收。

p7-23.py

```
# 兩數對調
def swapNumbers(x, y):
    x, y = y, x
    return x, y

def main():
    a = eval(input("Please input a: "))
    b = eval(input("Please input b: "))
    print('a = %d, b = %d'%( a, b))

    a, b = swapNumbers(a, b)
    print('a = %d, b = %d'%( a, b))

main()
```

輸出結果

```
Please input a: 100
Please input b: 200
a =  100, b =  200
a =  200, b =  100
```

很好。妳已將兩數對調的兩種方法描述了。接下來我將告訴妳，Python 在函式參數值的設定上，和其他程式語言，如 C++ 和 Java 一樣，皆有預設的參數值（default parameter value）。這種方式可讓使用者更加地有彈性。請參閱以下的講義。

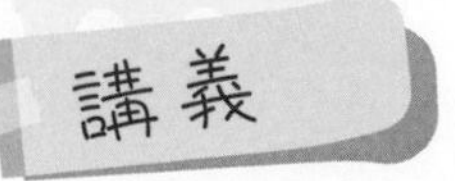

7-7　預設參數值

在函式參數方面，Python提供預設參數值（default argument value）的方法，亦即當呼叫函式時，若沒有給予參數值，此時會取預設參數值來執行。若呼叫函式時，有給予對應參數值，則預設參數值會被忽略。如下一範例程式所示：

p7-24.py

```
def sum(begin, end=100):
    sum = 0
    for k in range(begin, end+1):
        sum += k
    return sum

def main():
    total = sum(1)
    print('The number from', 1, 'to', 100)
    print('Summation is', total)

    total = sum(1, 10)
    print("\nThe number from", 1, "to", 10)
    print("Summation is", total)

main()
```

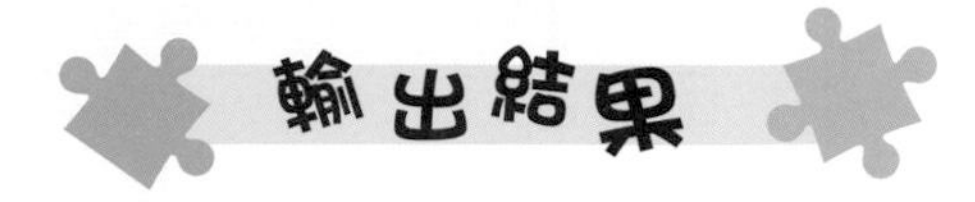


```
The number from 1 to 100
Summation is 5050
```

```
The number from 1 to 10
Summation is 55
```

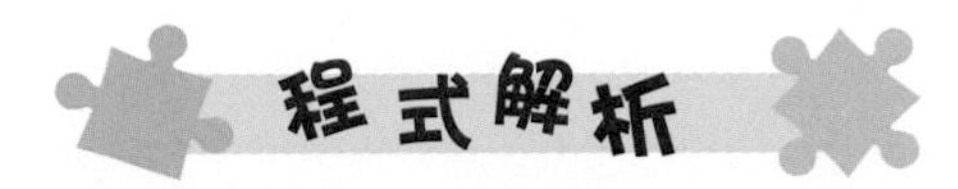

此程式的sum函式有兩個參數，分別爲begin和end，並且預設end的參數值爲100。所以當呼叫sum(1)時，會利用end預設的參數值100，而begin的參數值爲1。當呼叫sum(1, 10)時，預設的參數值會被忽略，所以此時的end參數值是10，而begin的參數值爲1。

也可以將函式的參數皆設爲有預設值，如此一來，當呼叫sum函式時，給予一個或不給予參數值皆是正確的。如下一範例程式所示：

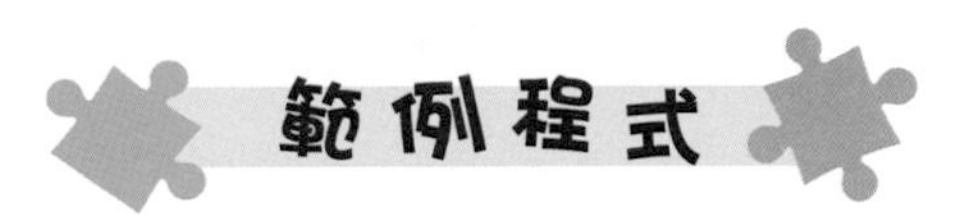

p7-25.py

```
def sum(begin=1, end=100):
    sum = 0
    for k in range(begin, end+1):
        sum += k
    return sum

def main():
    total = sum()
    print('The number from', 1, 'to', 100)
    print("Summation is", total)

    total = sum(2)
    print('\nThe number from', 2, 'to', 100)
    print('Summation is', total)

    total = sum(2, 10)
    print('\nThe number from', 2, 'to', 10)
    print('Summation is', total)

main()
```

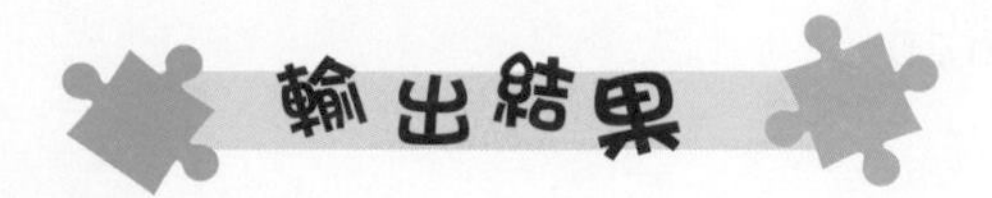

```
The number from 1 to 100
Summation is 5050

The number from 2 to 100
Summation is 5049

The number from 2 to 10
Summation is 54
```

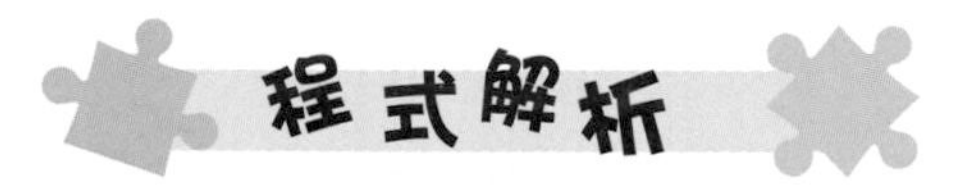

main()函式中的sum()函式呼叫，表示會使用begin和end的預設值，分別是1和100。而sum(2)表示使用end的預設參數值100，因此，是計算2到100的總和，最後的sum(2, 10)將不會使用預設值，所以是計算2到10的總和。

值得一提的是，設定預設參數值必須從最後一個參數開始設定，否則會產生錯誤的訊息，如將範例中的

```
def sum(begin=1, end=100):
    sum = 0
    for k in range(begin, end+1):
        sum += k
    return sum
```

定義爲

```
def sum(begin=1, end):
    sum = 0
    for k in range(begin, end+1):
        sum += k
    return sum
```

將會產生不正確的訊息，因爲end沒有參數預設值的情況下，begin不可以預設參數值。

看完了上述的講義後，妳是否可將上述九九乘法表印出的星星數以預設參數值加以表示。其預設值為 72。

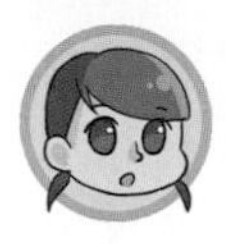

這個應該很簡單，我只要在 printStar() 函式中加入預設參數值即可，如下程式所示：

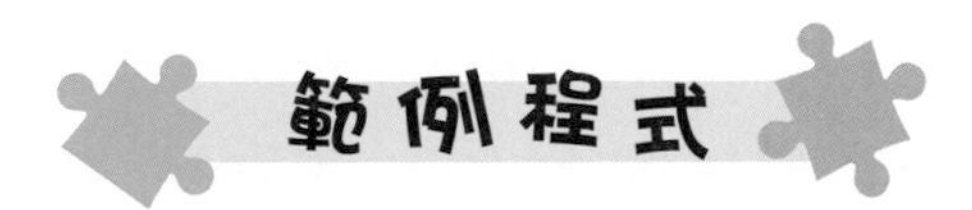

p7-27.py

```
def printStar(starNumbers = 72):
    for i in range(starNumbers):
        print('*', end = '')
    print('')

def multiply():
    for i in range(1, 10):
        for j in range(1, 10):
            print('%d*%d=%2d '%(j, i, i*j), end = ' ')
        print('')

def main():
    printStar()
    multiply()
    printStar(60)

main()
```

輸出結果

```
************************************************************************
1*1= 1  2*1= 2  3*1= 3  4*1= 4  5*1= 5  6*1= 6  7*1= 7  8*1= 8  9*1= 9
1*2= 2  2*2= 4  3*2= 6  4*2= 8  5*2=10  6*2=12  7*2=14  8*2=16  9*2=18
1*3= 3  2*3= 6  3*3= 9  4*3=12  5*3=15  6*3=18  7*3=21  8*3=24  9*3=27
1*4= 4  2*4= 8  3*4=12  4*4=16  5*4=20  6*4=24  7*4=28  8*4=32  9*4=36
1*5= 5  2*5=10  3*5=15  4*5=20  5*5=25  6*5=30  7*5=35  8*5=40  9*5=45
1*6= 6  2*6=12  3*6=18  4*6=24  5*6=30  6*6=36  7*6=42  8*6=48  9*6=54
1*7= 7  2*7=14  3*7=21  4*7=28  5*7=35  6*7=42  7*7=49  8*7=56  9*7=63
1*8= 8  2*8=16  3*8=24  4*8=32  5*8=40  6*8=48  7*8=56  8*8=64  9*8=72
1*9= 9  2*9=18  3*9=27  4*9=36  5*9=45  6*9=54  7*9=63  8*9=72  9*9=81
************************************************************
```

程式解析

在程式中將printStar(starNumbers = 72)定義預設參數starNumbers爲72的函式。當呼叫此函式沒有給予參數值時，將動用72作爲starNumbers的設定值。若有給予此參數值，如呼叫printStar(60)，則表示其參數值爲60。因此，第一列和最後一列的星星是不一樣的。

注意，在printStar() 函式中的for迴圈的range是

```
for i in range(starNumbers):
```

以starNumbers的數值爲主。

1. 試問下一程式的輸出結果：

(a)

```
def printDollars():
    for i in range(30):
        print('$', end='')
    print()

def multiply():
    for i in range(1, 10):
        for j in range(1, 10):
            print('%3d'%(i*j), end= '')
        print()

def main():
    printDollars()
    multiply()
    printDollars()

main()
```

(b)

```
def printDollars(n):
    for i in range(n):
        print('$', end='')
    print()

def multiply():
    for i in range(1, 10):
        for j in range(1, i+1):
```

```
        print('%3d'%(i*j), end= '')
    print()

def main():
    printDollars(15)
    multiply()
    printDollars(30)

main()
```

(c)

```
def total(start, end):
    total = 0
    for k in range(start, end+1):
        total += k
    return total

def main():
    s, e = eval(input('Enter start number and end number: '))
    sum = total(s, e)
    print('Total = %d'%(sum))

main()
```

2. 試問下列程式的輸出結果:

(a)

```
def f(w=1, h=2):
    print('w=%d, h=%d'%(w, h))

def main():
    f()
    f(w=10)
    f(h=8)
    f(6)

main()
```

(b)

```
def f(a, b):
    return a+b, a-b, a*b, a/b

def main():
    r1, r2, r3, r4 = f(10, 3)
    print('r1=%d, r2=%d, r3=%d, r4=%.2f'%(r1, r2, r3, r4))

main()
```

(c)

```
def fun(x):
    print(x)
    x=6.6
    y=8.8
    print(y)
    print(x)

x=10
y=20
fun(x)
print(x)
print(y)
```

3. 除錯題

(a) 若程式的輸出結果如下：

```
$$$$$$$$$$$$$$$$$$$$$$$$$$$$$$
  1  2  3  4  5  6  7  8  9
$$$$$$$$$$$$$$$$$$$$$$$$$$$$$$
```

你覺得以下的程式碼對嗎？可否請你Debug一下？

```
def printDollars():
    for i in range(30):
        print('$', end='')

def multiply():
    for i in range(1, 10):
        print('%3d'%(i))
    print()

def main():
    printDollars()
    multiply()
    printDollars()
```

(b) 阿志哥出了一道實習題目，其輸出結果如下：

```
$$$$$$$$$$$$$$$$$$$$$$$$$$$$$$
  1
  2  4
  3  6  9
  4  8 12 16
  5 10 15 20 25
  6 12 18 24 30 36
  7 14 21 28 35 42 49
  8 16 24 32 40 48 56 64
  9 18 27 36 45 54 63 72 81
$$$$$$$$$$$$$$$$$$$$$$$$$$$$$$
```

班上的小明撰寫了以下的程式碼，請你幫忙Debug 一下。

```
def printDollars():
    for i in range(30):
        print('$', end='')
    print()

def multiply():
    for i in range(1, 10):
        for j in range(1, i):
            print('%3d'%(i*j), end= '')
        print()

def main():
    printDollars()
    multiply()
    printDollars()

main()
```

(c) 以下程式是計算某一區間的總和，有些敘述有錯，請你加以更正。

```
def total(start, end):
    total = 0
    for k in range(start, end+1):
        total += k
    return k

def main():
    s, e = eval(input('Enter start number and end number: '))
    total(s, e)
    print('Total = %d'%(sum))

main()
```

(d)以下程式是計算某一區間的總和與平均數，有些敘述有錯，請你加以更正。

```
def totalAndAverage():
    total = 0
    for k in range(start, end+1):
        total += k
    average = total/(end-start)
    return total, average

def main():
    s, e = eval(input('Enter start number and end number: '))
    sum, aver = totalAndAverage()
    print('Total = %d\nAverage = %7.2f'%(sum, aver))

main()
```

(e)試撰寫一程式，印出以下的圖形。有一些地方可能出現錯誤。請聰明的你加以Debug。

```
********************
Learning Python now!
********************
```

小明撰寫的程式如下：

```
Def printStar():
    for i in range(1, 21):
        print('*')

Def main():
    printstar()
    print('Learning Python now!")
    printstar()

main()
```

4. 撰寫一印出某一字串訊息的message(s)函式，並以main() 函式測試之。
5. 撰寫一隨機產生並印出100個介於1~1000亂數的rand() 函式，請在main() 函式呼叫rand() 函式。
6. 將第5題要印出亂數的個數，由main()函式在呼叫rand(n)函式時，傳送參數給它。
7. 承第5題，在rand() 函式中將這100個亂數每一列印出10個亂數。
8. 承第5題，在rand() 函式中計算這100個亂數中有多少個偶數和多少個奇數。
9. 承第5題，在rand()函式中同時傳回產生亂數中的最大與最小值。
10. 試撰寫一isLeapYear(year1, year2) 函式，接收兩個參數year1和year2，若year1大於year2，則先將此互換，並輸出其區間所有的閏年年份。以main()輸入兩個年份y1和y2後，呼叫isLeapYear(y1, y2)。

選擇題

( )1. 若要印出以下的輸出結果：

```
********************
Python is fun
********************
```

剛學Python的小明撰寫了此程式如下：

```
def printStar():
    for i in range(20):
        print('*')
    print()

def main():
    printStar()
    print('Python is fun")
    printstar()

main()
```

試問小明寫的這個程式有多少個錯誤，導致它無法輸出上述的結果

(A) 1 (B) 2 (C) 3 (D) 4

( )2. 若要印出以下的輸出結果：

```
********************
Python is fun
********************
```

剛學Python的小華撰寫了此程式如下：

```
def printStar():
    for i in range(n):
        print('*')
    print()

def main():
    printStar(20)
    print(Python is fun)
    printStar()

main()
```

試問小華寫的這個程式有多少個錯誤，導致它無法輸出上述的結果

(A) 1 (B) 2 (C) 3 (D) 4

(　　) 3. 試問下一程式的輸出結果：

```
g = 888
def kkk():
    g = 666
    print(g)

def main():
    global g
    print(g)
    g = 777
    print(g)

main()
kkk()
```

(A) 888
777
666　　(B) 666
777
666　　(C) 888
666
777　　(D) 888
666
777

(　　) 4. 試問下一程式的輸出結果：

```
def totAndAver(begin, to, step):
    tot = 0
    for i in range(begin, to+1, step):
        tot += i
    aver = tot / ((to-begin+1)/step)
    return tot, aver

def main():
    sum, average = totAndAver(1, 100, 2)
    print('total = %d, average = %5.2f'%(sum, average))

main()
```

(A) total = 5050, average = 50.00　(B) total = 5050, average = 101.0
(C) total = 2500, average = 25.00　(D) total = 2500, average = 50.00

實作題

1. 撰寫一找出兩數最大值的max(x, y)函式，並以main()函式呼此函式測試之。
2. 撰寫一將華氏轉換為攝氏溫度的fahToCel(f)函式，並以main()函式呼叫此函式測式之。
3. 撰寫一將英哩轉換為公里的mileToKm函式，並以main()函式呼叫此函式測式之。
4. 撰寫一計算1加到n總和的sum(n)函式，並以main()函式輸入n值後呼叫sum(n)，以計算1加到n。如輸入為100，則表示從1加到100，其總和為5050。
5. 撰寫一計算矩形面積的rectArea()函式與計算周長的rectPerimeter()函式。最後在main()輸入矩形的長與寬加以測式之。
6. 利用本章所撰寫判斷它是否為質數的函式，在main()函式中以一迴圈測試10個輸入的資料。
7. 撰寫一計算圓形面積的circleArea()函式與計算周長的circlePerimeter()函式。最後在main()輸入圓形的半徑加以測式之。
8. 撰寫一計算三角形面積的triArea()。最後在main()輸入三角形的底與高加以測式之。
9. 撰寫一求絕對值的abs(x)函式，並以main()輸入一些數值測試之。
10. 撰寫一判斷三角形三邊是否為合法的validTriangleSides()，它接收main()函式傳送的三邊長。若任何兩邊長大於第三邊，則此三邊長可構成一三角形，則回傳True，反之，則回傳False。同時也設計一計算三邊長的和之sumOfSides()函式，此函式接收main()函式傳送的三個邊的長，並回傳總和給main()函式，最後在main()函式印出三邊的長和其總和。
11. 如同第10題，但請在 main() 函式以一不定數迴圈輸入三邊長，當輸入的三邊長中有一邊為負值，則結束迴圈。

讓儲存資料更方便

為了讓大量資料的儲存更方便、更有效率，一般會藉助一些利器來處理這些資料，Python 提供優質的利器：串列，有如一個有組織的置物櫃一般。

Python 的串列（list）相當於其他程式語言的陣列（array），這是一個用來儲存多個變數很好的方法。串列有一維串列、二維串列，以及多維串列。本章將從一維串列說起。若串列沒有指明其維度時，則預設為一維串列（one dimension list）。

用串列來儲存資料有何好處呢？

當然有，例如，班上有 55 位學生，妳想儲存這些學生的基礎程式設計科目的成績，若沒有使用串列，則會取 55 個變數來表示這些學生。一來，會取太多的變數名稱，如 stu1, stu2, stu3, stu4, …, stu55 等名稱。二來，這些變數儲存的地方可能分散，以致於存取系統會浪費許多時間來運作。

若以串列來表示的話，則在設定變數名稱與存取上相當地方便，其實妳可以想像它好比是一列的置物櫃，如圖 8-1 所示：

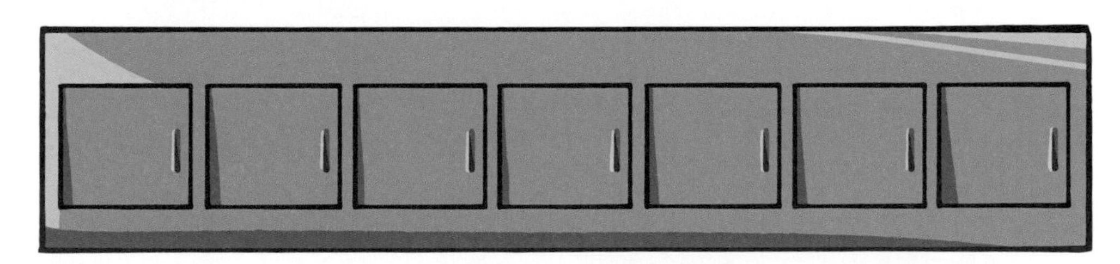

● 圖8-1　一維串列示意圖

看起來串列的好處多多喔！

是的，我就不多說，請看以下的講義。

8-1 建立串列

您可以使用下列的語法來建立一串列，

```
list1 = []
```

表示建立一空的串列list1。

```
list2 = [1, 2, 3, 4, 5]
```

表示建立一含有5個數值元素的串列list2。

```
list3 = [' Banana', 'Apple ', 'Orange ']
```

表示建立含有三個字串元素的串列list3。

要注意的是，Python的串列可以是不同型態的元素所組成的集合，如：

```
list4 = [1, 2, ' Banana', 'Apple ']
```

這和C或其他語言的陣列不同，陣列的元素必須是相同的資料型態，在Python的串列中可以是不同資料型態的元素組成的。

這麼說，上一敘述在 C 或其他語言的陣列是不合法的。

是的，不可以由混合的資料型態組成。我們繼續看下去。

8-2　計算串列的長度

串列的長度其實就是串列中有多少個元素。若要計算某一串列的長度，可使用len函式，如：

```
>>> fruitsList= ['Banana', 'Apple', 'Grape', 'Pineapple', 'Orange']
>>> len(fruitsList)
    5
```

上述敘述表示有一fruitsList串列，利用len函式計算此串列的長度爲5，計表示它有5個元素。

8-3　如何存取串列的元素

要存取fruitsList串列中的任一元素，可利用索引（index）運算子 [] 加以存取。串列的索引是從0開始，範圍從0到len(fruitsList)–1。如圖8-2所示：

索引	0	1	2	3	4
fruitsList	fruitsList[0] 'Banana'	fruitsList[1] 'Apple'	fruitsList[2] 'Grape'	fruitsList[3] 'Pineapple'	fruitsList[4] 'Orange'

● 圖8-2　fruitsList串列有5個元素，索引範圍從0至4

fruitsList[index] 可視爲變數，fruitsList[0] 爲 'Banana'，fruitsList[1] 爲 'Apple'，fruitsList[2] 爲 'Grape'，fruitsList[3] 爲 'Pineapple'，fruitsList[4] 爲 'Orange'。所以串列的第一個元素是索引爲0的元素。第二個元素是索引爲1的元素，以此類推，切記！切記！

例如，下列的程式碼將fruitsList的元素一一加以印出：

```
fruitsList = ['Banana', 'Apple', 'Grape', 'Pineapple', 'Orange']
for i in range(len(fruitsList)):
    print(fruitsList[i])
```

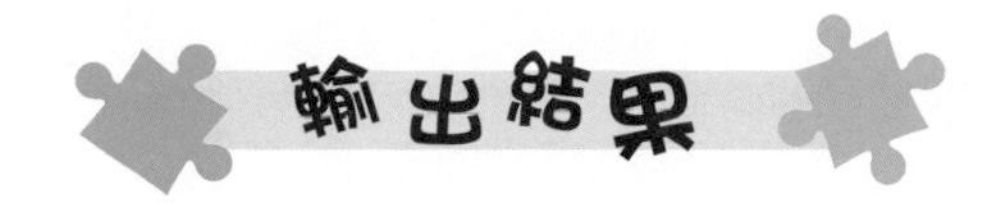


```
Banana
Apple
Grape
Pineapple
Orange
```

您可以連元素的名稱變數也一齊印出，如以下程式：

```
fruitsList = ['Banana', 'Apple', 'Grape', 'Pineapple', 'Orange']
for i in range(len(fruitsList)):
    print('fruitsList[%d]=%s'%(i, fruitsList[i]))
```

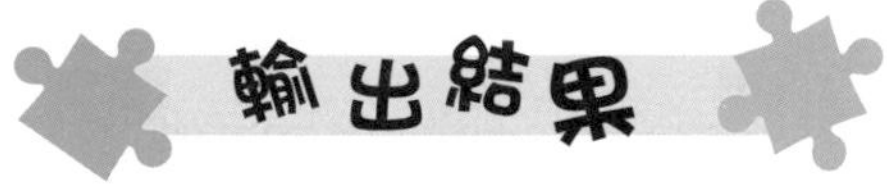


```
fruitsList[0]=Banana
fruitsList[1]=Apple
fruitsList[2]=Grape
fruitsList[3]=Pineapple
fruitsList[4]=Orange
```

注意，存取超過串列範圍的元素是初學者常犯的錯誤，為了避免此種錯誤，必須確認使用的索引不可超過len(fruitsList)–1。

苡凡，妳來將上述的程式改以 while 迴圈表示之。

OK，我來寫寫看。（經過 3 分鐘）如以下的程式所示：

```
k=0
while k <= len(fruitsList):
    print('fruitsList[%d]=%s'%(k, fruitsList[k]))
    k += 1
print()
```

我來驗證一下輸出結果。

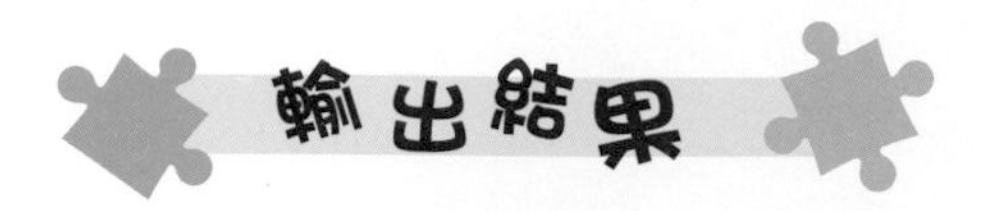


```
fruitsList[0]=Banana
fruitsList[1]=Apple
fruitsList[2]=Grape
fruitsList[3]=Pineapple
fruitsList[4]=Orange
Traceback (most recent call last):
  File "/Users/bright/Documents/Python程式語言及其應用/list.py", line 8, in <module>
  print('fruitsList[%d]=%s'%(k, fruitsList[k]))
IndexError: list index out of range
```

哇！有錯誤的訊息 IndexError: list index out of range

出現，這表示程式中的索引超出範圍了。

我找到錯誤的地方了，應將一個 while 迴圈中的終止點

```
k <= len(fruitsList)
```

改為

```
k < len(fruitsList)
```

所以正確程式應如下：

```
k=0
while k < len(fruitsList):
    print('fruitsList[%d]=%s'%(k, fruitsList[k]))
    k += 1
print()
```

完全正確，妳也可以使用

```
k <= len(fruitsList) - 1:
```

阿志哥，請問索引值可以負的嗎？

問得好。Python 允許負的索引值參考其串列相對的位置。而其實際的位置是將串列的長度與負的索引相加。沿用上述的 fruitsList 串列，如以下範例所示：

```
>>> fruitsList[-1]
    'Orange'
>>> fruitsList[-2]
    'Pineapple '
```

第 1 行的 fruitsList1[-1] 與 fruitsList[-1 + len(fruitsList)] 相同，亦即 fruitsList[4]，表示最後的元素。在第 3 行，fruitsList1[-2] 與 fruitsList[-2 + len(fruitsList)] 相同，表示串列的倒數第二個元素。

我有一問題，若只要串列的部份連續元素呢？例如我只要第 1 個到第 3 個元素即可，那該如何表示呢？

Python 允許妳選擇特定索引的元素，此時就要使用 [start : end] 分割運算子（slicing operator）。[start : end] 回傳從 start 到 end - 1 的子串列。請看以下的講義。

講義

我們沿用上述的fruitsList串列，如以下範例程式：

```
>>> print(fruitsList[1:3])
    ['Apple', 'Grape']
```

表示印出fruitsList串列索引1到2的元素。

起始的索引和結束的索引是可以省略的。預設的程式起始索引是0，結束索引是最後索引，例如：

```
>>> print(fruitsList[:3])
    ['Banana', 'Apple ', 'Grape']
```

表示從索引0到2。

```
>>> print(fruitsList[1:])
    ['Apple ', 'Grape', 'Pineapple ', 'Orange']
```

程式中的list1[:3]和list1[0:3]是一樣的，而list1[1:]和list1[1:len(list1)]是相同的。

也可以在分割運算子的部份使用負的索引。例如：

```
>>> print(fruitsList[1:-1])
    ['Apple', 'Grape', 'Pineapple']
```

上述的fruitsList[1:-1]與fruitsList[1:-1 + len(fruitsList)]，亦即fruitsList[1:4]，表示印出fruitsList[1]、fruitsList[2]以及fruitsList[3]。

我完全了解。不管在索引運算子或分割運算子，若出現負的索引，則表示要將此負值加上串列的長度。

Good ！妳已掌握其精髓了。

8-4 利用 append 和 insert 方法加入一元素於串列

對了，串列可以執行加入、刪除和修改元素嗎？

當然可以，我一一為妳解說。首先來談要加入一元素於串列中，可以使用 append(x) 方法。它表示將 x 元素加入串列的尾端，如下程式所示，沿用上述的 fruitsList 串列。

```
>>> fruitsList.append('Kiwi')
>>> fruitsList
    ['Banana', 'Apple', 'Grape', 'Pineapple', 'Orange', 'Kiwi']
```

第一行表示將 'Kiwi' 加入到fruitsList串列的尾端。在IDLE的模式下可以直接以fruitsList列印此串列的所有元素。

除此之外，也可以使用insert(i, x)，將x元素加入於串列的i位置，如下程式所示：

```
>>> fruitsList.insert(0, 'Guava')
>>> fruitsList
    ['Guava', 'Banana', 'Apple', 'Grape', 'Pineapple', 'Orange', 'Kiwi']
```

上述第一行表示將 'Guava' 加入於fruitsList串列的第一個位置，亦即將'Guava'加入於fruitsList[0]。

若要檢視某一元素x在串列的索引位置，則可利用index(x)方法，如下程式所示：

```
>>> fruitsList.index('Orange')
    5
```

承上述的fruitsList串列，得知 'Orange' 元素在串列中的索引位置是5。

8-5 利用pop和remove方法刪除串列的元素

帥哥，那如何從串列中刪除元素呢？

從串列中刪除一元素也有兩種，其一為 pop(i)，表示將 i 索引的元素值刪除之，如下程式所示：

```
>>> fruitsList
    ['Guava', 'Banana', 'Apple', 'Grape', 'Pineapple', 'Orange', 'Kiwi']
>>> fruitsList.pop(2)
    'Apple'
>>> fruitsList
    ['Guava', 'Banana', 'Grape', 'Pineapple', 'Orange', 'Kiwi']
```

第三行敘述表示將 fruitsList 串列中索引 2 的元素 'Apple' 刪除。

```
>>> fruitsList.pop(3)
    'Pineapple'
>>> fruitsList
    ['Guava', 'Banana', 'Grape', 'Orange', 'Kiwi']
>>>
```

第一行敘述表示將 fruitsList 串列中索引 3 的元素 'Pineapple' 刪除。

此處的 pop(i) 方法中的 i，也可以是負的嗎？

當然，如下程式所示：

```
>>> fruitsList.pop(-1)
    'Kiwi'
>>> fruitsList
    ['Guava', 'Banana', 'Grape', 'Orange']
>>>
```

其實pop(-1)相當於pop(-1+len(fruitsList))，亦即是刪除pop(-1+5)的元素。若pop()沒有參數，則表示刪除串列的最後一個元素。另一個方法是利用remove(x)，直接刪除串列中第一個出現x的元素。如下程式所示：

```
>>> fruitsList.remove('Grape')
>>> fruitsList
    ['Guava', 'Banana', 'Orange']
```

第一行表示將串列中第一個出現的 'Grape' 刪除之。注意，若有二個 'Grape' ，則只會刪除第一個，不是刪除全部的 'Grape'。

至於修改串列的元素值只要利用索引運算子即可，如下程式所示：

```
>>> fruitsList
    ['Guava', 'Banana', 'Orange']
>>> fruitsList[0] = 'Papaya'
>>> fruitsList
    ['Papaya', 'Banana', 'Orange']
```

直接利用

```
fruitsList[0] = 'Papaya'
```

將fruitsList的第一個元素改為 'Papaya'。

8-6 排序：由大至小或由小至大

我們常常要排序資料，Python 是如何執行排序的工作呢？

Python 利用 sort 方法，如下程式所示：

```
>>> numbersList = [1, 3, 4, 2, 6, 5]
>>> numbersList.sort()
>>> numbersList
    [1, 2, 3, 4, 5, 6]
```

這好簡單喔！但這是由小至大，若要由大至小呢？

此時只要再利用 reverse() 方法就可以，因為 reverse() 方法是將串列的元素反轉過來。如下程式所示：

```
>>> numbersList.reverse()
>>> numbersList
    [6, 5, 4, 3, 2, 1]
```

啊哈，好容易呀！

要注意的是，reverse() 方法不會排序，只是我們利用它的特性，將 sort() 方法排序後的由小至大資料，反轉為由大至小資料。要注意的是，串列的元素型態必須是相同的才可以使用 sort() 方法。

若要計算串列中某一元素的個數，則可利用 count 方法完成。如下程式所示：

```
>>> numbersList.append(3)
>>> numbersList
    [6, 5, 4, 3, 2, 1, 3]
>>> numbersList.count(3)
    2
```

上述的 numbersList.count(3) 表示計算 numbersList 串列中元素 3 的個數。

8-7 其他有用的函式：max()、min()、sum()

阿志哥，還有別的好用串列函式嗎？

有的，既然妳這麼好學，我就再來談談其他有用的函式，如表 8-1 所示：

表8-1 串列其他有用的函式

函式	功能
max(s)	回傳s串列的最大的元素值
min(s)	回傳s串列的最小的元素值
sum(s)	回傳s串列的所有元素值之總和

請參閱以下程式：

```
>>> numbersList
    [6, 5, 4, 3, 2, 1, 3, 3]
>>> max(numbersList)
    6
>>> min(numbersList)
    1
>>> sum(numbersList)
    27
```

對了，有方法可以將兩個串列結合起來嗎？

有的，我們可以使用 + 運算子和 extend 方法來完成。 + 運算子若運作於兩個串列時，表示將這兩個串列結合起來。以下的程式是將 list2 和 list3 串列結合後指定給 list5，如以下程式所示：

```
>>> list2 = [1, 3, 5, 7, 9]
>>> list3 = [2, 4, 6, 8]
>>> list5 = list2 + list3
```

```
>>> list5
    [1, 3, 5, 7, 9, 2, 4, 6, 8]
```

注意，list2和list3串列還是保有原來的元素。

這好比 + 運算子應用於字串時，表示將兩個字串連結起來。

是的，如下程式所示：

```
>>> str = 'Hello, ' + 'Python'
>>> str
    'Hello, Python'
>>>
```

'Hello, ' 和 'Python' 兩字串利用+運算子相連後，指定給str，所以str的值爲'Hello, Python'。

而extend(list2)方法表示將list2附加在某一串列的後面。如下列程式所示：

```
>>> list3.extend(list2)
>>> list3
    [2, 4, 6, 8, 1, 3, 5, 7, 9]
```

表示將list2 串列的元素值附加於list3串列，導致list3串列改變，而list2串列不會改變。注意！由於extend是方法，所以和函式的呼叫方式不同。

阿志哥，我好像有看到 * 運算子，它有什麼功能呢？

* 運算子表示複製某一串列的所有元素值，如以下程式所示：

```
>>> list7 = 2 * list2
>>> list7
    [1, 3, 5, 7, 9, 1, 3, 5, 7, 9]
```

第一行敘述表示複製 2 次串列 list7 的內容。也可以撰寫為：

```
list7 = list2 * 2
```

這好像蠻不錯的，可以擴充原來串列的內容。

8-8 判斷某一元素是否存在於串列中：in 和 not in

我想知道某一元素是否存在於串列中，應如何處理呢？

可利用 in 或 not in 判斷某一元素是否在串列中。如以下程式所示：

```
>>> fruitsList
    ['Apple', 'Banana', 'Orange']
>>> 'Apple' in fruitsList
    True
>>> 'Guava' in fruitsList
    False
>>> 'Guava' not in fruitsList
    True
```

8-9 利用 for 迴圈印出串列的每一元素

Python提供一簡便的for迴圈，使您可以不必利用索引變數就可以顯示串列的每一元素。例如，下列的程式顯示目前在fruitsList串列的所有元素：

```
for x in fruitsList:
    print(x)
print()
```

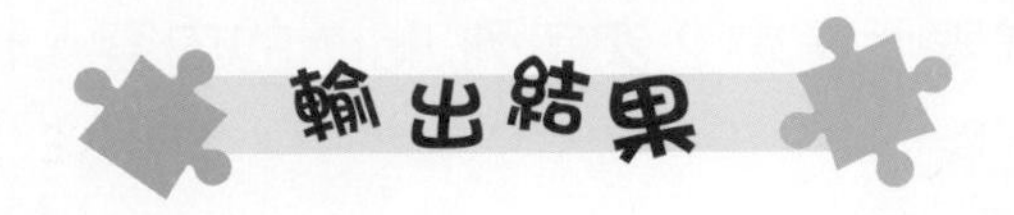

```
Apple
Banana
Orange
```

追蹤在furitsList的每一元素x，並將它顯示出來。上述的輸出結果，顯示目前的fruitsList串列有三個元素。由於沒有使用索引變數，所以要印出以下的結果：

```
fruitsList[0] = Apple
fruitsList[1] = Banana
fruitsList[2] = Orange
```

則需要另一變數加以輔助才可。如下程式所示：

```
i=0
for x in fruitsList:
    print('fruitsList[%d] = %s'%(i, x))
    i += 1
print()
```

上述程式以i來加以輔助索引變數。

8-10　串列的比較

唉呀！ Python 真是強，要什麼有什麼。到此為止，阿志哥，還有其他的嗎？

有呀，我們可以使用關係運算子（>、>=、<、<=、==，以及 !=）來比較串列的元素。但要進行此項工作，這兩串列必須包含相同型態的元素。先比較各個串列中的第一個元素，若不相等，則顯示出結果，若相等，則再比較各個串列的下一元素，以此類推。如下程式所示：

```
>>> list10 = ['Apple', 'Banana', 'Guava', 'Kiwi']
>>> list20 = ['Apple', 'Banana', 'Guava', 'Orange']
>>> list10 > list20
    False
>>> list10 < list20
    True
>>> list10 == list20
    False
```

我們又再次看到關係運算子用於串列的做法。真是多變的運算子，它會視不同的對象而有不同的功能。

是呀，這有一術語，稱之為多載運算子（overloading operator），表示運算子有多個功能。

如何將串列元素存放的位置重新排放，亦即洗牌？

8-11　如何將串列的元素重排

串列元素要加以重排，可以利用 random 模組下的 shuffle() 方法。如下程式所示：

```
>>> import random
>>> cardsList = ['Ace', 'King', 'Queen', 'Jack', 10, 9, 8, 7, 6, 5, 4, 3, 2]
>>> random.shuffle(cardsList)
>>> cardsList
    ['Queen', 9, 'Ace', 2, 7, 6, 8, 'King', 5, 3, 10, 'Jack', 4]
>>> random.shuffle(cardsList)
>>> cardsList
    [7, 9, 5, 2, 3, 8, 4, 10, 'Queen', 6, 'Ace', 'Jack', 'King']
```

程式中利用 import random 將 random 模組載入到程式中，此時就可以呼叫 shuffle(cardsList) 將 cardsList 串列的元素重排。

8-12 串列的函式、運算子與方法總整理

講到這裡，串列重要的議題大概已介紹差不多了。苡凡，請妳將上面講過的有用的函式、方法、或運算子整理一下，也好讓妳順便複習。

是的，阿志哥。以下是我整理出來的資料，請過目。

表8-2　串列內建函式

函式	說明
len(List)	計算List串列的長度。
max(List)	求出List串列的最大值。
min(List)	求出List串列的最小值。
sum(List)	加總List每一的元素值。

表8-3　有關串列運算子

運算子	說明
[a]	存取串列索引值為a的元素。
[begin: end]	存取串列索引值為begin到end-1的元素。
in	判斷某一元素是否存在於串列中。
not in	判斷某一元素是否不存在於串列中。
+	串列的結合。
*	複製串列的元素。
<, <=, >, >=, ==, !=	比較兩個串列的大小。

表8-4　串列內建方法

方法	說明
index(x)	檢視x元素於串列的索引。
append(x)	將x附加於串列的尾端。
insert(i, x)	加入x 於串列的i索引。
pop(i)	刪除串列索引為i的元素，若省略i，則刪除最後一個元素。
remove(x)	刪除串列第一個出現x元素。
extend(List)	將List串列的元素附加於某一串列。
count(x)	串列中出現x元素的個數。
sort()	將串列的元素由小至大排序。
reverse()	將串列的元素加以反轉。
shuffle(List)	將List串列的元素重排。

很好，整理得非常不錯。

我不懂的是，函式和方法有什麼不同？

其之間的差異是，方法必須是以某一物件加上點運算子呼叫之，如 numberList.count(3) 表示計算 numberList 串列中元素是 3 的個數，因為 count 是一方法。而函式直接呼叫即可，如 sum(numberList) 表示計算 numberList 串列中元素的總和，因為 sum 是一函式。

8-13　參考某一串列

對了，如果將一串列指定給另一串列呢？其結果又如何？

這是一個很好的問題，若使用等號運算子，將一串列 list88 指定給另一串列 list66，此時並不會複製串列 list88，而是 list66 會參考串列 list88。如下程式所示：

```
>>> list66 = [1, 2, 3, 4, 5]
>>> list88 = [11, 22, 33, 44, 55]
>>> id(list66)
    4334944776
>>> id(list88)
    4403781128
>>> list66 = list88
>>> id(list66)
    4403781128
>>> id(list88)
    4403781128
```

我們利用id來檢視以上的運作情形，原來list66和list88串列各有不同的id，當list88指定給list66後，此兩串列的id皆爲list88的id。由此可見，此時list66是參考到串列list88。

完全了解。以上是很好的範例程式。

8-14　傳送串列給一函式

這裡還有一重要的主題是，假如一函式要用及某一函式的串列時，我們只要傳送串列名稱即可，而不是一一傳送串列的所有元素。苡凡，妳來撰寫一程式給我看一下，如何？

當然可以。（經過 8 分鐘）如下程式所示：

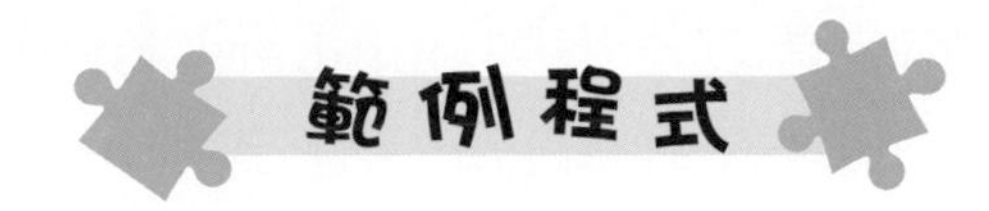

p8-21.py

```
#Call by reference: version 1
def main():
    numbersList10 = [1, 2, 3, 4, 5]
    print('Before call add function:')
    for x in numbersList10:
        print(x)
    #call add function
    add(numbersList10)
    print('After call add function:')
    for x in numbersList10:
        print(x)

def add(numbersList20):
    for i in range(len(numbersList20)):
        numbersList20[i] += 10

main()
```

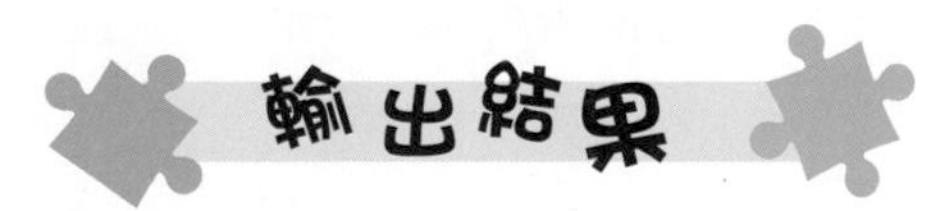


```
Before call add function:
1
2
3
4
5
After call add function:
11
12
13
14
15
```

寫得很好，妳先建立一串列 numbersList10 有五個元素，分別為 [1, 2, 3, 4, 5]。在呼叫 add() 函式前、後印出此串列的元素值，以檢視 add() 函式是否有作用。在 add() 函式中有一參數為 numbersList20，它接收實際參數 numbersList10。所以，此時 numbersList20 參考到 numbersList10 串列。這種將參考值傳送給函式的方法，稱之為傳參考呼叫（call by reference），這有別於傳值呼叫。

由於實際參數 numbersList10 和形式參數 numbersList20 其實是相同的串列，只是名稱不同罷了。因此，利用 numbersList20 串列的每一元素加上 10，也等於 numbersList10 串列的每一元素加上 10。我們再來看一些有關串列的應用範例。

8-15　串列的應用範例

8-15-1　大樂透

台灣的大樂透玩法是從1~49的號碼中選取6個。我們可以撰寫一程式用以下次您要購買的樂透時的參考。

p8-22.py

```
#Lotto number: version 1.0
import random
for i in range(1, 7):
    k = random.randint(1, 49)
    print(k, end = " ")
```

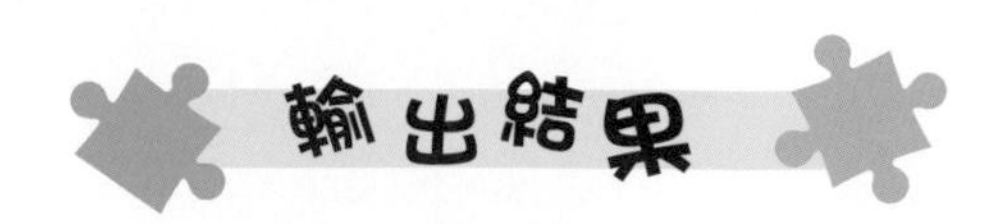


```
11 6 26 39 1 47
```

上述範例產生亂數後沒有將它存放。我們利用串列儲放資料：

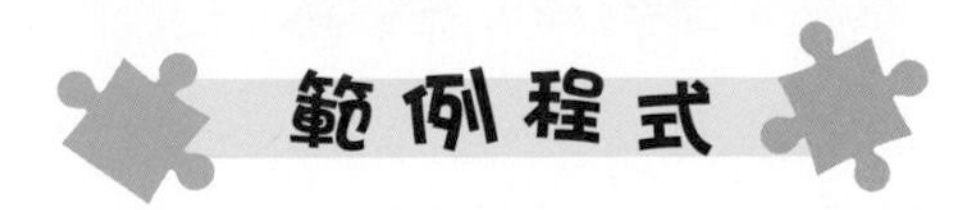

p8-23.py

```
#Lotto number: version 2.0
import random
lottoNumbers = []

for i in range(0, 6):
    n = random.randint(1, 49)
    lottoNumbers.append(n)

for x in lottoNumbers:
    print(x, end = " ")
```

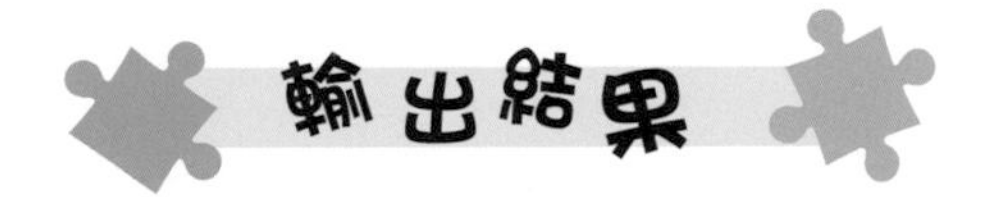


```
14 21 17 3 3 23
```

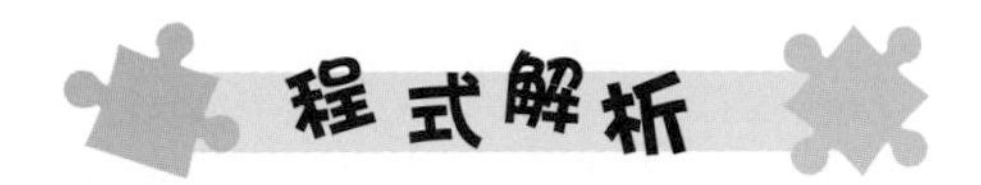

程式利用

```
for x in lottoNumbers :
```

for⋯ in迴圈敘述除了可以將range所規定的範圍數值顯示外，也可以很簡單地將lottoNumbers串列內的元素一一列出。

去掉重複的數字

上一範例程式所產生的結果，有時會產生重複號碼。如何解決此問題，請參閱以下範例程式：

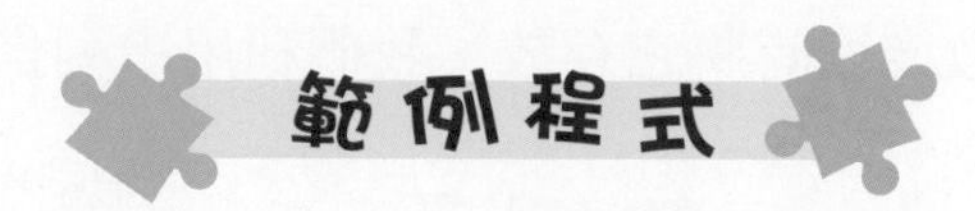

p8-24.py

```
#Lotto number: version 3.0
import random
count = 1
checkBox = []
lottoNumbers = []
for k in range(0, 50):
    checkBox.append(0)

while count <= 6:
    n = random.randint(1, 49)
    if checkBox[n] == 0:
        lottoNumbers.append(n)
        checkBox[n] = 1
        count += 1

for x in lottoNumbers:
    print(x, end = ' ')
```

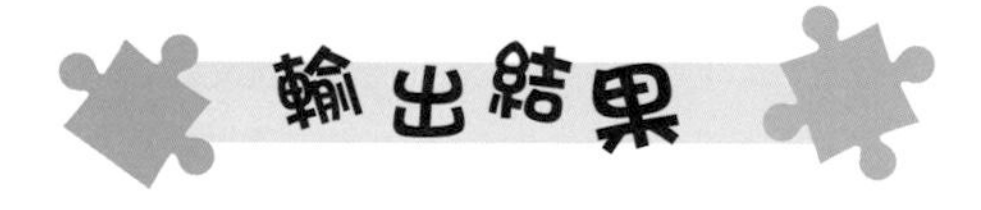


```
20 32 35 26 39 13
```

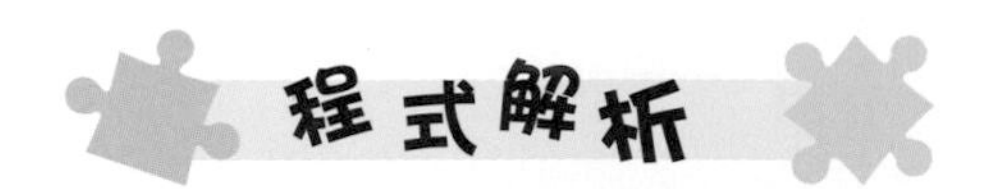

做法如下，我們可以先建置一含有50個元素的串列checkBox，然後利用append(0)讓串列的每一個元素值是0，當產生一亂數時，如8，則將此數字當做索引，檢查其所對應的值是否爲0，例如checkBox[8] 是否爲0。若是，表示此亂數沒有重複，此時將此數字利用append(8) 加入於lottoNumbers的串列，再將checkBox[8]的值設爲1，以及將count累加，下次若再產生亂數8時，由於此索引所對應的值爲1，所以會再回到while迴圈產生一亂數。

上述的範例程式p8-25.py 利用另一串列checkBox來輔助檢查，以便產生六個不會重複的大樂透號碼。其實我們也可以利用not in來判斷產生的大樂透號碼是否已在串列中，若沒有，則加入串列，否則再產生另一號碼，最後再呼叫sort方法，將串列的資料由小至大排序後印出。如下程式所示：

p8-25.py

```
#Lotto number: version 4.0
import random
lotto = []
i = 0
while i < 6:
    lottoNum = random.randint(1, 49)
    if lottoNum not in lotto:
        lotto.append(lottoNum)
        i += 1

lotto.sort()
for j in range(6):
    print('%3d '%(lotto[j]), end = '')
print()
```

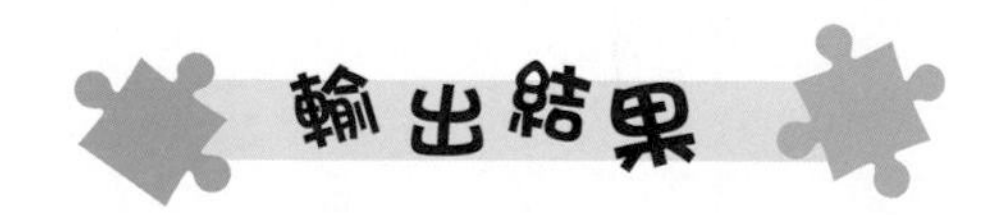


```
10 19 22 34 35 49
```

8-15-2 排序

排序不外乎有由小至大（ascending）或由大至小（descending）。若沒有特別指定的話是由小至大排序。排序的方法很多，如氣泡排序法（bubble sort）、選擇排序（selection sort）、插入排序（insertion sort）、快速排序（quick sort）、堆積排序（heap sort）…等等，由於排序是資料結構的主題，而且在Python也有sort函式可加以運用。此處僅以氣泡排序來說明排序是如何運作的。

氣泡排序

氣泡排序（假設是由小至大）是將串列的元素兩兩相比，若前一個元素比後一個元素來得大，則調換。否則不調換。如圖8-3所示：

利用氣泡排序的過程如下：

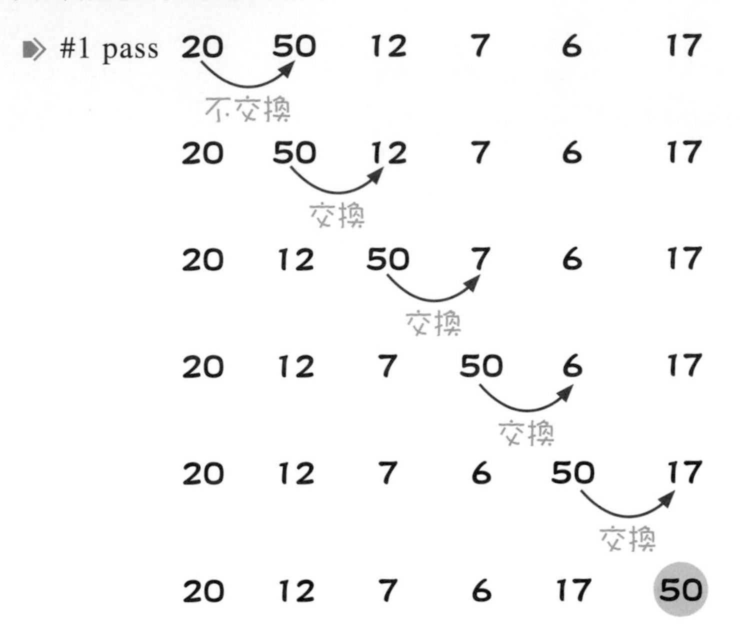

此時50是最大值，50已呈現在串列的後面，之後將其前面的五個元素再做比較排序：

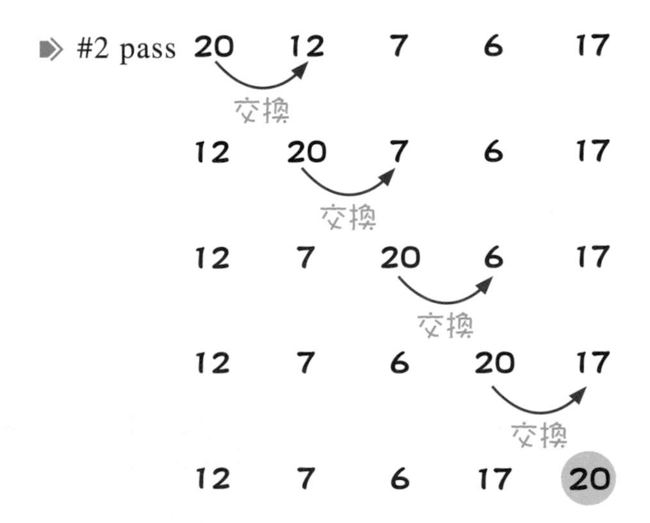

此時20是目前的最大值，再將剩下的元素做比較排序：

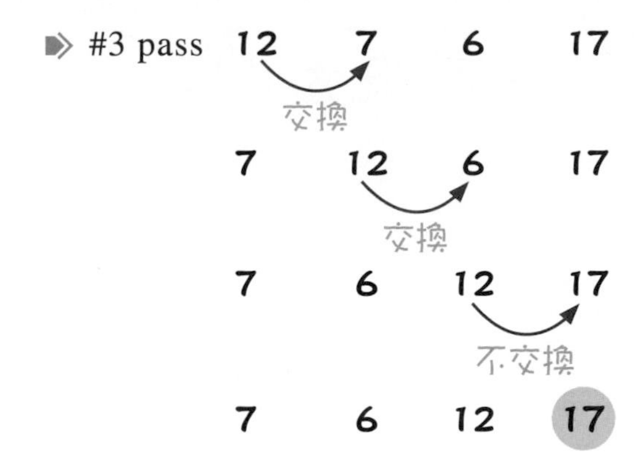

此時最大值為17，再將其餘資料做比較排序：

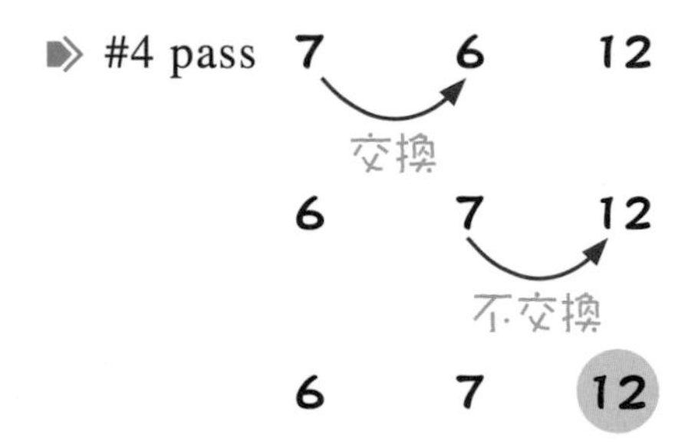

最後再將6、7做比較排序：

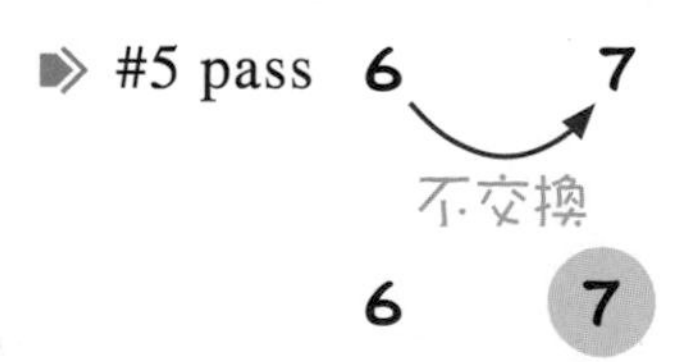

● 圖8-3 氣泡排序示意圖

所以排序後的串列如下：6、7、12、17、20、50。從上面的排序步驟得知，當有N個資料時，會有N-1次的pass，從第2次的pass開始，要比較的資料數目會遞減1，而比較次數也會隨著資料數目減1。例如，上例有6個資料要排序，所以將會有5次的pass，在#1 pass中有6個資料，所以將會有5次比較。接下來，#2 pass的資料會遞減1，因為較大者會浮上抬面，不需要參與排序，所以在#2 pass有5個資料，會有4次比較次數，依此類推。

我們撰寫一程式測試之，如下所示：

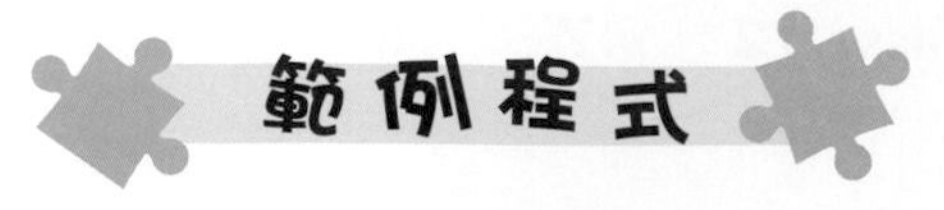

p8-28.py

```
# Bubble sorting:  version 1.0
numbers = [20, 50, 12, 7, 6, 17]

print('Original data:')
for x in numbers:
    print('%3d ' %(x), end = ' ')
print('')

# bubble sort
for i in range(len(numbers)-1):
    # compare operation
    for j in range(len(numbers)-i-1):
        if numbers[j] > numbers[j+1]:
            numbers[j+1], numbers[j] = numbers[j], numbers[j+1]

print('\nAfter sorted data:')
for x in numbers:
    print('%3d ' %(x), end = ' ')
```

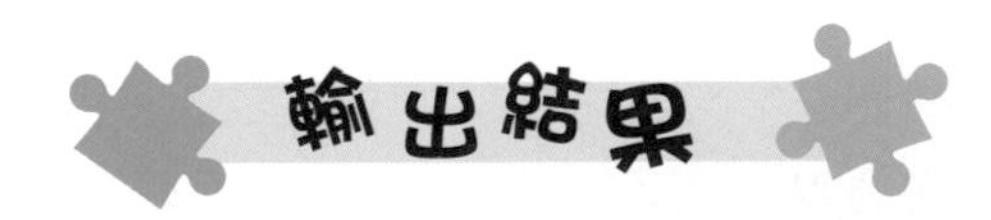


```
Original data:
20  50  12   7   6  17

After sorted data:
  6   7  12  17  20  50
```

想要了解每一步驟的每一次之比較結果，則可以在程式中加入一些敘述。此程式的重點是在氣泡排序的多重迴圈上，外迴圈主導會有幾次的pass，而內迴圈主導每一次的pass會有幾次比較次數。

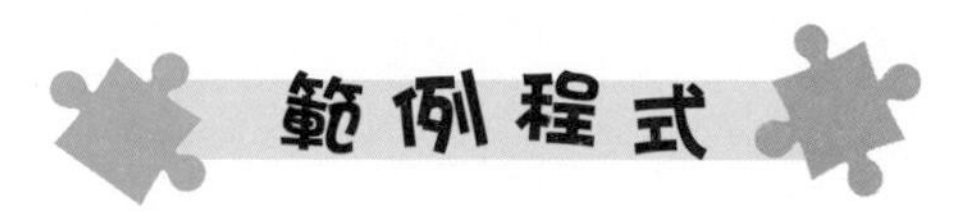

p8-29.py

```
# Bubble sorting:  version 2.0
numbers = [20, 50, 12, 7, 6, 17]

print('Original data:')
for x in numbers:
    print('%3d ' %(x), end = '')

# bubble sort
for i in range(len(numbers)-1):
    print('\n\n#%d pass: ' %(i+1), end = '')

    # compare operation
    for j in range(len(numbers)-i-1):
        if numbers[j] > numbers[j+1]:
            numbers[j+1], numbers[j] = numbers[j], numbers[j+1]

        print('\n  #%d compare: ' %(j+1))
        for x in numbers:
            print(' %3d' %(x), end = '')

print('\n\nAfter sorted data:')
for x in numbers:
    print('%3d ' %(x), end ='')
```

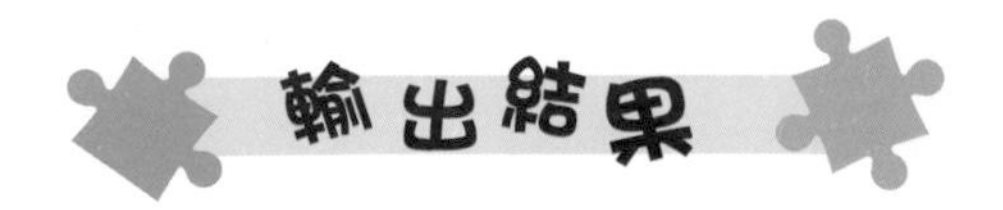

```
Original data:
   20  50  12   7   6  17
#1 pass:
   #1 compare:
    20  50  12   7    6  17
   #2 compare:
    20  12  50   7    6  17
   #3 compare:
    20  12   7  50    6  17
   #4 compare:
    20  12   7    6  50  17
   #5 compare:
    20  12   7    6  17  50

#2 pass:
   #1 compare:
    12  20    7    6    17    50
   #2 compare:
    12    7   20    6    17    50
   #3 compare:
    12    7    6   20    17    50
   #4 compare:
   12     7    6   17    20    50

#3 pass:
   #1 compare:
    7    12    6    17    20    50
   #2 compare:
    7     6   12    17    20    50
   #3 compare:
    7     6   12    17    20    50
```

```
#4 pass:
    #1 compare:
      6    7    12    17    20   50
    #2 compare:
      6    7    12    17    20   50

#5 pass:
   #1 compare:
     6    7    12    17    20   50

After sorted data:
  6   7  12  17  20  50
```

眞的需要這麼多的步驟嗎？這可能跟要排序的資料有關。若numbers串列的資料，原爲：

```
numbers = [20, 50, 12, 7, 6, 17]
```

改爲

```
numbers = [10, 50, 12, 17, 26, 37]
```

只要將上述範例程式的numbers串列資料爲上述的資料，其輸出結果如下：

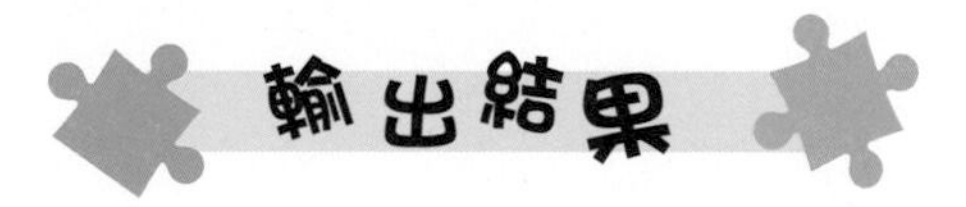


```
Original data:
  10   50   12   17   26   37

#1 pass:
    #1 compare:
      10  50  12  17  26  37
    #2 compare:
      10  12  50  17  26  37
```

```
   #3 compare:
    10  12  17  50  26  37
   #4 compare:
    10  12  17  26  50  37
   #5 compare:
    10  12  17  26  37  50

#2 pass:
   #1 compare:
    10  12  17  26  37  50
   #2 compare:
    10  12  17  26  37  50
   #3 compare:
    10  12  17  26  37  50
   #4 compare:
    10  12  17  26  37  50

#3 pass:
   #1 compare:
    10  12  17  26  37  50
   #2 compare:
    10  12  17  26  37  50
   #3 compare:
    10  12  17  26  37  50

#4 pass:
   #1 compare:
    10  12  17  26  37  50
   #2 compare:
    10  12  17  26  37  50

#5 pass:
   #1 compare:
    10  12  17  26  37  50
```

```
After sorted data:
 10  12  17  26  37  50
```

從輸出結果得知，資料其實在第2步驟就已排序好了。此處可以加入一變數flag藉以判斷是否要繼續排序。首先，在進入比較的迴圈之前，將flag設定爲0。接著，若在某一次的比較中有執行交換的動作，則將flag設爲1。最後，判斷flag是否爲1，若是，則結束迴圈。請參閱以下範例程式。

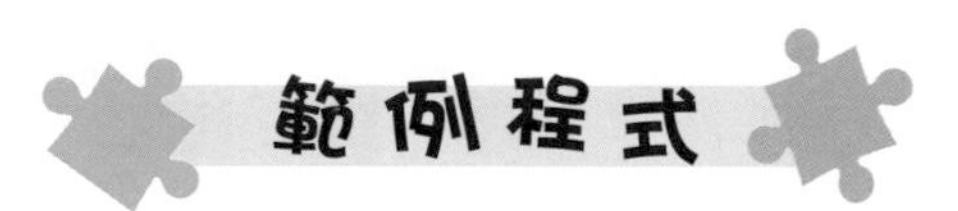

p8-33.py

```
# Bubble sorting: version 3.0
numbers = [10, 50, 12, 17, 26, 37]

print("Original data:")
for x in numbers:
    print('%3d ' %(x), end = '')

# bubble sort
for i in range(len(numbers)-1):
    print('\n\n#%d pass: ' %(i+1), end = '')
    flag = 0

    # compare operation
    for j in range(len(numbers)-i-1):
        if numbers[j] > numbers[j+1]:
            flag = 1
            numbers[j+1], numbers[j] = numbers[j], numbers[j+1]

        print('\n  #%d compare: ' %(j+1))
        for x in numbers:
            print(' %3d' %(x), end = '')
```

```
    if flag == 0:
        break

print("\n\nAfter sorted data:")
for x in numbers:
    print('%3d ' %(x), end = '')
```

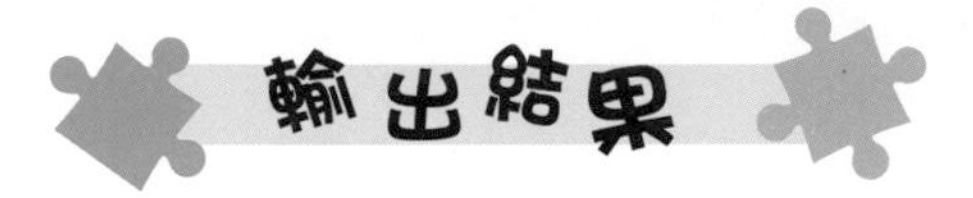


```
Original data:
 10  50  12  17  26  37

#1 pass:
  #1 compare:
    10  50  12  17  26  37
  #2 compare:
    10  12  50  17  26  37
  #3 compare:
    10  12  17  50  26  37
  #4 compare:
    10  12  17  26  50  37
  #5 compare:
    10  12  17  26  37  50

#2 pass:
  #1 compare:
    10  12  17  26  37  50
  #2 compare:
    10  12  17  26  37  50
  #3 compare:
    10  12  17  26  37  50
  #4 compare:
    10  12  17  26  37  50
```

```
After sorted data:
 10  12  17  26  37  50
```

了解氣泡排序的原理後，我們將它應用於產生的大樂透號碼的排序。

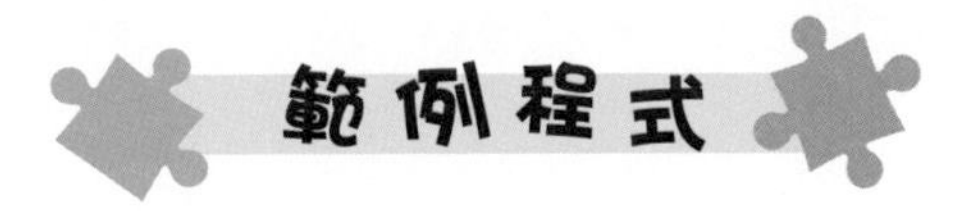

p8-35.py

```
#Lotto number: version 5.0
import random
count = 1
lottoNumbers = []
while count <= 6:
    n = random.randint(1, 49)
    if n not in lottoNumbers:
        lottoNumbers.append(n)
        count += 1

print('Original data:')
for x in lottoNumbers:
    print(x, end = ' ')

# bubble sort
for i in range(len(lottoNumbers)-1):
    flag = 0
    for j in range(len(lottoNumbers)-i-1):
        if lottoNumbers[j] > lottoNumbers[j+1]:
            flag = 1
            lottoNumbers[j+1], lottoNumbers[j] = lottoNumbers[j], lottoNumbers[j+1]
    if flag == 0:
        break

print('\n\nAfter sorted data:')
for x in lottoNumbers:
    print(x, end = ' ')
```

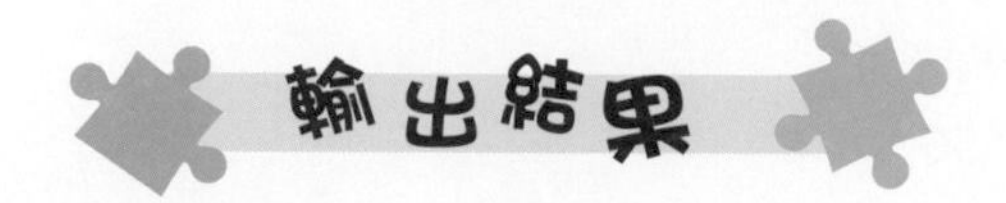

```
Original data:
37 7 13 44 29 35

After sorted data:
7 13 29 35 37 44
```

先暫停，苡凡妳來將氣泡排序以函式的方式表示，然後將串列當做參數傳給 bubbleSort 函式，並以一程式測試之。

啊啊，這雖然有點困難，但我試試看。（經過 15 分鐘）終於寫好了，請看以下範例程式：

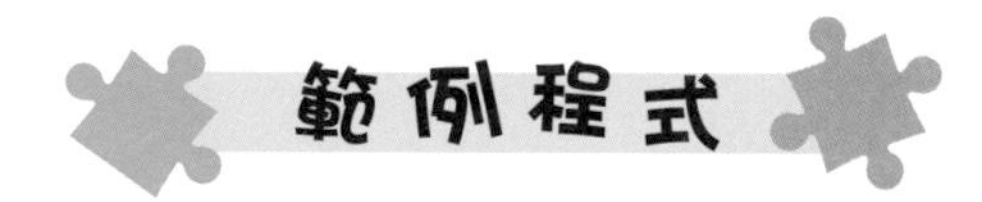

p8-36.py

```
#Lotto number: version 6.0
import random
# Bubble sort
def bubbleSort(dataArray):
    for i in range(len(dataArray)-1):
        flag = 0
        for j in range(len(dataArray)-i-1):
            if dataArray[j] > dataArray[j+1]:
                flag = 1
                dataArray[j+1], dataArray[j] = dataArray[j], dataArray[j+1]
        if flag == 0:
            break

def main():
    count = 1
```

```
    lottoNumbers = []
    while count <= 6:
        n = random.randint(1, 49)
        if n not in lottoNumbers:
            lottoNumbers.append(n)
            count += 1

    print('Original data:')
    for x in lottoNumbers:
        print(x, end = ' ')

    # call bubbleSort function
    bubbleSort(lottoNumbers)

    print('\n\nAfter sorted data:')
    for x in lottoNumbers:
        print(x, end = ' ')

main()
```

```
Original data:
10 32 41 23 26 42

After sorted data:
10 23 26 32 41 42
```

從輸出結果看來是正確的，妳可以講解一下嗎？

好的。我在 main() 函式中，定義 lottoNumbers[] 串列，隨機產生的大樂透號碼若沒有重複，則加入到此串列中，共有六個號碼。最後呼叫 bubbleSort() 函式，並傳送 lottoNumbers 參數給它。

解釋得非常好，我想妳已知道其精髓了。其實妳也可以使用系統提供的 sort() 函式就可以輕易完成。不過上述範例程式旨在讓妳了解氣泡排序的方法是如何運作。接下來繼續談資料結構的另一主題—搜尋。請看以下講義。

8-15-3　搜尋

搜尋（searching），是資料結構的重要主題之一。我們常常要在一堆資料中搜尋某一鍵值，搜尋的結果不是找到鍵值，就是鍵值不在資料中。線性搜尋計有：一是循序搜尋（sequential search）或稱線性搜尋（linear search）；另一個是二元搜尋（binary search）。先來談循序搜尋。

循序搜尋

我們先來看循序搜尋，其表示依序從串列的第一個元素依序與鍵值相比較，直到找到爲止。當然也可能找不到，若要找的鍵值不在串列時，就效率而言，有可能第一個找到，或在最後一個才找到，所以平均而言，若有N筆資料，平均會花N/2的比較。其程式如下所示：

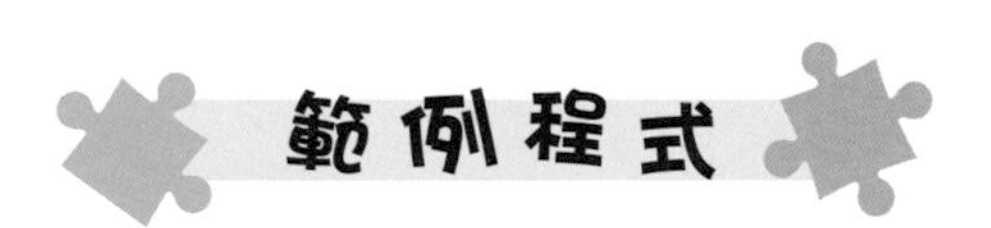

p8-38.py

```
def sequentialSearch(dataList, key):
    for i in range(len(dataList)):
        if key == dataList[i]:
            return i
    return -1
```

```
def main():
    lst = [20, 50, 12, 7, 30 , 8, 11, 33, 56, 19]
    x = eval(input('What number do you want: '))

    # Stop it when x is 999
    while x != 999:
        ans = sequentialSearch(lst, x)
        if ans != -1:
            print('%d is at lst[%d] ' %(x, ans))
        else:
            print('%d is not found' %(x))
        print('')
        x = eval(input('What number do you want: '))
    print('Finish')

main()
```

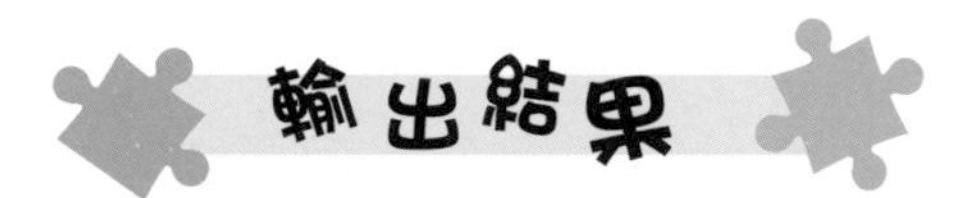


```
What number do you want: 12
12 is at lst[2]

What number do you want: 56
56 is at lst[8]

What number do you want: 11
11 is at lst[6]

What number do you want: 8
8 is at lst[5]
```

```
What number do you want: 9
9 is not found

What number do you want: 999
Finish
>>>
```

不錯，我們先輸入 x 值，然後判斷它是否為 999，若不是，則進入搜尋的動作，之後再輸入 x 值，當 x 等於 999 時，則輸出 Finish 字串。

二元搜尋

循序搜尋又稱暴力搜尋，當資料很大時，其效率不怎樣。其實有一較好的搜尋方式，那就是二元搜尋（binary search）。這種方法大致上和查字典很相似，基本上會先翻一半，比較要查的單字是否比這一頁的單字來得大或小，以決定要往前翻或往後翻。要注意的是，二元搜尋一定要先將資料排序才能運作。假設有一串列 dataList，共有 100 個元素，其要找的鍵值為 key，二元搜尋的運作如圖 8-4 所示：

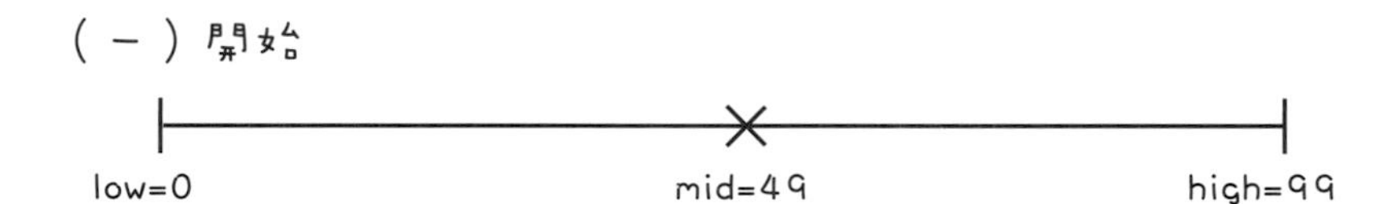

(二) 當 dataList[mid] < key 時，則往右半部搜尋：

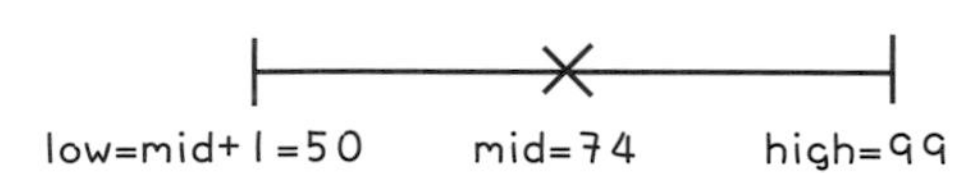

(三) 當 dataList[mid] > key 時，則往左半部搜尋：

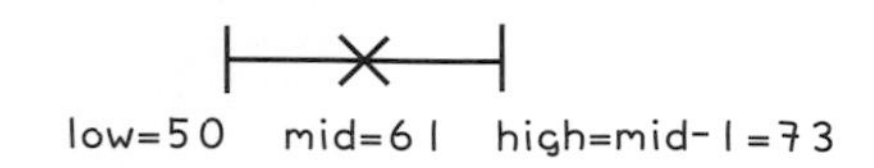

(四) 當 dataList[mid] == key 時，則找到，結束搜尋。
答案就是 dataList[61]

● 圖8-4　二元搜尋示意圖

其對應的片段程式如下所示：

```
def binarySearch(dataList, key):
    low = 0
    high = len(dataList) - 1
    while low <= high:
        mid = (low + high) // 2
        if key < dataList[mid]:
            high = mid - 1
        elif key == dataList[mid]:
            return mid
        else:
            low = mid + 1
    return -1
```

這裡有三個變數，一為low，二為high，三為mid。在while迴圈中，若low > high時，迴圈就會結束。開始時mid是(low+high) // 2 ，之後判斷要找的鍵值key是否小於dataList 串列中索引為mid的元素值，亦即dataList[mid]，若是，則將high 改為mid -1，而low不變。若不是，表示key大於dataList 串列中索引為mid的元素值，此時將low改為mid + 1，而high不變。

苡凡，妳來看看以下的範例程式哪裡有錯誤？

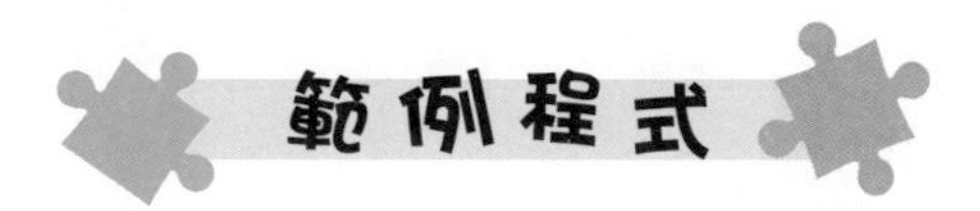

p8-41.py

```
def binarySearch(dataList, key):
    low = 0
    high = len(dataList) - 1
    while low <= high:
        mid = (low + high) // 2
        if key < dataList[mid]:
```

```
            high = mid - 1
        elif key == dataList[mid]:
            return mid
        else:
            low = mid + 1
    return -1

def main():
    lst = [20, 50, 12, 7, 30 , 8, 11, 33, 56, 19]
    x = eval(input('What number do you want: '))

    # Stop it when x is 999
    while x != 999:
        ans = binarySearch(lst, x)
        if ans != -1:
            print('%d is at lst[%d] ' %(x, ans))
        else:
            print('%d is not found' %(x))
        print('')
        x = eval(input('What number do you want: '))
    print('Finish')

main()
```

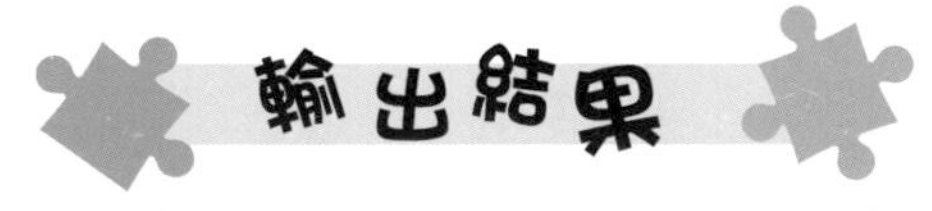


```
What number do you want: 20
20 is at lst[0]

What number do you want: 50
50 is not found

What number do you want: 8
8 is not found
```

```
What number do you want: 6
6 is not found

What number do you want: 999
Finish
```

我看了一會兒，明明 8 在串列中有出現，為何找不到？喔！我看到了，此範例程式沒有做排序的動作，因此，我加了此項任務的片段程式，阿志哥，您看看。

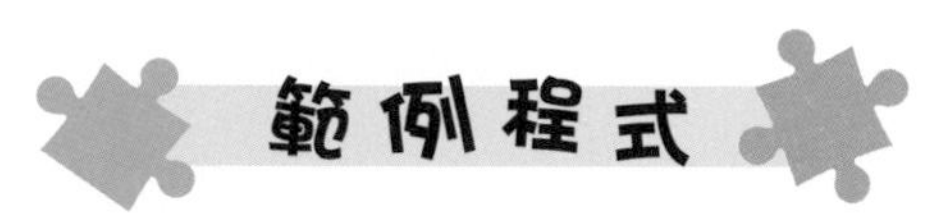

p8-43.py

```
def binarySearch(dataList, key):
    low = 0
    high = len(dataList) - 1
    while low <= high:
        mid = (low + high) // 2
        if key < dataList[mid]:
            high = mid - 1
        elif key == dataList[mid]:
            return mid
    else:
        low = mid + 1
    return -1

def main():
    lst = [20, 50, 12, 7, 30 , 8, 11, 33, 56, 19]

    print('Original data:')
    for x in lst:
        print('%3d ' %x, end = '')
    print()
```

```
    #sorting the lst
    lst.sort()
    print('\nSorted data:')
    for x in lst:
        print('%3d ' %x, end = '')
    print('\n')

    x = eval(input('What number do you want: '))
    # Stop it when x is 999
    while x != 999:
        if x == 999:
            break
        ans = binarySearch(lst, x)
        if ans != -1:
            print('%d is at lst[%d] ' %(x, ans))
        else:
            print('%d is not found' %(x))
        print('')
        x = eval(input('What number do you want: '))
    print('Finish')

main()
```

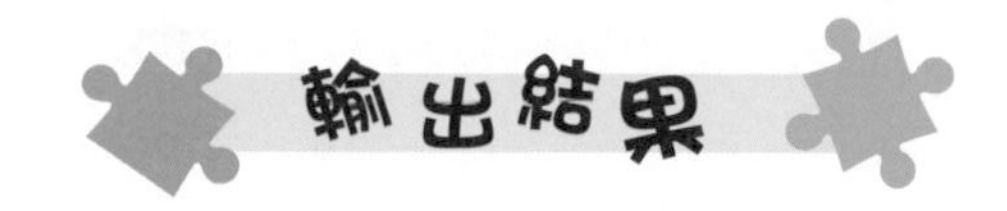


```
Original data:
 20  50  12   7  30   8  11  33  56  19

Sorted data:
  7   8  11  12  19  20  30  33  50  56

What number do you want: 56
56 is at lst[9]

What number do you want: 7
7 is at lst[0]

What number do you want: 20
20 is at lst[5]

What number do you want: 8
8 is at lst[1]

What number do you want: 87
87 is not found

What number do you want: 999
Finish
>>>
```

非常棒，妳做得很好。一定要注意，二元搜尋只能用於串列的資料已由小至大排序好了才可以。當妳將原始串列元素值加以排序後，其元素值的順序位置就會改變。其實要搜尋某一元素，也可以使用前面 8-4 節所談及的 index(x) 函式（第 8-10 頁）加以取得。此處旨在讓妳知道二元搜尋運作的原理及其實作。

我知道，其實要先知道其原理後，再使用系統提供的函式，此時也比較充實，同時也可以大略地知道所使用函式的作法。

8-16 split()方法

本節將利用split()方法將字串轉換為串列，請看以下範例程式

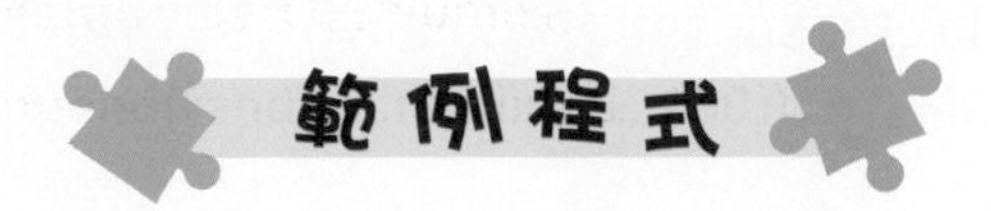

p8-46.py

```
lst5 = 'Learning Python now'.split()
print(lst5)

lst6 = '2022/01/18'.split('/')
print(lst6)
```

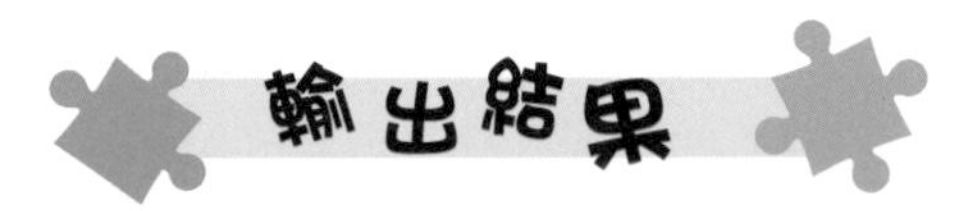


```
['Learning', 'Python', 'now']
['2022', '01', '18']
```

lst5串列是將字串 'Learning Python now' 以空白分隔資料，因爲split()方法中沒有參數，而lst6是將字串'2022/01/18'，以 / 分隔資料，因爲split() 的參數是 '/'。所以如何分隔字串的資料，是依據split() 方法的參數而定。

1. 試問下列程式的輸出結果：

(a)

```
animalsList = ['Cow', 'Rabbit', 'Monkey', 'Snake', 'Horse', 'Sheep', 'Chicken']
print(len(animalsList))
print('')

for i in range(len(animalsList)):
    print('animalsList[%d] = %s'%(i, animalsList[i]))
print('')

print(animalsList[1:3])
print('')

animalsList.append('Dragon')
animalsList.pop(0)
animalsList.insert(0, 'Rat')
animalsList.remove('Snake')
print(animalsList)
print('')

animalsList.reverse()
print('After reverse: ')
print(animalsList)
print('')

animalsList.sort()
print('After sorting: ')
print(animalsList)
print('')
```

```
print('max. value of animalsList is %s'%(max(animalsList)))
print('min. value of animalsList is %s'%(min(animalsList)))
print('')

for x in animalsList:
    print(x)
print('')

i = 0
for x in animalsList:
    print('animalsList[%d] = %s'%(i, animalsList[i]))
    i += 1
print('')
```

(b)

```
numbersList = [1, 2, 3, 5, 6, 7]
print(numbersList)
print(4 in numbersList)
print(1 in numbersList)

print('numbersList has following data:')
for i in numbersList:
    print(i)

numbersList.append(4)
numbersList.insert(0, 0)
print('After append(4) and insert(0, 0)')
print(numbersList)
```

```
numbersList.pop(3)
numbersList.remove(7)
print('After pop(3) and remove(7):')
print(numbersList)

print(max(numbersList))
print(min(numbersList))
print(sum(numbersList))

floatingList = [1.2, 3.5, 6.7]
for j in floatingList:
    print(j)

numbersList.extend(floatingList)
print('After extend(floatingList):')
print(numbersList)

numbersList.sort()
print('Afer sorting:')
print(numbersList)

numbersList.reverse()
print('After reverse:')
print(numbersList)
```

2. 除錯題

(a)

```
def addElements(list2):
    for i in range(10):
        i.append(i)

def main():
    list1 = [1.2, 2.3, 3.4]
    print('Before append elements:')
    for x in list1:
        print(x)
    print()

    #call addElements
    addElements(list1)
    print('After append elements:')
    for x in list1:
        print(x)
```

(b) 以下是小王所撰寫的二元搜尋程式碼，有一些錯誤，請加以訂正。

```
def binarySearch(dataList, key):
    low = 0
    high = len(dataList) - 1
    while low <= high:
        mid = (low + high) // 2
        if key < dataList[mid]:
            high = mid + 1
        elif key == dataList[mid]:
            return mid
```

```
        else:
            low = mid - 1
    return -1

def main():
    lst = [10, 30, 12, 71, 3 , 18, 19, 33, 56, 29]

    x = eval(input('What number do you want: '))
    # Stop it when x is 999
    while x != 999:
        ans = binarySearch(lst, x)
        if ans != -1:
            print('%d is at lst[%d] ' %(x, ans))
        else:
            print('%d is not found' %(x))
        print('')
    print('Finish')

main()
```

3. 假設有一串列的資料如下：

   myList = [3, 56, 78, 23, 66, 77, 43, 7, 90, 65]

   試分別利用循序搜尋與二元搜尋方法，提示使用者輸入欲找尋的數值，如23或65，然後顯示利用這兩種搜尋方法，各花幾次的比較才找到此數值。當然，有可能找不到，不過你也要顯示幾次的比較。使用二元搜尋記得要將串列加以排序。

4. 請先在main() 函式定義一個yourList一維串列的個數及初始值，之後呼叫一接收yourList參數的minMax函式。此函式試圖找出此串列的最小值與最大值，最後將最小值與最大值回傳給main() 函式，並加以印出。

選擇題

(　　) 1. 試問下列哪一敘述是對的

(A)串列中的資料，其型態必需是一致的

(B)串列中的資料，其索引是從1開始

(C)資料中的資料，其索引可為負數，其表示將此負數加上此串列的長度

(D)Python的串列是以左、右大括號 { } 括住串列所包含的資料

(　　) 2. 試問下列哪一敘述是對的，假設有一串列lsta

(A)若要計算串列lsta，則可使用length(lsta)表示之

(B)若要計算串列lsta的最大值和最小值，則可使用maxi(lsta)和mini(lsta)

(C)若要計算串列lsta所有元素的總和，則可使用total(lsta)

(D)lsta[2]表示串列lsta索引為2的資料，亦即是串列lsta的第三個元素

(　　) 3. 試問下列哪一敘述是錯的，假設有一串列lstb

(A)利用lstb.append(item)方法，加入元素item於串列lstb的尾端

(B)利用lstb.insert(2, item)方法，將元素item加入於串列lstb索引為2的位置

(C)利用lstb.pop(3)方法可將串列lstb索引為3的元素刪除，而lstb.pop()則刪除lstb串列的第一個元素

(D)利用lstb.remove(item)將元素item，從串列lstb中刪除之

(　　) 4. 試問下列哪一敘述是錯的，假設有一串列lstc

(A)利用in和not in分別判斷某一元素是否存在於串列中

(B)利用lstc.sort() 將串列lstc的元素由大至小加以排序

(C)利用lstc.count(item)計算在lstc串列中元素item的數量

(D)利用lstc.reverse()表示將lstc串列的元素反轉，而random.shuffle(lstc)表示示將lstc串列加以洗牌

簡答題

1. 有一串列如下：

   lst = [10, 20, 3, 5, 21, 89, 22, 8]

   試問以下敘述的輸出結果為何？假設每一行的程式是有連續性的，亦即上一敘述會影響下一敘述。

   (a) lst.append(66)

   (b) lst.insert(2, 22)

   (c) lst.pop()

   (d) lst.pop(1)

   (e) lst.append(10)

   (f) lst.remove(10)

   (g) lst.sort()

   (h) lst.reverse()

   (i) lst.count(22)

   (j) lst.index(89)

   (k) len(lst)

   (L) sum(lst)

   (m) max(lst)

2. 試問下列敘述的結果：

   (a) lst1 = 'Python is fun'.split()

   (b) lst2 = '10:55:38'.split(':')

   (c) lst3 = [x for x in range(1, 10)]

3. 有一串列如下：

   lst4 = [1, 2, 3, 4, 5, 6]

   試問下列敘述的結果:

   (a) lst4[2]

   (b) lst4[1:5]

   (c) lst4[0:-3]

   (d) lst4[-2:5]

   (e) lst4[-1:]

實作題

1. 試問下一程式的輸出結果：(先紙上作業，然後將以下的程式輸入並執行之，最後驗證你的答案是否正確。)

```
animalsList = ['Pig', 'Dog', 'Monkey', 'Snake', 'Cow', 'Sheep', 'Chicken']
print(len(animalsList))
print('')

for i in range(len(animalsList)):
    print('animalsList[%d] = %s'%(i, animalsList[i]))
print('')

print(animalsList[1:3])
print('')

animalsList.append('Dragon')
animalsList.pop(0)
```

```
animalsList.insert(2, 'Tiger')
animalsList.remove('Snake')
print(animalsList)
print('')

animalsList.reverse()
print('After reverse: ')
print(animalsList)
print('')

animalsList.sort()
print('After sorting: ')
print(animalsList)
print('')

print('max. value of animalsList is %s'%(max(animalsList)))
print('min. value of animalsList is %s'%(min(animalsList)))
print('')

for x in animalsList:
    print(x)
print('')

i = 0
for x in animalsList:
    print('animalsList[%d] = %s'%(i, animalsList[i]))
    i += 1
print('')
```

2. 修改實習題目第3題（P8-51），以隨機產生100個介於1～1000之間的整數置放於randList串列中，其他事項如實習題目第3題所述，不過欲找尋的數值可以由使用者輸入。

3. 修改實習題目第4題（P8-51），改以隨機產生100個介於1～10000之間的整數置放於yourList2串列中，其他事項如實習題目第4題所述。

4. 試撰寫一程式，首先以隨機方式產生100個介於1～1000的整數於一維串列origiList，接著以第8-15-2節（P8-26）中的氣泡排序法加以排序之。請以每一列顯示十個資料列出排序前、後的元素值。（可以不必每次顯示比較的過程）

5. 承上題，將排序的動作交給sort() 方法來處理，看看其結果如何。

6. 將本章第8-15-1節（P8-22）的大樂透範例程式加以修改可當作威力彩的數字。威力彩共有二區，第一區是從1～38的數字中選取六個，再從第二區的1～8數字選取一個。記得以排序後數字顯示之。

7. 將上述習題作業4（P8-56）以第七章所談的函式加以模組化，以getWithRandom()函式取得一維串列的資料，以bubbleSort() 函式接收一個一維串列的參數，再加以排序，最後以display() 函式同樣接收一個一維串列的參數加以印出。

8. 試撰寫一程式，提示使用者輸入10個學生的資料於scores的一維串列中，然後利用以下的公式計算其分數所屬的等級

   a.若分數減去平均分數大於等於5，則為A

   b.若分數減去平均分數大於等於2，則為B

   c.若分數減去平均分數大於等於0，則為C

   d.其餘則為C

進階的資料儲存方式

當資料的種類項目和屬性增加時，則需靠進階版的資料儲存方式來處理，Python 利用二維串列，有如一平面的置物櫃，而三維串列則有如立方體的置物櫃，存取方便且有效率。

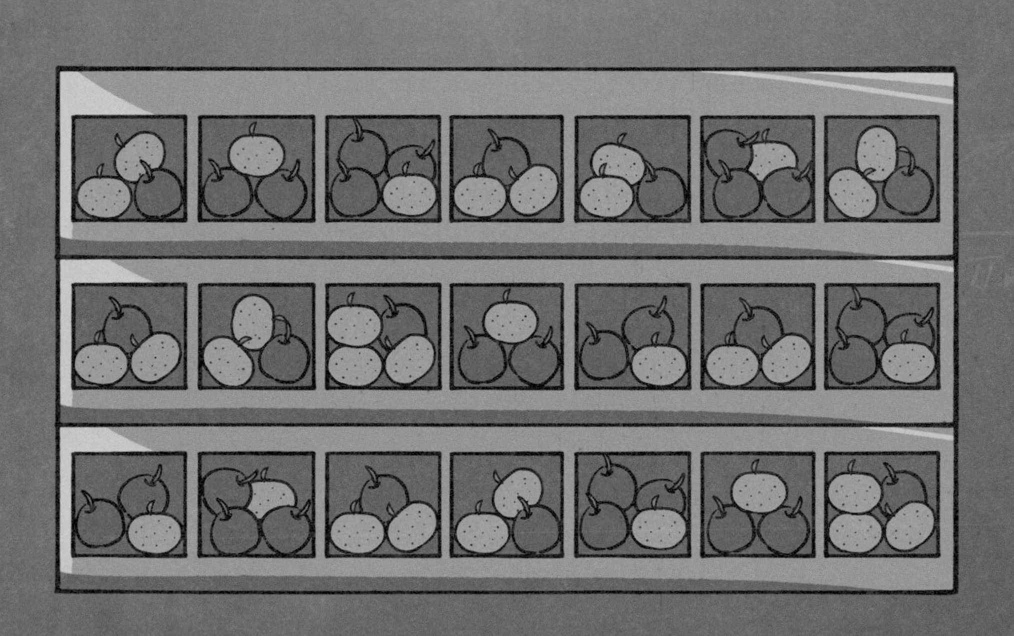

在第八章介紹如何使用一維串列儲存線性元素集合。本章將討論二維串列。妳可以將二維串列看成是多個一維串列所組合而成的。通常使用二維串列來儲存矩陣（matrix）或表格（table）。若將一維串列比喻為線性，則二維串列可視為一個面。

阿志哥，可否舉一例子來說明？

好的。比方說，以下列出城市間距離的表格，可利用名為 distances 的二維串列來儲存。表 9-1 是美國一些城市之間的距離。

表9-1　美國一些城市的距離（以英哩為單位）

	Chicago	Boston	New York	Miami	Dallas	Houston
Chicago	0	983	787	1375	967	1087
Boston	983	0	214	1763	1723	1842
New York	787	214	0	1549	1548	1627
Miami	1375	1763	1549	0	1426	1187
Dallas	967	1723	1548	1426	0	239
Houston	1087	1842	1627	1187	239	0

在 distances 的每一列可視另一串列，所以 distances 可考慮是巢狀串列（nested list）。此範例是使用二維串列來儲存二維資料。

完全了解。那二維串列的運作和一維串列的運作相似嗎？

由於都是串列，所以運作上大致相似，只是二維串列有比較多的事項要處理。雖然繁瑣但不難。我會一一為妳解說，請看以下的講義。

講義

9-1 二維串列概述

二維串列裡的元素可透過列與行索引值存取。您可以想像二維串列是包含列的串列，每一列是包含數值的串列，每一列可使用所謂的列索引（row index）來擷取，每一列的值可使用所謂的行索引（column index）來擷取。名為array2的二維串列如圖9-1所示。

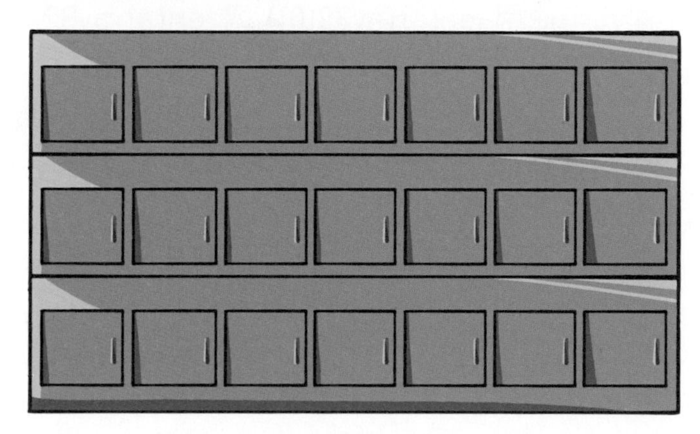

● 圖9-1 二維串列裡的值可經由列與行的索引值來擷取

array2中的數值可經由array2[i][j]來存取，此處的i和j分別是列和行的索引值。

以下小節是使用二維串列的一些範例。

這比一維串列來得複雜，因為二維串列是由行與列所組成的。

沒錯。在二維串列中，我們必須知道如何得到二維串列有多少列和多少行。如以下的範例程式所示：

範例程式

p9-3.py

```
array32 = [[11, 12], [21, 22], [31, 32]]
print('Number of rows: %d'%(len(array32)))
print('Number of columns: %d'%(len(array32[0])))
```

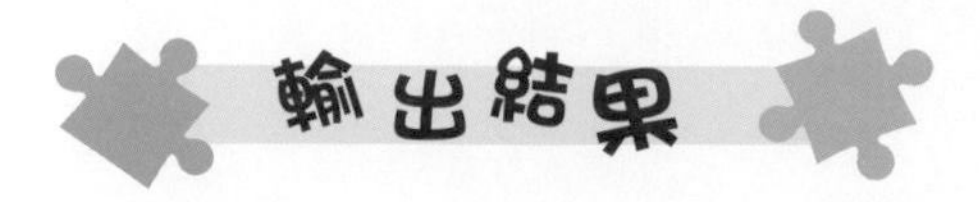

```
Number of rows: 3
Number of columns: 2
```

其中 len(array32) 表示 array32 串列有多少列。而 len(array32[0]) 表示 array32 第一列的行數，其為 2。妳也可得知 len(array32[1] 其答案應該也是 2，其表示 array32 的第二列有二個行。

所以在程式中使用 len(array32[0]) 或 len(array32[1]) 來控制行數皆可以。

沒錯，我們會在以下的範例程式用到它。以下是二維串列基本的運作。請看以下講義。

9-2 初始串列

您可以利用輸入的值來初始二維串列。在二維串列的運算中一定會用到巢狀for迴圈，請參閱下一範例程式：

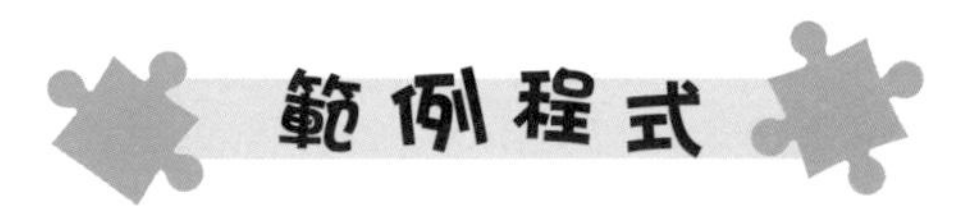

p9-4.py

```
array2 = []
numberOfRows = eval(input("Enter the number of rows: "))
numberOfColumns = eval(input("Enter the number of columns: "))
for row in range(numberOfRows):
    array2.append([])
    for column in range(numberOfColumns):
```

```
        value = eval(input("Enter the value: "))
        array2[row].append(value)

print(array2)
```

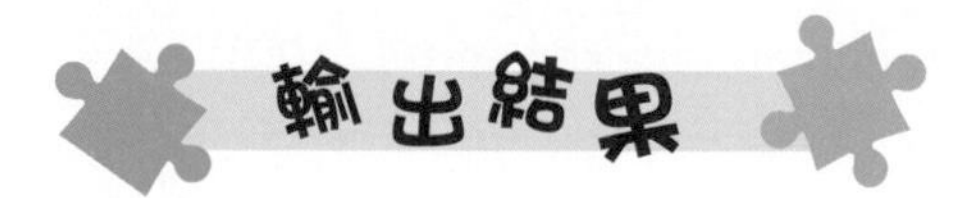


```
Enter the number of rows: 2
Enter the number of columns: 3
Enter the value: 10
Enter the value: 20
Enter the value: 30
Enter the value: 40
Enter the value: 50
Enter the value: 60
[[10, 20, 30], [40, 50, 60]]
```

程式中的array2 = [] 敘述表示建立一空串列，而array2.append([]) 表示將附加一空串列，成為二維串列。程式中array2[row].append(value)乃將每一元素加入於array2的二維串列，其運作的順序如下所示：

[[10]]，[[10, 20]]，[[10, 20, 30]]，[[10, 20, 30], [40]]，[[10, 20, 30], [40, 50]]， [[10, 20, 30], [40, 50, 60]]。

除此之外還有較便利的方法來初始串列嗎？

當然有，妳可以利用隨機的方式產生數值來初始串列。以下範例程式乃利用巢狀迴圈，產生 1 到 100 之間的隨機數值來初始化串列：

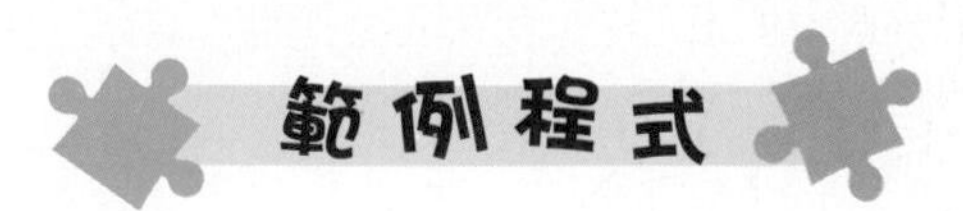

p9-5.py

```
import random
array2 = []
numberOfRows = eval(input("Enter the number of rows: "))
```

```
numberOfColumns = eval(input("Enter the number of columns: "))
for row in range(numberOfRows):
    array2.append([])
    for column in range(numberOfColumns):
        array2[row].append(random.randint(1, 100))

print(array2)
```

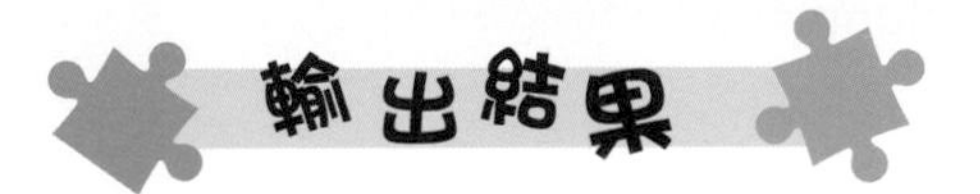

```
Enter the number of rows: 2
Enter the number of columns: 3
[[96, 12, 82], [87, 99, 6]]
```

9-3　印出二維串列的每一元素

要印出二維串列的每一元素，必須使用多重迴圈才能印出串列裡的各個元素，如下程式所示：

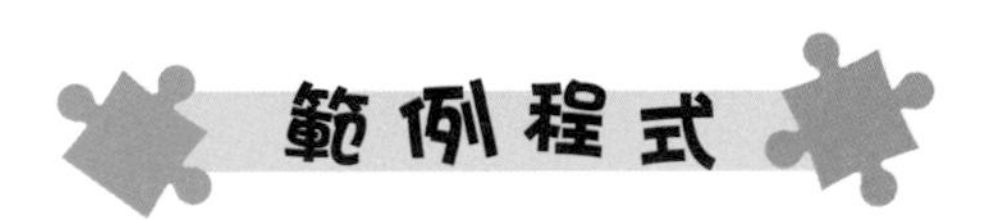

p9-6.py

```
array2 = [[11, 12, 13], [21, 22, 23], [31, 32, 33]]
for row in range(len(array2)):
    for column in range(len(array2[row])):
        print(array2[row][column], end = ' ')
    print()
```

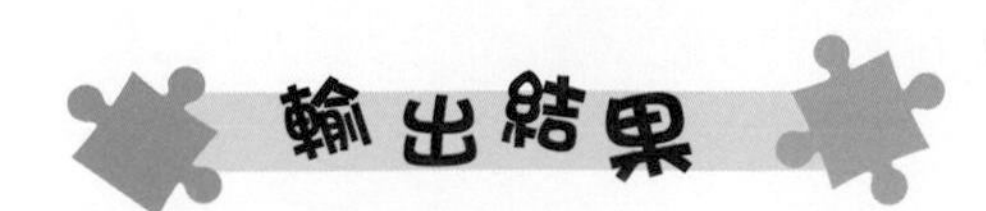

```
11 12 13
21 22 23
31 32 33
```

外迴圈的範圍是此二維串列有多少列 (len(array2))，而內迴圈的範圍則是每一列下有多少行 (len(array2[row]))。也可以撰寫以下的程式碼來輸出：

p9-7-1.py

```
array2 = [[11, 12, 13], [21, 22, 23], [31, 32, 33]]
for row in array2:
    for value in row:
        print(value, end = ' ')
    print()
```

輸出結果同上。外迴圈表示走訪 array2 串列所有的列，而內迴圈表示走訪每一列的元素。其輸出結果同上，但這好像比較簡潔。從字義上很容易可以看出其意思。

苡凡，妳利用上述的範例程式將陣列的所有元素加總。

好的。（經過 1 分鐘）程式如下：

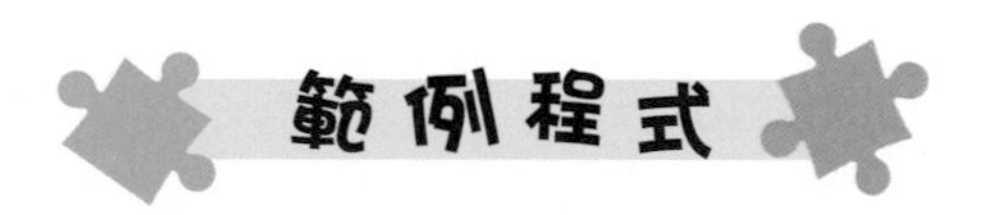

p9-7-2.py

```
array2 = [[11, 12, 13], [21, 22, 23], [31, 32, 33]]
total = 0
for row in array2:
    for value in row:
        total += value

print("Total is", total)
```

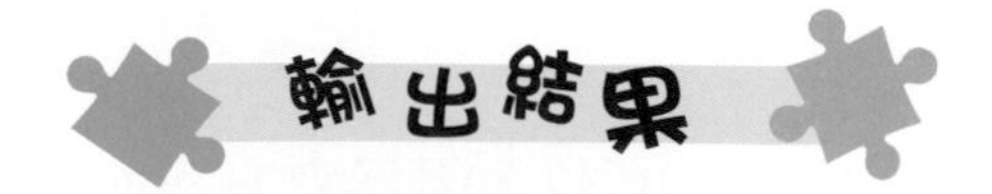


```
Total is 198
```

其實這範例程式承襲了上一程式，只是將每一個元素加總而已。使用名爲total的變數來儲存總和。total一開始爲0。

提醒妳一下，二維串列的每一列不一定要有相同的元素，如

array2 = [[1,2,3], [4,5], [6,7,8]]

其中第 3 列 array2[1] 只有 2 個元素，其餘第 1 列 array2[0] 和第 3 列 array2[2] 有 3 個元素，此串列稱為不規則二維串列。

哇！那真的很有彈性。

9-4　加總每一行

以上是將串列的所有元素加總，有時也會對每一列或每一行做加總。以下是對每一行做加總。如下程式所示：

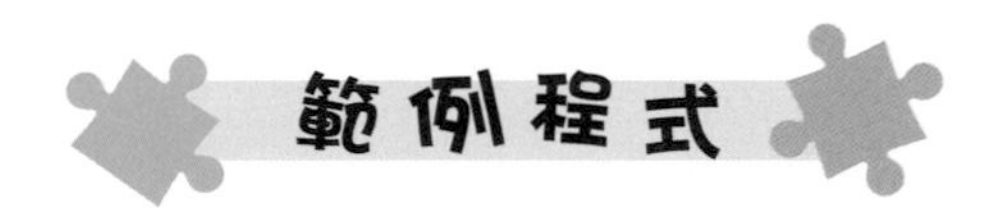

p9-8.py

```
array2 = [[11, 12, 13], [21, 22, 23], [31, 32, 33]]
for column in range(len(array2[0])):
    total = 0
    for row in range(len(array2)):
        total += array2[row][column]
    print('Sum for column %d is %d'%(column, total))
```

輸出結果

```
Sum for column 0 is 63
Sum for column 1 is 66
Sum for column 2 is 69
```

外迴圈先定第一行，範圍從0到2，因爲它有三行。而內迴圈會走訪串列的列數，從0到2共三列。使用名爲total的變數來加總array2[row][column]。

9-5 檢視哪一列有最大的總和

上述是加總每一行的做法，但在加總每一列就簡單多了，因爲我們使用sum(array2[0]) 就可以得到第一列的總和。範例程式如下所示：

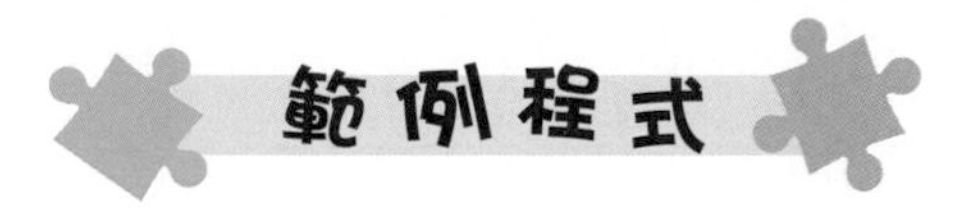

p9-9.py

```
array2 = [[11, 12, 13], [21, 22, 23], [31, 32, 33]]
maxRow = sum(array2[0])
indexOfMaxRow = 0

for row in range(1, len(array2)):
    temp = sum(array2[row])
    if temp > maxRow:
        maxRow = temp
        indexOfMaxRow = row
print("Row %d has the maximum sum: %d"%(indexOfMaxRow, maxRow))
```

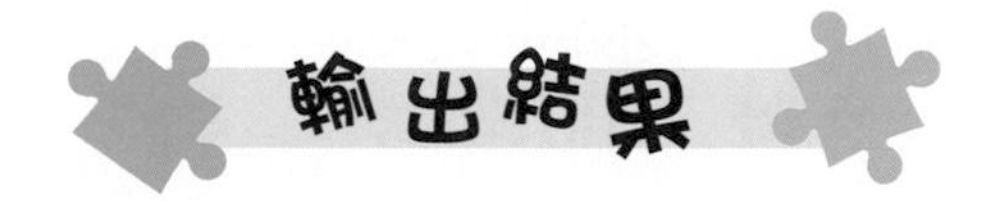


```
Row 2 has the maximum sum: 96
```

程式中的

```
maxRow = sum(array2[0])
indexOfMaxRow = 0
```

先假設第一列的和是最大的。使用變數maxRow與indexOfMaxRow來追蹤列裡的最大總和與索引值。針對每一列，計算其總和，並在有新的總和較大時，更新maxRow與indexOfMaxRow。

接下來利用迴圈計算其餘的列的總和，並加以比較是否較大，若是，則將其值指定給maxRow，其索引值指定給indexOfMaxRow。

9-6 重排串列的元素

二維串列元素重排，表示將某一列與某一行的值和它列與它行對調。可以利用以下的程式達成。

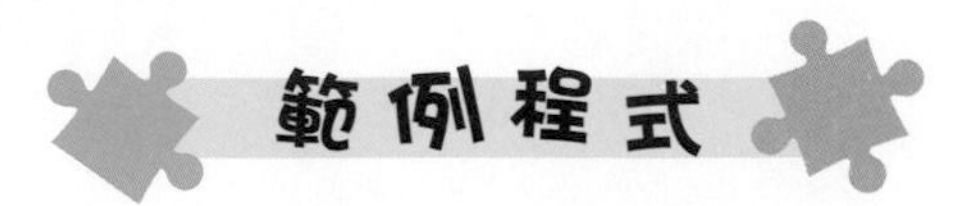

p9-10.py

```
import random
array2 = [[9, 21], [1, 33], [6, 2], [5, 3], [4, 7]]

print('Before shuffle:')
print(array2)
for row in range(len(array2)):
    for column in range(len(array2[row])):
        x = random.randint(0, len(array2)-1)
        y = random.randint(0, len(array2[row])-1)

        #swap array2[row][column] with array2[x][y]
        array2[row][column], array2[x][y] = array2[x][y], array2[row][column]

print('\nAfter shuffle:')
print(array2)
```

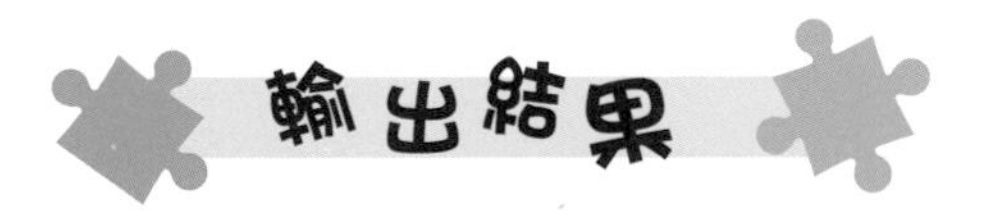


```
Before shuffle:
[[9, 21], [1, 33], [6, 2], [5, 3], [4, 7]]

After shuffle:
 [[33, 21], [4, 2], [9, 7], [1, 5], [3, 6]]
```

利用隨機產生0～4其中一數值給x與0～1其中數值給y，分別表示列與行。再利用

```
array2[row][column], array2[x][y] = array2[x][y], array2[row][column]
```

將目前的row與column對調。

9-7 排序

前一章，我們利用 sort 函式來排序一維串列，是否也可以利用 sort 函式來排序二維串列呢？

是的，妳可使用 sort 方法來排序二維串列。其運作的原理是先排序每一列的第一個元素，若相同，再以第二個元素加以排序，依此類推。例如：

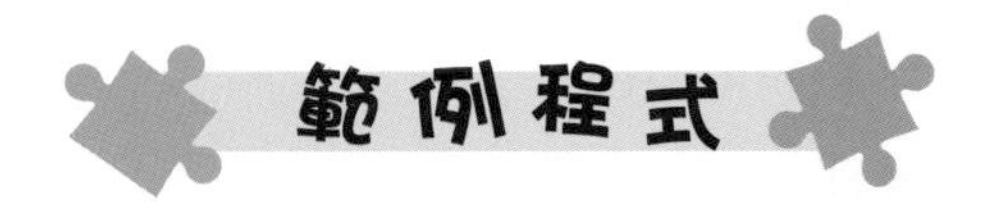

p9-11.py

```
array2 = [[9, 21], [1, 33], [6, 2], [5, 3], [4, 7], [6, 1], [2, 8]]
array2.sort()
print(array2)
```

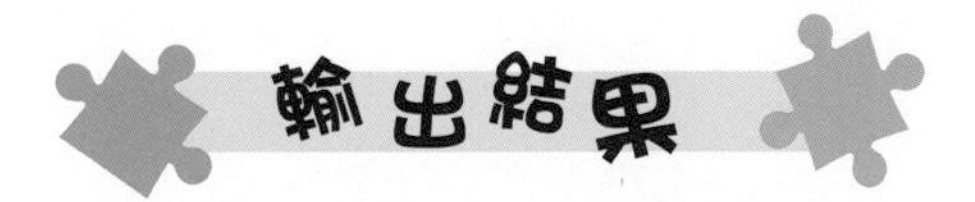


```
[[1, 33], [2, 8], [4, 7], [5, 3], [6, 1], [6, 2], [9, 21]]
```

其中 [6, 1] 會排在 [6, 2] 的前面，因為1比2小。

9-8　傳遞二維串列給函式

如同傳遞一維串列一般，我們可傳遞二維串列給函式，當我們傳遞二維串列給函式時，實際上傳遞的是串列的參考。同時函式也可以回傳串列。

以下範例程式提供了兩個函式。第一個函式爲getData()，會回傳一個二維串列arrayTwo，第二個函式爲total(array2)，會回傳array2陣裡所有元素的總和tot。

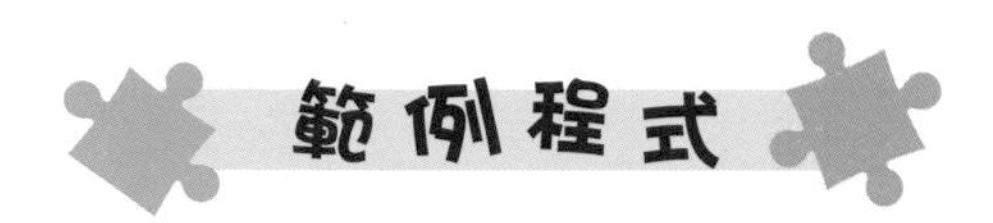

p9-12.py

```
def getData():
    arrayTwo = []
    numberOfRows = eval(input("How many rows? "))
    numberOfColumns = eval(input("How many columns? "))
    for row in range(numberOfRows):
        arrayTwo.append([])
        for column in range(numberOfColumns):
            data = eval(input("Enter a value and press Enter: "))
            arrayTwo[row].append(data)
    return arrayTwo

def total(array2):
    tot = 0
    for row in array2:
        tot += sum(row)
    return tot

def main():
    array2Data = getData()
    print(array2Data)
    print("Sum of all elements is", total(array2Data))

main()
```

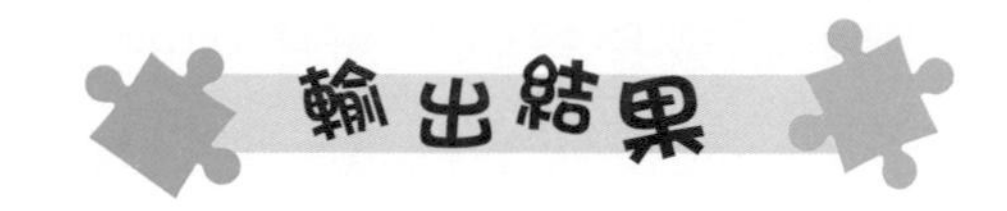


```
How many rows? 2
How many columns? 2
Enter a value and press Enter: 100
Enter a value and press Enter: 200
Enter a value and press Enter: 300
Enter a value and press Enter: 400
[[100, 200], [300, 400]]
Sum of all elements is 1000
```

函式getData提示使用者輸入arrayTwo二維串列的元素值，然後回傳此串列給main()函式的array2Data。

函式total有一個二維串列array2的引數。它回傳此串列中所有元素的總和，其中sum(row)表示將row這一列的元素做加總。

注意！main()函式中的array2Data串列和total()函式的array2串列是相同的串列，只是名稱不同而已。

9-9 三維串列

除了二維串列外，有時需要建立 n 維串列來儲存資料。三維串列可以想像是一立方體。如圖 9-2 所示：

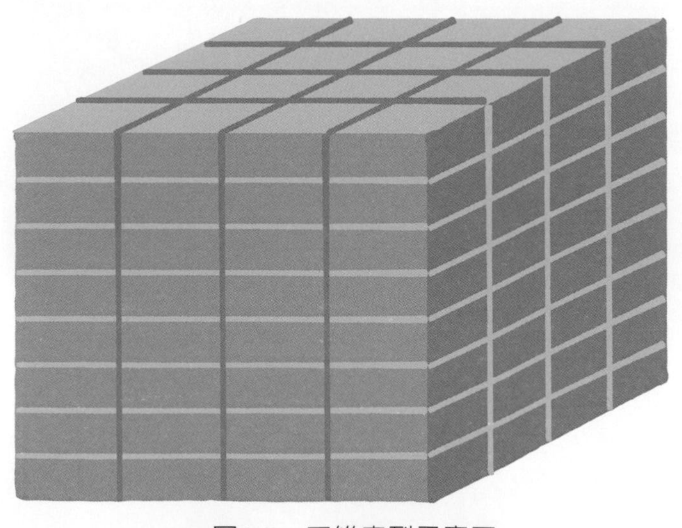

● 圖9-2 三維串列示意圖

那可以將三維串列看成是多個二維串列所組成的，若將二維串列視為平面，則多個平面便可組合成一立方體囉！

沒錯，可以這樣看待。妳可利用三維串列儲存某位學生的微積分、會計、程式設計概論的期中考與期末考分數。如：

```
studentScores = [
    [[87, 90], [80, 88], [91, 82]],
    [[72, 82], [81, 84], [88, 76]],
    [[87, 84], [79, 86], [85, 89]],
    [[88, 85], [82, 83], [71, 68]],
    [[79, 82], [80, 78], [71, 76]],
    [[88, 80], [82, 86], [81, 66]],
    [[83, 70], [70, 77], [91, 96]],
    [[87, 92], [80, 80], [71, 66]]]
```

其中studentScores[0][0][0]表示第一位學生、微積分、期中考分數爲87，studentScores[0][1][0]表示第一位學生、會計、期中考分數爲80，studentScores[0][2][1]表示第一位學生、程式設計概論、期末考分數爲82。studentScores[1][1][1]表示第二位學生、會計、期末考分數爲84分。依此類推。

若以圖形表示的話，如圖9-3所示：

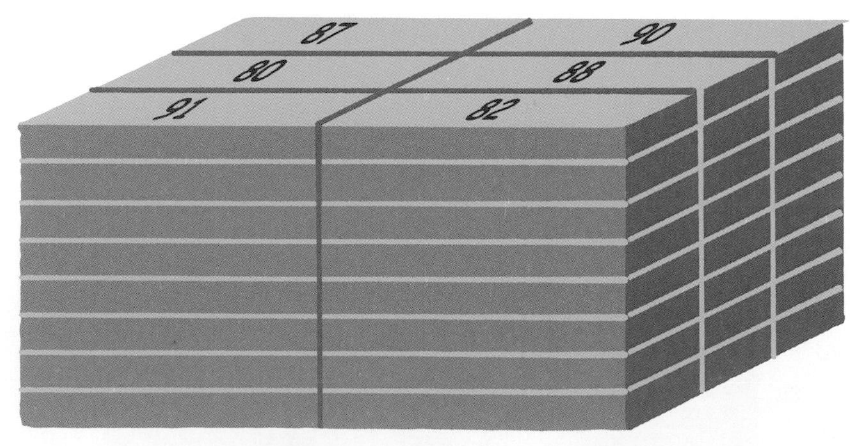

● 圖9-3　上述範例程式示意圖

因為可以將立方體的面看成是學生的集合，而在面中分為三列、二行。列表示微積分、會計、程式設計概論，共三列，而行可以表示為期中考與期末考分數，共二行。以上八位學生組合成上述的三維串列。

9-9-1 計算每位學生的平均分數

承上所述，接下來我們要來計算每位學生的平均分數，其中每科目的期中考佔 40%，期末考佔 60%。請參閱以下範例程式：

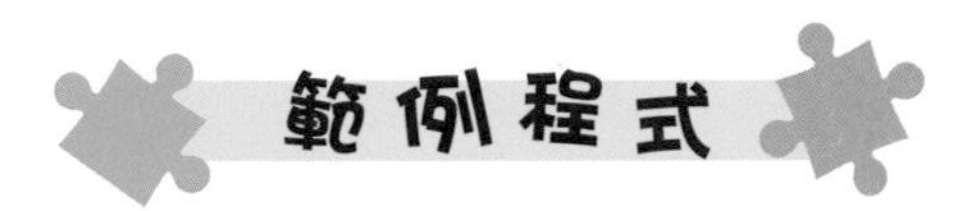

p9-15.py

```
studentScores = [
    [[87, 90], [80, 88], [91, 82]],
    [[72, 82], [81, 84], [88, 76]],
    [[87, 84], [79, 86], [85, 89]],
    [[88, 85], [82, 83], [71, 68]],
    [[79, 82], [80, 78], [71, 76]],
    [[88, 80], [82, 86], [81, 66]],
    [[83, 70], [70, 77], [91, 96]],
    [[87, 92], [80, 80], [71, 66]]]

for x in range(len(studentScores)):
    totalScore = 0
    for y in range(len(studentScores[x])):
        print(studentScores[x][y][0], "---", studentScores[x][y][1])
        totalScore += studentScores[x][y][0] * 0.4 + studentScores[x][y][1] * 0.6
    averageScore = totalScore / 3
    print('#%d: %6.2f'%(x+1, averageScore))
    print()
```

輸出結果

```
87 --- 90
80 --- 88
91 --- 82
#1:  86.40

72 --- 82
81 --- 84
88 --- 76
#2:  80.53

87 --- 84
78 --- 86
85 --- 89
#3:  85.13

88 --- 85
82 --- 83
71 --- 68
#4:  79.33

79 --- 82
80 --- 78
71 --- 76
#5:  77.87

88 --- 80
82 --- 86
81 --- 66
#6:  79.87

83 --- 70
70 --- 77
91 --- 96
#7:  81.13

87 --- 92
80 --- 80
```

```
71 --- 66
#8:  79.33
```

程式的外迴圈以

```
for x in range(len(studentScores)):
```

控制三維串列的面，表示有多少個學生。而內迴圈以

```
for y in range(len(studentScores[x])):
```

控制三維串列每一面的列，即表示微積分、會計，以及程式設計概論。最後以下一敘述將每一列的每一行印出，

```
        print(studentScores[x][y][0], "---", studentScores[x][y][1])
```

我大概了解了，若要四維串列也不怕了。

基本上，我們碰到的問題用到三維串列已綽綽有餘，不必驚動四維串列，何況四維串列的圖形可能要有一點想像空間才能畫出。

是呀，我還在想這四維串列要怎麼畫呢？

9-9-2 以三維串列表示猜生日的程式

接下來，我們將前面章節已討論過的猜某人的生日程式，以三維串列的方式表示之。如下程式所示：

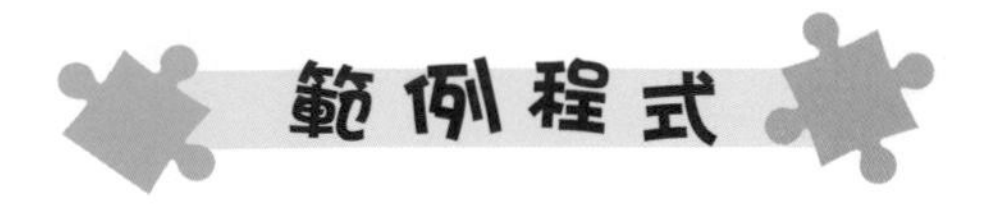

p9-18.py

```
day = 0
dates = [
    [[ 1,  3,   5,  7],
    [ 9, 11, 13, 15],
    [17, 19, 21, 23],
    [25, 27, 29, 31]],

    [[ 2, 3,   6,  7],
    [10, 11, 14, 15],
    [18, 19, 22, 23],
    [26, 27, 30, 31]],

    [[ 4,  5,  6,  7],
    [12, 13, 14, 15],
    [20, 21, 22, 23],
    [28, 29, 30, 31]],

    [[ 8,  9, 10, 11],
    [12, 13, 14, 15],
    [24, 25, 26, 27],
    [28, 29, 30, 31]],

    [[16, 17, 18, 19],
    [20, 21, 22, 23],
    [24, 25, 26, 27],
    [28, 29, 30, 31]]]

for x in range(5):
    print("\nIs your birthday in Set", x+1, "?")
    for y in range(4):
        for z in range(4):
```

```
            print(format(dates[x][y][z], "4d"), end = " ")
        print()

    ans = eval(input("Enter 1 for Yes and 0 for No: "))

    if ans == 1:
        day += dates[x][0][0]

print("\nYour birthday is ", day)
```

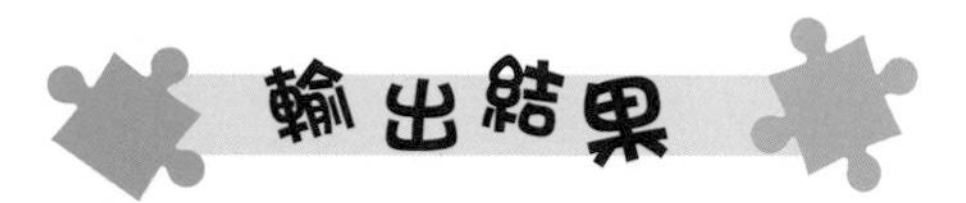


```
Is your birthday in Set 1 ?
   1   3   5   7
   9  11  13  15
  17  19  21  23
  25  27  29  31
Enter 1 for Yes and 0 for No: 1

Is your birthday in Set 2 ?
   2   3   6   7
  10  11  14  15
  18  19  22  23
  26  27  30  31
Enter 1 for Yes and 0 for No: 0

Is your birthday in Set 3 ?
   4   5   6   7
  12  13  14  15
  20  21  22  23
  28  29  30  31
Enter 1 for Yes and 0 for No: 1

Is your birthday in Set 4 ?
```

```
  8   9  10  11
 12  13  14  15
 24  25  26  27
 28  29  30  31
Enter 1 for Yes and 0 for No: 1

Is your birthday in Set 5 ?
 16  17  18  19
 20  21  22  23
 24  25  26  27
 28  29  30  31
Enter 1 for Yes and 0 for No: 0
Your birthday is  13
```

這個我懂。五個集合當做面，而每個面有四列，每列有四行，用以置放日期。

非常好。其實還有許多實例都是以三維串列表示的，如五都（台北市、新北市、台中市、台南市，以及高雄市）在 2016 年每個月的平均溫度和溼度。如圖 9-4 所示：

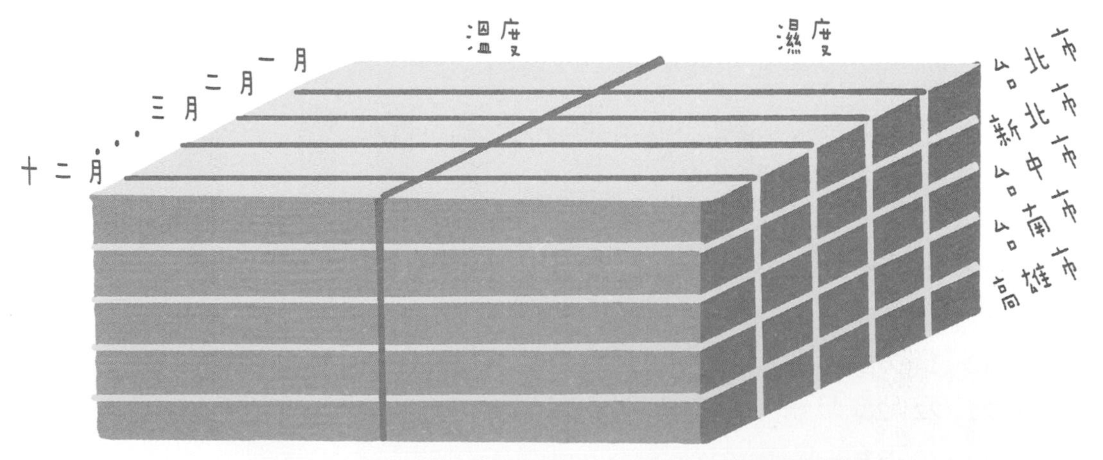

● 圖9-4　五都在2016年每月的平均溫度和溼度示意圖

好呀，我也來舉例，在五都，2016 年每一個月汽車、機車與行人發生事故的件數。

妳可以在日常生活中，將碰到的事項以一維、二維，或三維串列表示之。

每位學生 Python 的學期分數可用一維串列表示。若想將其他科目如微積分和會計的學期分數也表示出來，則可利用二維串列表示之。假設要將同年級五班的學生加進來，此時必須使用三維串列。

妳可以試試看畫出以上的示意圖，這就當做習題作業囉！

我回家一定做做看。阿志哥，很感謝您的諄諄教導，在學習的過程中讓我知道會出問題的小地方，同時也對 Python 產生極高的興趣，再次謝謝您。

妳很有程式設計的慧根。再次強調，多做、多看、多除錯是學習程式設計的秘訣，還有許多主題待妳去挖掘。

有了這麼好的開始，我相信一定可以做得到，往後當一位資料科學家不是一件難事囉！

我等待那一天的到來。

1. 試問下一程式的輸出結果？

```
import random
array2 = []
numberOfRows = 2
numberOfColumns = 4
for row in range(numberOfRows):
    array2.append([])
    for column in range(numberOfColumns):
        array2[row].append(random.randint(1, 200))
        print(array2)
print(array2)
```

2. 試問下一程式的輸出結果？

```
import random
array2 = []
numberOfRows = eval(input("Enter the number of rows: "))
numberOfColumns = eval(input("Enter the number of columns: "))

for row in range(numberOfRows):
    array2.append([])
    for column in range(numberOfColumns):
        array2[row].append(10+row+column)
        print(array2)
```

3. 試問下一程式的輸出結果：

```
import random
array2 = []

numberOfRows = 2
numberOfColumns = 4
for row in range(numberOfRows):
    array2.append([])
    for column in range(numberOfColumns):
        value = eval(input('Enter the value: '))
        array2[row].append(value)
print(array2)

for i in range(len(array2)):
    for j in range(len(array211[i])):
        print('array2[%d][%d] = %d'%(i, j, array2[i][j]))
```

4. 有一二維串列arr2List，其元素的初值如下：

```
arr2List = [[8, 20], [3, 25], [1, 29], [7, 33], [4, 12]]
```

試撰寫一程式，將串列加以排序。請顯示排序前與後的串列。

5. 計算二維串列每一列的和，請不要使用sum() 函式，可參閱範例程式p9-9.py將它修改一下即可。

6. 承上題，你可使用系統提供的sum函式加以處理。

7. 仿照9-8節「傳遞二維串列給函式」的範例程式，先輸入三列、四行的資料，輸出串列中哪一列的元素總和最大。

8. 承上題，輸出串列中哪一行的元素總加最大。

選擇題

(　　)1. 試問下列敘述何者是錯的，假設有一個二維串列lst2D

(A)一維串列可視為將資料置放一平面，而三維串列可視為將資料置放於一立體的空間

(B)len(lst2D)可得到lst2D串列有多少列

(C)len(lst2D[i]) 可得到lst2D串列第i+1列有多少行

(D)lst2D[2][3]表示lst2D有三列二行，共有六個元素

(　　)2. 試問若要印出下一輸出結果

```
1   2   3   4
5   6   7   8
9  10  11  12
```

其對應的程式如下：

```
lst2D = [[1, 2, 3, 4], [5, 6, 7, 8], [9, 10, 11, 12]]
for i in range(P):
    for j in range(Q):
        print('%3d'%(lst2D[i][j]), end = ' ')
print()
```

試問程式中的P, Q兩項，在下列的選項中哪一個不對

(A) P=len(lst2D), Q=len(lst2D[i])

(B) P=3, Q=4

(C) P=len(lst2D[0]), Q=len(lst2D)

(D) P=len(lst2D), Q=len(lst2D[0])

(　　)3. 若要印出二維串列lst2D所有元素的總和，其對應的程式如下：

```
total =  0
lst2D = [[1, 2, 3, 4], [5, 6, 7, 8], [9, 10, 11, 12]]
for i in range(len(lst2D)):
    for j in range(R):
        total += S
print(total)
```

試問程式中的R, S兩項，在下列的選項中哪一個不對

(A) R=len(lst2D[i]), S=lst2D[i][j]

(B) R=len(lst2D[0]), S=lst2D[i][j]

(C) R=4, S=lst2D[i][j]

(D) R=len(lst2D[j]), S=lst2D[j][i]

(　　) 4. 若要印出二維串列lst2D所有元素的總和，其對應的程式如下：

```
total = 0
lst2D = [[1, 2, 3, 4], [5, 6, 7, 8], [9, 10, 11, 12]]
for A in lst2D:
    for B in row:
        total += value
print(total)
```

試問程式中的A, B兩項，在下列的選項中哪一個是對的

(A) A=row, B=value　(B) A=value, B=row　(C) A=row, B=j　(D) A=i, B=j

(　　) 5. 有一個不規則的二維串列，如下所示：

lst2D = [[1, 2, 3], [4, 5], [6, 7, 8, 9]]

試問若要印出以下輸出結果

小明寫了其對應的程式，試問程式中的A要寫下列選項中的哪一項

```
lst2D = [[1, 2, 3], [4, 5], [6, 7, 8, 9]]
for i in range(len(lst2D)):
    for j in range(A)
        print('%2d'%(lst2D[i][j]), end = ' ')
    print()
```

(A) len(lst2D[0])　(B) len(lst2D[i])　(C) 3　(D) len(lst2D)

簡答題

1. 試問下一程式的輸出結果：

```
lst2DD = []
lst2DD.append([1, 2, 3])
lst2DD.append([4, 5, 6, 7])
lst2DD.append([11, 22, 33])
print(lst2DD)

for row in lst2DD:
    for value in row:
        print(value, end = ' ')
    print()
```

2. 有一二維串列如下：

   lst2D = [[1, 2, 3], [11, 22, 33], [22, 33, 44], [33, 44, 55]]

   試回答下列問題：

   (a) 以一敘述得到此串列有多少列數。

   (b) 以一敘述得到此串列有多少行數。

實作題

1. 請畫出阿志哥在本章要苡凡妹做的習題作業（p.9-21）。

2. 有一二維串列arr2List，其元素的初值如下：

```
arr2List = [[8, 20], [3, 25], [1, 29], [7, 33], [4, 12]]
```

   試撰寫一程式，將串列加以重排，亦即洗牌。請顯示重排前與重排後的串列。

3. 延續9-9-1節的範例程式，除了印出平均分數外，也請列出其GPA。有關GPA可參閱5-4-1節的說明。

4. 輸入8個座標點，找出最接近的兩個座標點。請儘量以函式的方式撰寫之。

5. 承上題，將每兩點的距離加以印出，以便檢視輸出結果是否正確。

6. 假設總共有10個學生與10個題目，學生的答案儲存於一個二維串列裡。每一列記錄各學生針對各問題的答案，如以下examineAns串列所示。

```
examineAns = [
    ['A', 'B', 'C', 'A', 'B', 'D', 'C', 'E', 'A', 'C'],
    ['A', 'C', 'C', 'A', 'B', 'D', 'C', 'E', 'A', 'C'],
    ['A', 'C', 'C', 'A', 'C', 'D', 'C', 'D', 'B', 'C'],
    ['C', 'B', 'D', 'A', 'B', 'D', 'A', 'E', 'B', 'C'],
    ['A', 'B', 'C', 'A', 'C', 'C', 'A', 'E', 'A', 'C'],
    ['C', 'A', 'C', 'A', 'C', 'D', 'D', 'D', 'D', 'C'],
    ['A', 'D', 'C', 'A', 'C', 'D', 'A', 'E', 'A', 'C'],
    ['A', 'B', 'C', 'D', 'C', 'D', 'A', 'C', 'A', 'C'],
    ['A', 'B', 'C', 'A', 'C', 'C', 'A', 'E', 'A', 'C'],
    ['C', 'C', 'C', 'A', 'C', 'D', 'A', 'E', 'B', 'C']]
```

標準答案儲存於correctAns的一維串列中：

```
correctAns = ['A', 'B', 'C', 'A', 'C', 'D', 'A', 'E', 'A', 'C']
```

所撰寫的程式要對測驗評分，並顯示結果。其將各學生的答案與解答做比對，計算回答正確的題數，最後顯示結果。

7. 試撰寫一程式，提示使用者輸入一個不規則的二維串列lstSkew，第一列有2個元素，第二列有3個元素，第三列有4個元素，然後印出串列的每一元素，最後印出每一列的總和，及所有元素的總和。

8. 你可以上網搜尋五都（台北市、新北市、台中市、台南市，以及高雄市）在2018年每個月的平均溫度和溼度。提示使用者給予月份和溫度兩項資料，然後五都中有哪些都市在此月的溫度是高於輸入的溫度。若找不到，也可以自己輸入資料代替之。

9. 試撰寫一程式，產生十組大樂透號碼，並將它置放於名為lotto2的二維串列，最後每一組要由小至大將其印出。

10. 試撰寫一程式以亂數產生器的種子10，產生介於1～49的數值，並且加入一個名為lst3d的3*2*2的三維串列中，亦即此三維串列有三個面，每一面有二列二行的資料。輸出結果如下：

```
[]
[[]]
[[[]]]
[[[37]]]
[[[37, 3]]]
[[[37, 3], []]]
[[[37, 3], [28]]]
[[[37, 3], [28, 31]]]
[[[37, 3], [28, 31]], []]
[[[37, 3], [28, 31]], [[]]]
[[[37, 3], [28, 31]], [[37]]]
[[[37, 3], [28, 31]], [[37, 1]]]
[[[37, 3], [28, 31]], [[37, 1], []]]
[[[37, 3], [28, 31]], [[37, 1], [14]]]
[[[37, 3], [28, 31]], [[37, 1], [14, 30]]]
[[[37, 3], [28, 31]], [[37, 1], [14, 30]], []]
[[[37, 3], [28, 31]], [[37, 1], [14, 30]], [[]]]
[[[37, 3], [28, 31]], [[37, 1], [14, 30]], [[32]]]
[[[37, 3], [28, 31]], [[37, 1], [14, 30]], [[32, 18]]]
[[[37, 3], [28, 31]], [[37, 1], [14, 30]], [[32, 18], []]]
[[[37, 3], [28, 31]], [[37, 1], [14, 30]], [[32, 18], [42]]]
[[[37, 3], [28, 31]], [[37, 1], [14, 30]], [[32, 18], [42, 11]]]
```

詞典

詞典的運作是以鍵（key）和值（value）所組成的，利用鍵找到其對應的值，此運作有如資料庫的運作，它利用主要的鍵值（primary key）來找尋其所屬的資料。本章將探討有關詞典的建立，加入、修改、刪除等交易的動作。

苡凡，我們要進入另一個主題，那就是詞典（dictionary）。
這是什麼呀？

詞典是一鍵 / 值（key / value）的數對，它是以左、右大括號括起來，與前幾章所討論的串列有所不同，串列是以中括號括起的。注意！詞典的鍵值不可以重複。

以下我們來介紹一些常用的詞典方法，請看以下的講義。

10-1　建立一詞典

若大括號內沒有鍵 / 值，則表示此詞典是空集合。

```
>>> dict = {}
>>> print(dict)
    {}
```

直接在定義詞典時給予初值的設定

```
>>> fruits = {'apple':10, 'orange':20, 'banana':18}
>>> print(fruits)
    {'apple': 10, 'orange': 20, 'banana': 18}
```

若印出某一鍵所對應的值

```
>>> print(fruits['apple'])
  10
```

輸出結果說明了 'apple' 對應的值是10。

若要得知詞典的大小，則以len() 函式執行之。

```
>>> print(len(fruits))
  3
```

表示fruits詞典有三個鍵 / 值數對。

我大概知道了，設定詞典的資料時，鍵與值之間要以冒號（:）隔開，而要得知詞典的大小和串列是一樣的，都是使用 len() 函式。

是的，完全正確。接下來，我們來討論有關詞典的加入、刪除與修改，請看以下的講義。

10-2　加入、修改與刪除

若在詞典中加入鍵 / 值數對的話，其語法如下：

```
dict_name[key] = value
```

如以下程式加入了兩個鍵 / 值數對：

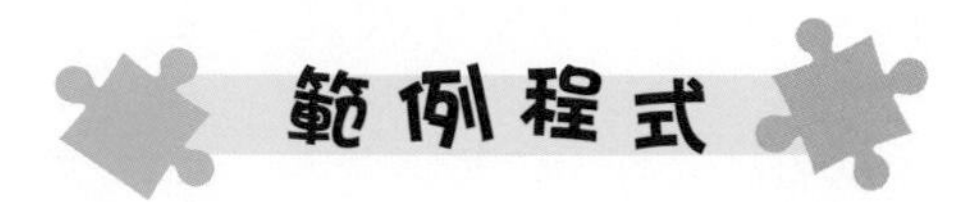


```
#insert
fruits['kiwi'] = 30
fruits['guava'] = 90
print(fruits)
```

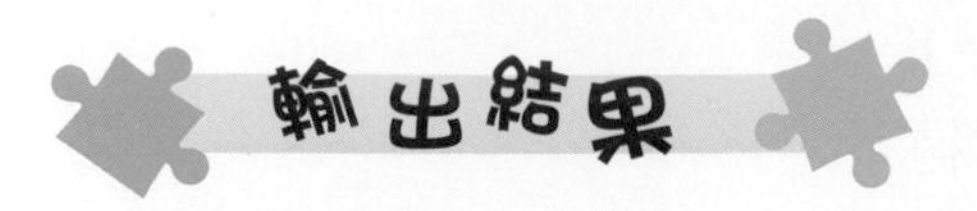

```
{'apple': 10, 'orange': 20, 'banana': 18, 'kiwi': 30, 'guava': 90}
```

要修改詞典的資料時，其語法和加入的相同，如下所示：

```
dict_name[key] = new_value
```

將值指定給鍵，就可以將某一詞典的鍵修改為new_value，如以下將banana 鍵的值從原來的18改為40：

```
#modify
fruits['banana'] = 40
print(fruits)
```

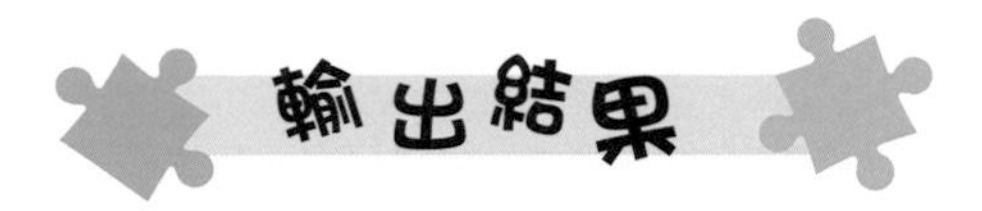

```
{'apple': 10, 'orange': 20, 'banana': 40, 'kiwi': 30, 'guava': 90}
```

若要刪除詞典中的某一鍵／值數對，很簡單，只要利用del就可以了，其語法為：

```
del dict_name[key]
```

如下將刪除fruits詞典中的kiwi：

```
#delete
del fruits['kiwi']
print(fruits)
```

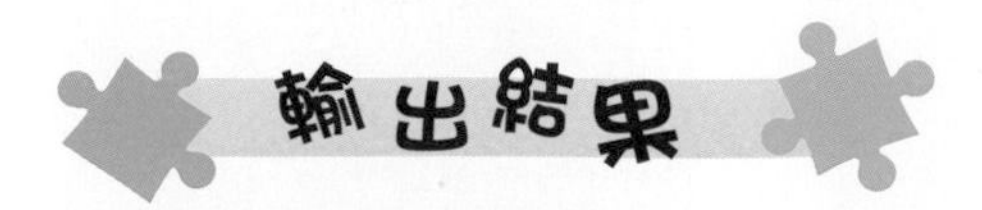

```
{'apple': 10, 'orange': 20, 'banana': 40, 'guava': 90}
```

苡凡，妳看得懂嗎？

我大概了解，詞典的加入和修改基本上的寫法是一樣的，而刪除是利用 del 來完成。

沒錯，妳愈來愈上手了，學得真快，但不要忘了要多做練習。

是的，我未來想當資料科學家，不知道可否勝任。

妳可以做到的，要有自信。讓我們繼續看詞典的一些常用方法，這些有助於應用程式的撰寫。

10-3　一些常用的詞典的方法

除了10-2節所介紹的函式外，表10-1列出一些常用的詞典的方法

表10-1　詞典常用的方法

方法	說明
keys()	列出詞典的鍵（key）
values()	列出詞典的值（values）
items()	列出詞典的項目，包括鍵／值數對
get(key)	取得詞典為key的value
pop(key)	刪除詞典為key的value
popitem()	刪除詞典的最後一項鍵／值數對

延用前面章節所建立的fruits詞典，我們用一些範例程式來驗證。

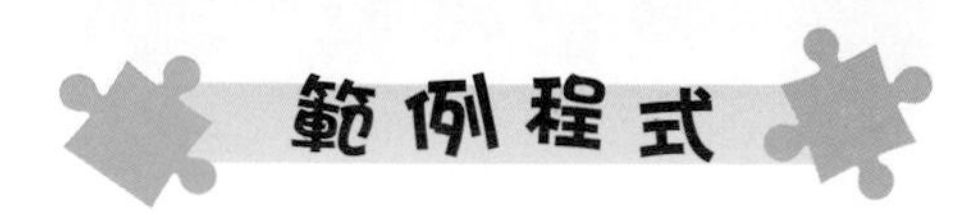


```
#method
print(fruits)
print(fruits.keys())
```

```
print(fruits.keys())
print(fruits.values())
print(fruits.items())
```

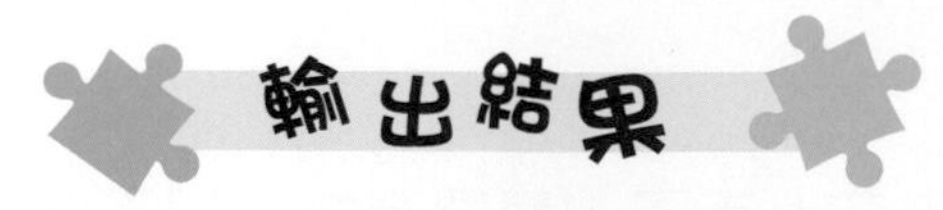


```
{'apple': 10, 'orange': 20, 'banana': 40, 'guava': 90}
dict_keys(['apple', 'orange', 'banana', 'guava'])
dict_values([10, 20, 40, 90])
dict_items([('apple', 10), ('orange', 20), ('banana', 40), ('guava', 90)])
```

注意，上述方法印出的呈現方式，皆是以串列的方式呈現。最後的items() 因爲串列的每一元素有兩個項目，利用小括號來呈現。

```
print(fruits.get('orange'))
print(fruits.get('kiwi'))
```

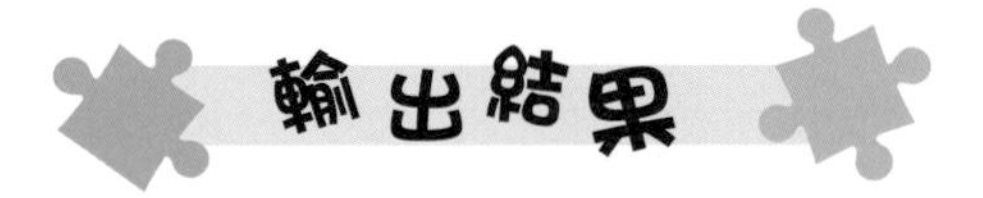


```
20
None
```

上述程式表示得到某一鍵所對應的值，如'orange'的值爲20，但由於沒有詞典沒有'kiwi'，所以輸出爲None。

```
print(fruits.pop('apple'))
print(fruits)
```

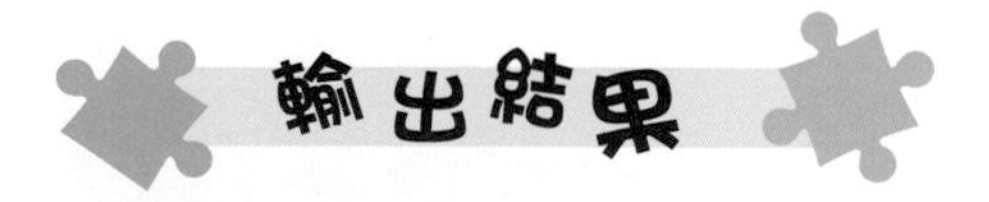


```
10
{'orange': 20, 'banana': 40, 'guava': 90}
```

上述程式是彈出詞典的'apple'鍵，這表示從詞典刪除此鍵／值，所以目前印出的詞典就沒有'apple'鍵

```
print(fruits.popitem())
print(fruits)
```

```
('guava', 90)
{'orange': 20, 'banana': 40}
```

上述程式是彈出詞典的最後一個鍵／值數對。此數對就是 'guava': 90，所以最後只剩下二個鍵／值的數對。

這些功能好好用喔！在刪除方面除了 10-2 節介紹的 del 外，此處又增加了以 pop 為首的方法，可以利用 get 取得某一鍵所對應的值，也可以分別利用 keys() 和 values() 來檢視詞典所有的鍵與值。

很棒，這些是很有用的方法，也可以使用 items() 印出詞典的鍵／值項目。最後我們來看如何印出詞典所有的元素，請看以下講義。

講義

10-4 印出詞典的所有鍵／值

和印出串列的所有元素相似，只要使用一個迴圈就可以詞典的所有鍵／值數對印出，程式如下所示：

```
fruits = {'apple':10, 'orange':20, 'banana':18}
for key in fruits:
    print('%12s %3d'%(key, fruits[key]))
```

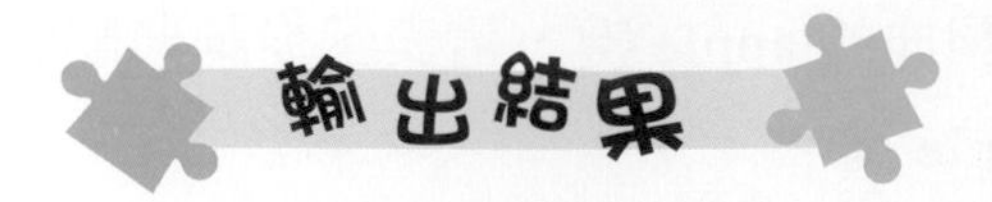

```
 apple  10
orange  20
banana  18
```

這跟印出串列的所有元素的寫法很相似。

沒錯，我們該講的主題大概都已談完了，接下來，就是要多做、多除錯，這樣撰寫程式的功力就會大增。

1. 試問下一程式的輸出結果：

```
captials = {'France':'Paris'}
print('#1: ', captials)
print()

captials['Germany'] = 'Berlin'
captials['Taiwan'] = 'Taipei'
print('#2: ', captials)
print()

captials['Australia'] = 'Canberra'
captials['New Zealand'] = 'Dublin'
print('#3: ', captials)
print()

captials['New Zealand'] = 'Wellington'
print('#4: ', captials)
print()

del captials['France']
print('#5: ', captials)
print()

del captials['Germany']
print('#6: ', captials)
print()

captials['Slovakia'] = 'Bratislava'
print('#7: ', captials)
print()
```

2. 試撰寫一程式，利用10-2節所談的加入、刪除和修改方式，輸出以下的結果：

```
#1: {}
#2: {1010: 90, 1020: 80}
#3: {1010: 90, 1020: 80, 1018: 70}
#4: {1010: 90, 1020: 80, 1018: 70, 1022: 88}
#5: {1010: 92, 1020: 80, 1022: 88}
#6: {1010: 92, 1020: 80, 1022: 88, 1030: 99}
```

3. 試問下一程式的輸出結果：

```
cars = {'BMW':'Germany', 'Volvo':'Sweden', 'Peugeot':'France'}
print(cars)
print(cars.get('Volvo'))
cars['Skoda'] = 'Czech Repulic'
print(cars)
print(cars.pop('Skoda'))
print(cars)
print(cars.popitem())
print(cars.keys())
print(cars.values())
print(cars.items())
```

4. 利用詞典建立學生的學號和姓名，以學號為鍵，以姓名為值，形成一詞典的鍵／值數對。利用一選單如下：

```
*** Student dictionary ***
    1. insert
    2. delete
    3. display
    4: quit

Enter your choice:
```

提示使用者輸入選項，並呼叫每一選項的函式。此選單計有加入、刪除、顯示及結束等功能，試撰寫一程式測試之。

簡答題

1. 試問下一程式的輸出結果：

```
scores = {1001:90}
print('#1: ', scores)
print()

scores[1002] = 80
scores[1003] = 88
print('#2: ', scores)
print()

scores[1004] = 99
scores[1002] = 80
print('#3: ', scores)
print()

scores[1004] = 92
print('#4: ', scores)
print()

del scores[1002]
print('#5: ', scores)
print()

del scores[1001]
print('#6: ', scores)
print()
```

```
scores[1005] = 89
print('#7: ', scores)
print()
```

2. 試問下一程式的輸出結果：

```
cars = {'RR':'England', 'Volvo':'Finland', 'Porsche':'Germany', 'BMW':'Germany'}
print('#1:')
print(cars)
print()

print('#2:')
print(cars.get('Volvo'))
cars['Volvo'] = 'Sweden'
print()

print('#3:')
print(cars)
print()

print('#4:')
print(cars.pop('Volvo'))
print()

print('#5:')
print(cars)
print()
```

```
print('#6:')
print(cars.popitem())
print()

print('#7:')
print(cars.keys())
print()

print('#8:')
print(cars.values())
print()

print('#9:')
print(cars.items())
```

3. 請將實習題目第4題，加入修改的功能。

Turtle繪圖工具

「一張圖，勝過千言萬語」可見圖形的重要性。會畫圖的人看過來，你可以儘情發揮一下你的才能。本章將探討 Python 內建的 Turtle 繪圖工具，研讀之後相信你會獲得許多，有朝一日找到你的斜槓人生。

請問阿志哥，在 Python 可以繪圖嗎？因為我對繪圖很有興趣。

有的，有一個繪圖的工具相當不錯，我就來對它介紹一番，請看以下的講義。

11-1　初步認識一下海龜

本章將介紹一個蠻好用的繪圖工具，我稱它爲海龜（Turtle）。由於海龜的畫圖模組是在turtle，所以要將其載入下一行。

```
>>> import turtle as tt
```

並且爲了行文方便，以 tt 來表示turtle。所以以下內文中，tt 就代表了turtle的意思。若有產生 tt 未定義時，表示你沒有將它載入進來。

首先，我們的繪圖區域稱之爲畫布。畫布的中心點(0, 0)，它可利用home()得到

```
>>> tt.home()
```

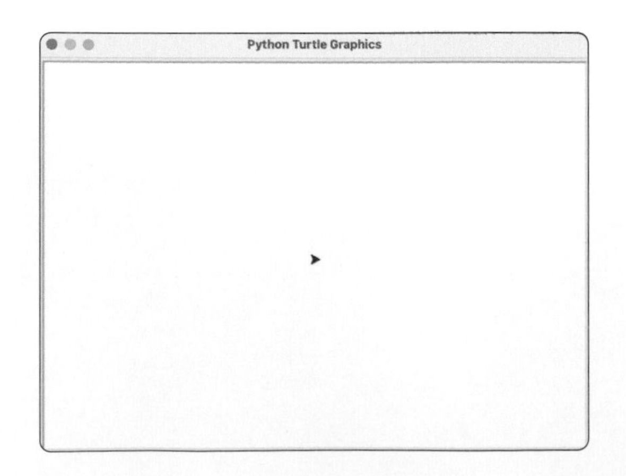

經由這個設定，你會看到一畫布，還有海龜的位置在座標(0, 0)的地方，也是畫布的中心點，依此可以將畫布分成四個象限，橫的是x軸，直的是y軸。而且其箭頭方向指向東方。若有時要將海龜的箭頭隱藏起來，則可使用hideturtle()方法來完成。

```
>>> tt.hideturtle()
```

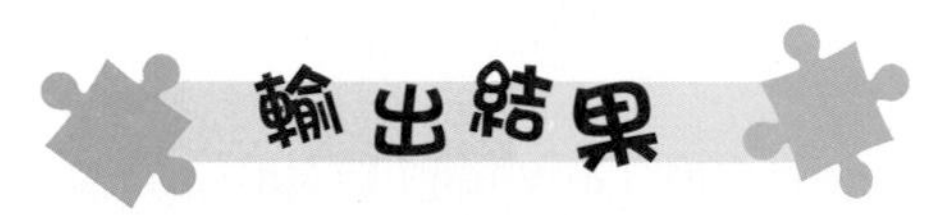

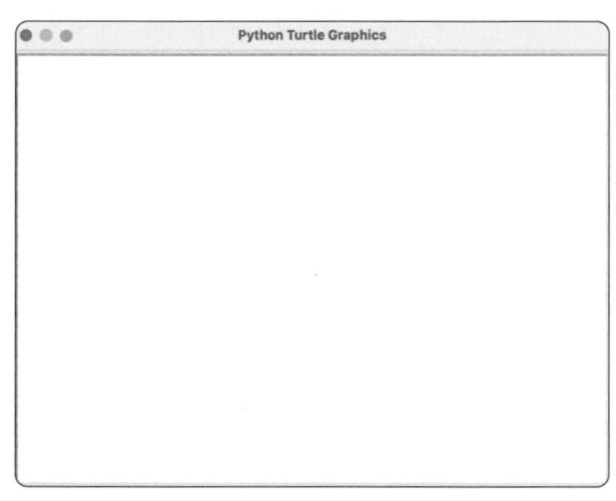

你發現海龜的箭頭不見了。若要再將它顯現，則利用showturtle()來就可以再恢復海龜的圖樣。

一張畫布有多大呢？你可以利用screensize()

```
>>> tt.screensize()
    (400, 300)
```

得知，畫布的寬是400，高是300（單位：像素）。

隨時使用position()或pos() 來檢視目前所在的位置是很重要的。

```
>>> tt.position()
    (0.00,0.00)
```

表示海龜的箭頭位置的座標點是(0.00, 0.00)，它是在畫布的中心點。

11-1-1 畫布的大小

若要調整畫布大小，則可利用sreensize()，其語法爲

```
screensize(canvwidth=None, canvheight=None, bg=None)
```

它有三個參數，分別是畫布的寬、高以及背景顏色。如將高改爲400，寬不變：

```
>>> tt.screensize(canvwidth=400, canvheight=400)
>>> tt.screensize()
    (400, 400)
```

也可以調整畫布的背景顏色，以下是設定背景顏色爲粉紅色（pink）

```
>>> tt.screensize(400, 400, 'pink')
```

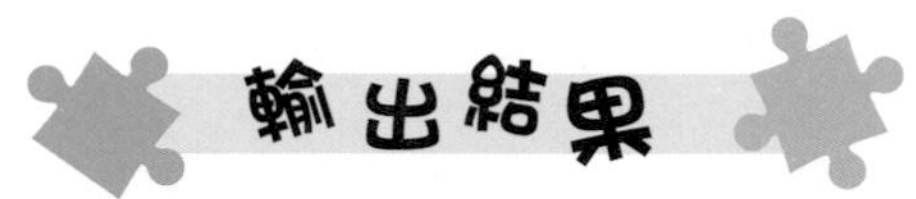

可以再設定回 (400, 300)，底色是白色。

```
>>> tt.screensize(400, 300, 'white')
>>> tt.screensize()
    (400, 400)
```

11-1-2 clear() 與reset()

我們會將上一次在畫布的結果加以清除，才不會影響下一次的輸出結果，你可以使用clear()方法完成。若要在畫布上寫上資料，則可以利用write()來達成。請參閱以下程式：

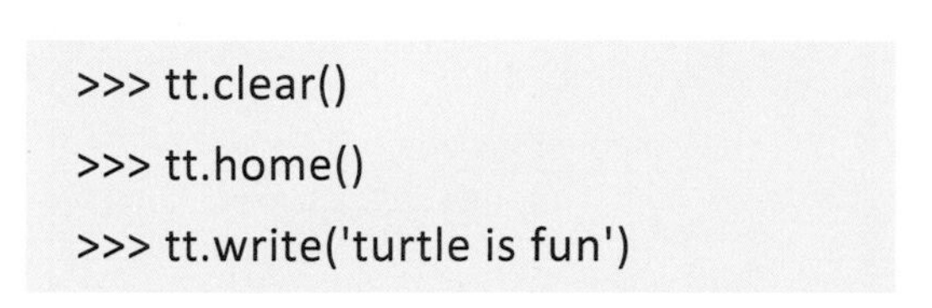

```
>>> tt.clear()
>>> tt.home()
>>> tt.write('turtle is fun')
```

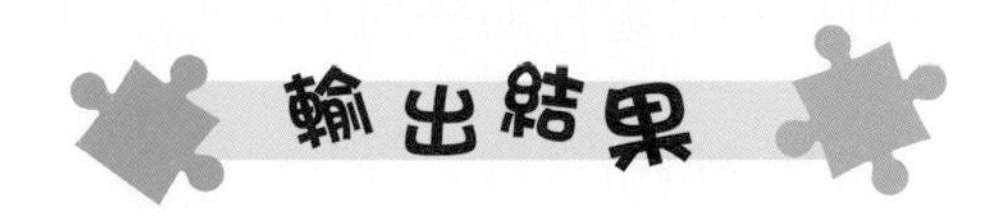

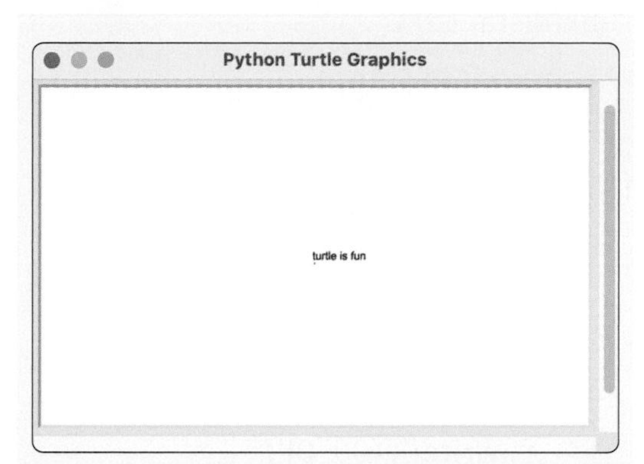

在畫布的中心點(0, 0) 利用write() 方法寫上 turtle is fun字串。其實我會用reset()來取代上述前兩個敘述。clear()只有清除畫布的資料，但海龜圖樣和箭頭方向都還是保留住。而reset() 除了清空畫布的所有資料，同時也將海龜的箭頭回到原來的方向，那就是指向東方，所以可以這樣說

```
>>> tt.clear()
>>> tt.home()
```

和

```
>>> ttt.reset()
```

是相同的意思。

11-2　海龜往前進或往後退

海龜是會動的，利用

```
forward(distance)
fd(distance)
```

可以將海龜往前移動，也可以利用

```
back(distance)
bk(distance)
backward(distance)
```

往後移多少距離。

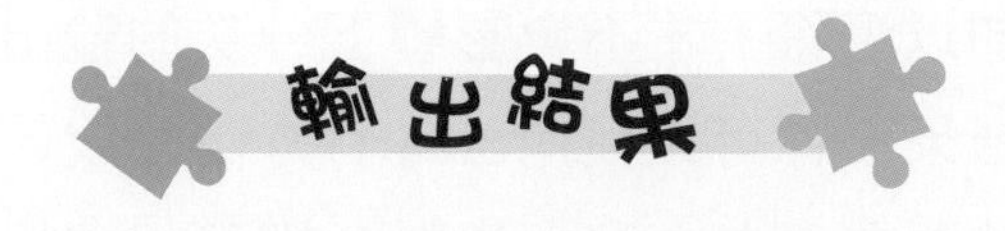


```
>>> tt.reset()
>>> tt.write('(0, 0)')
>>> tt.fd(100)
>>> tt.write('(100, 0)')
```

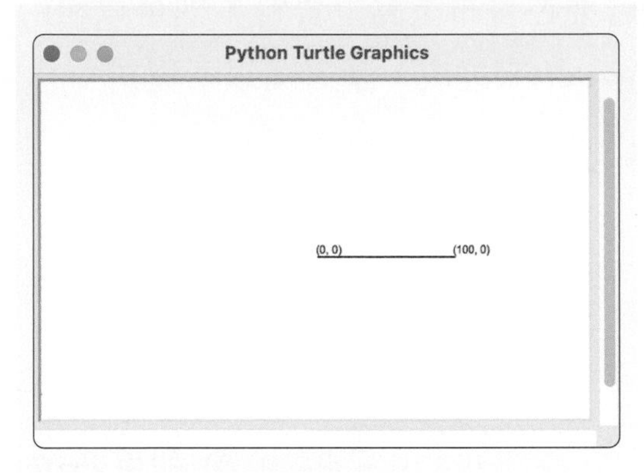

畫布從(0,0) 往前移到 (100,0)的地方。

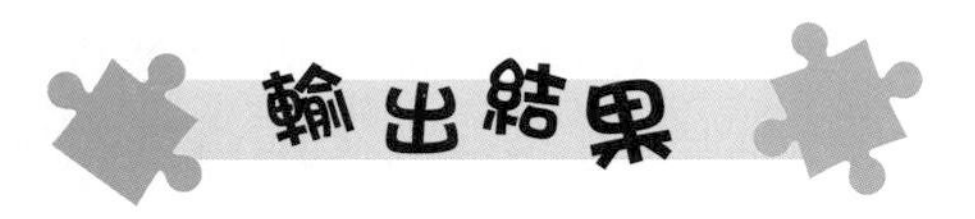


```
>>> tt.reset()
>>> tt.write('(0, 0)')
>>> tt.bk(100)
>>> tt.write('(-100, 0)')
```

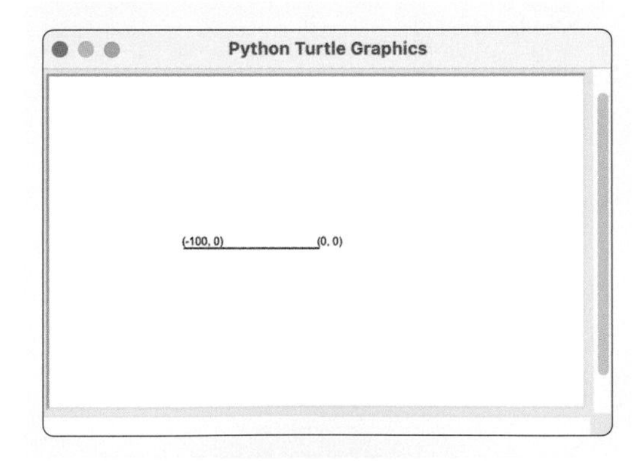

畫布從(0,0) 往後移到 (-100,0)的地方。

11-3 設定海龜箭頭的方向

利用

```
setheading(to_angle)
```

或

```
seth(to_angle)
```

設定海龜圖樣的箭頭方向，其有一參數to_angle，表示的意義如表11-1所示。利用heading()方法可得到海龜圖樣的箭頭方向。

表11-1 設定海龜圖樣的箭頭方向

setheading()的參數值	海龜箭頭的方向
0	東
90	西
180	南
270	北

我們來看以下的敘述，它是整合上述所談到的一些敘述。

```
>>> tt.reset()
>>> tt.position()
    (0.00,0.00)
>>> tt.heading()
    0.0
>>> tt.setheading(90)
>>> tt.heading()
    90.0
>>> tt.position()
    (0.00,0.00)
>>> tt.fd(100)
>>> tt.position()
    (-0.00,100.00)
>>> tt.heading()
    90.0
```

海龜的箭頭方向是很重要的，因為有關係到接下來的走向是如何，所以務必要弄清楚。海龜目前的位置在哪裡也很重要，你可以使用dot()來標示，使其更清楚看出位置。其語法如下：

```
dot(size=None, *color)
```

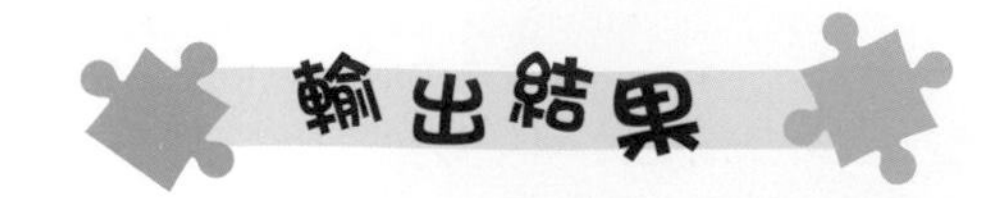

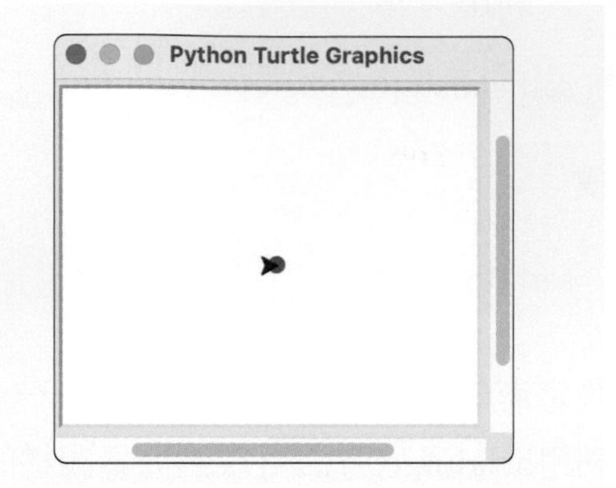

其中size表示點的大小，也可以給予顏色。

```
>>> tt.dot(10, 'blue')
```

結合上一敘述畫一條線

```
>>> tt.fd(100)
>>> tt.position()
    (100.00,0.00)
>>> tt.dot(10, 'green')
```

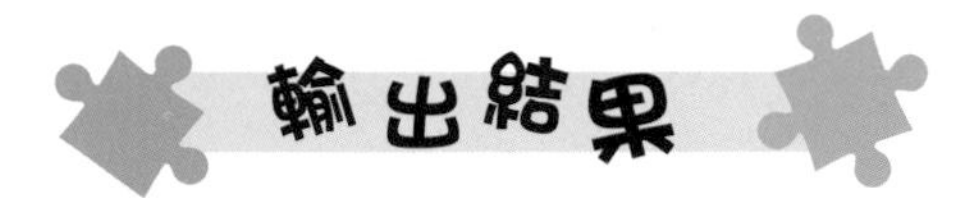

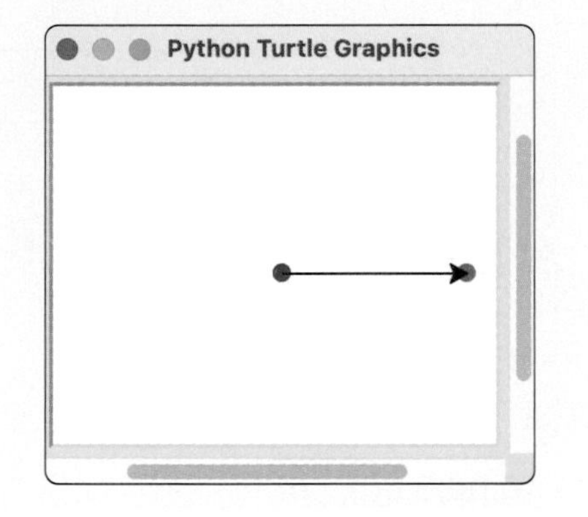

利用

```
goto(x, y=None)
```

將海龜移到(x, y)的座標，如

```
>>> tt.goto(100, 100)
```

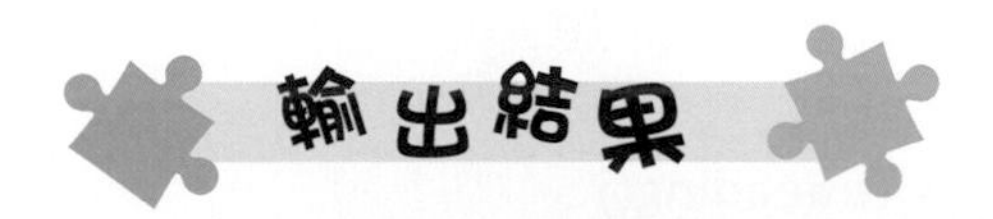

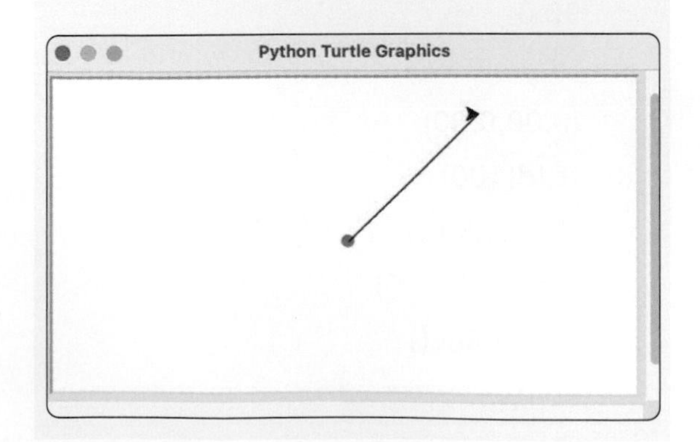

將海龜移到座標 (100, 100)，但要注意海龜箭頭的方向，目前還是指向東方。

```
>>> tt.pos()
    (100.00,100.00)
>>> tt.seth(270)
>>> tt.fd(100)
```

此程式先將海龜的箭頭方向指向南方，再往前移動100。

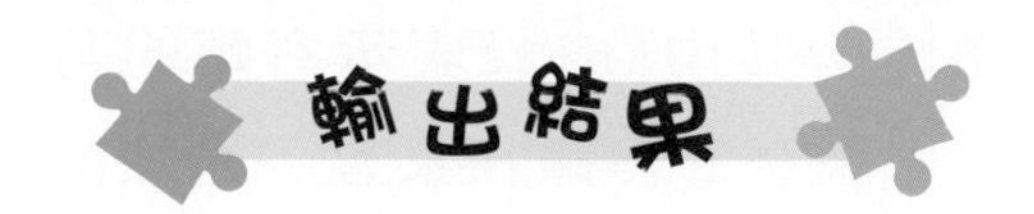

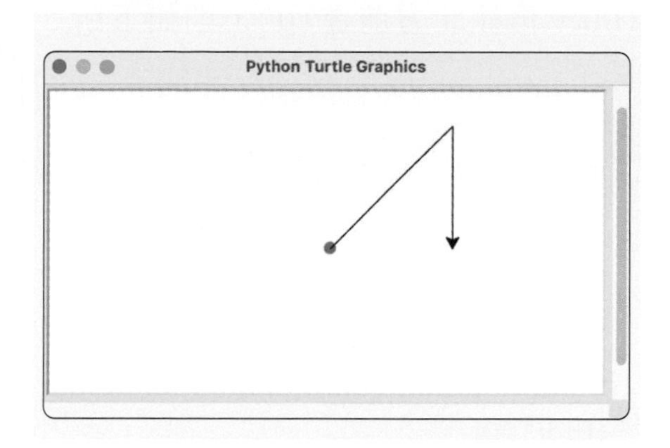

也可以利用setpos() 或setposition() 的方法，設定海龜的位置，其語法如下：

```
setpos(x, y=None)
setposition(x, y=None)
```

其功能有如goto()方法，goto(0, 0)以及setpos(0, 0)是一樣的，home()也可以將海龜的位置回到中心點(0, 0)，而且也會將海龜的箭頭方向指向東方。

11-4 將海龜箭頭向左轉或向右轉

除了可以利用setheading(to_angle)或seth(to_angle)來控制海龜的箭頭外，也可以使用left(angle)將海龜的箭頭左轉，使用right(angle)將海龜的箭頭向右轉。

若要將海龜箭頭方向左轉，則可利用

```
left(angle)
```

或

```
lt(angle)
```

來完成。其中angle表示右轉的角度，如現在的海龜在東方，先往前100，再往北方前進100，則如下所示：

```
import turtle as tt
tt.reset()
tt.write('(0, 0)')
tt.fd(100)
tt.left(90)
tt.fd(100)
```

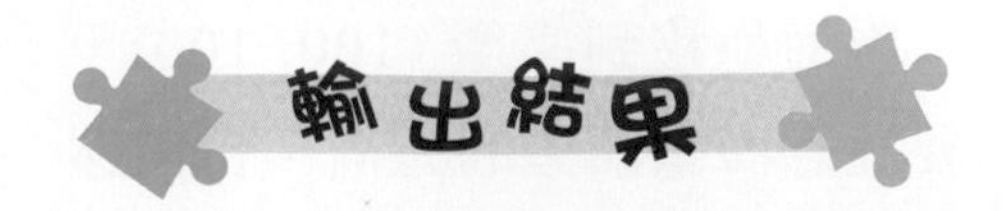

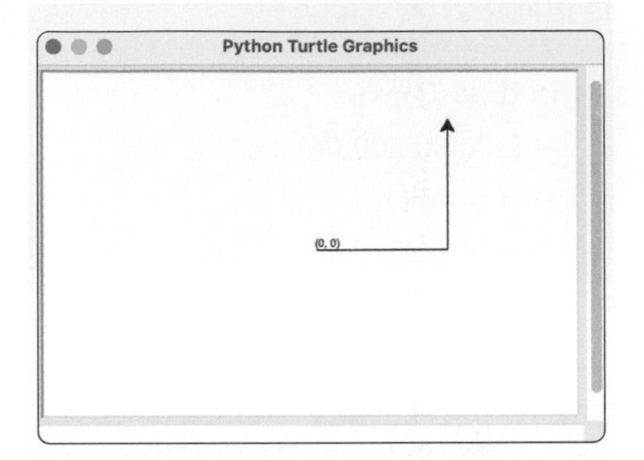

若要將海龜箭頭的方向向右轉，則可利用

```
right(angle)
rt(angle)
```

其中angle表示左轉的角度。如現在的海龜在東方，先往前100，再往南方前進100，則如下所示：

```
import turtle as tt
tt.reset()
tt.write('(0, 0)')
tt.fd(100)
tt.right(90)
tt.fd(100)
```

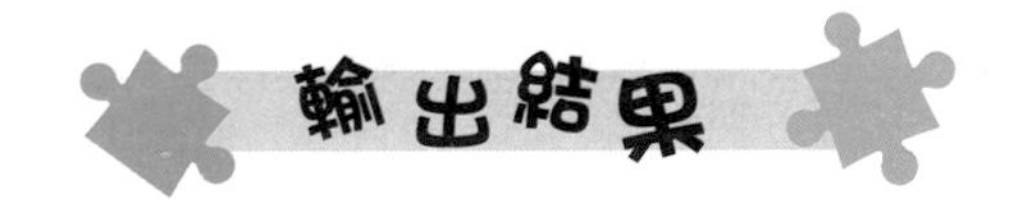

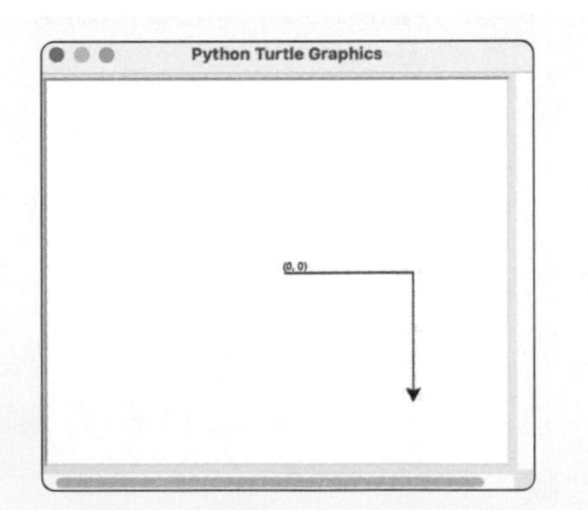

11-5　將畫筆提起或放下

當我們從某一座標點移到另一座標點時，其移動軌跡會印出，若不要印出其移動的軌跡，可以先將畫筆提起（利用penup() 或pu()），要畫時才將筆放下（pendown()或pd()）。

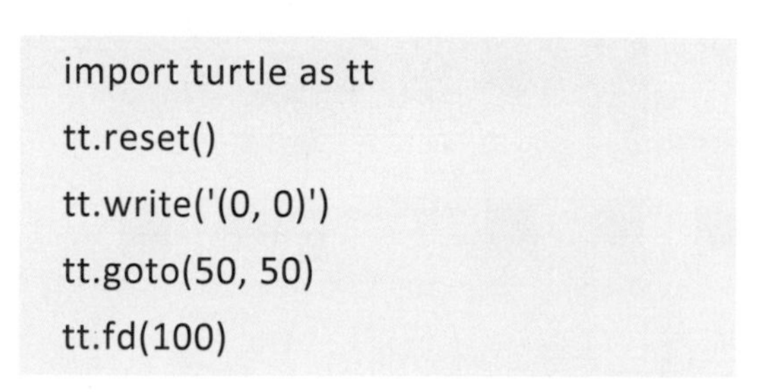

```
import turtle as tt
tt.reset()
tt.write('(0, 0)')
tt.goto(50, 50)
tt.fd(100)
```

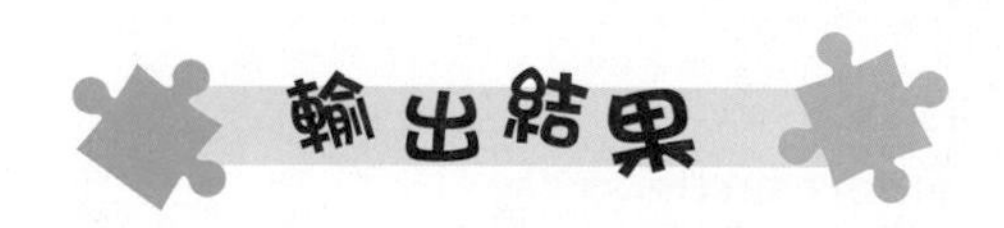

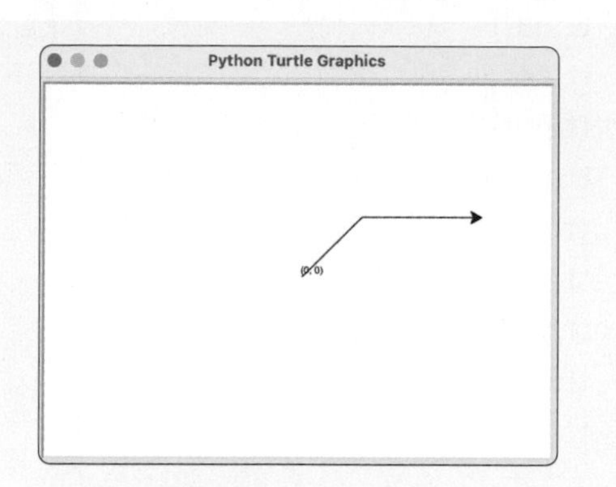

此時將(0，0)座標移到(50, 50)會有移動的軌跡，若不要出現移動的軌跡，則可以加入pu()將畫筆提起，當要畫出時，才將畫筆放下，如下所示：

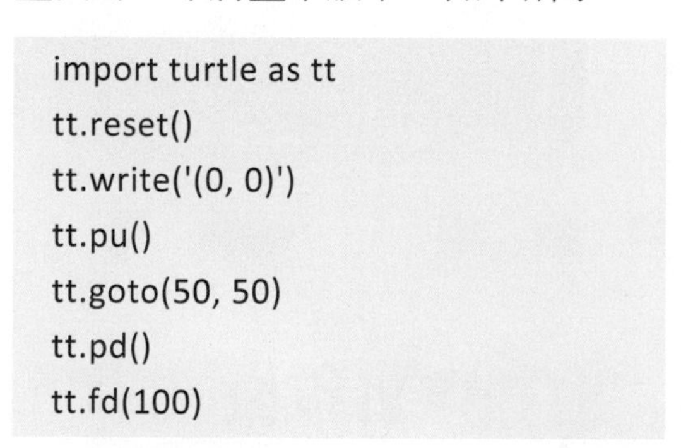

```
import turtle as tt
tt.reset()
tt.write('(0, 0)')
tt.pu()
tt.goto(50, 50)
tt.pd()
tt.fd(100)
```

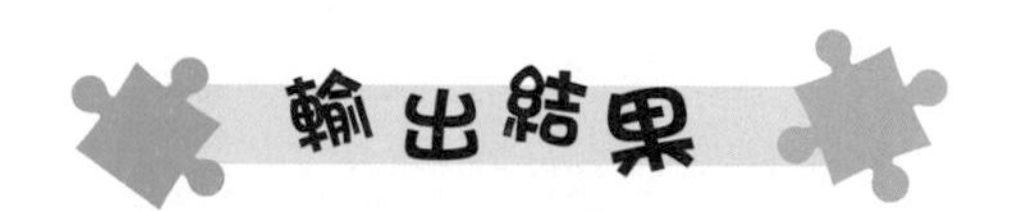

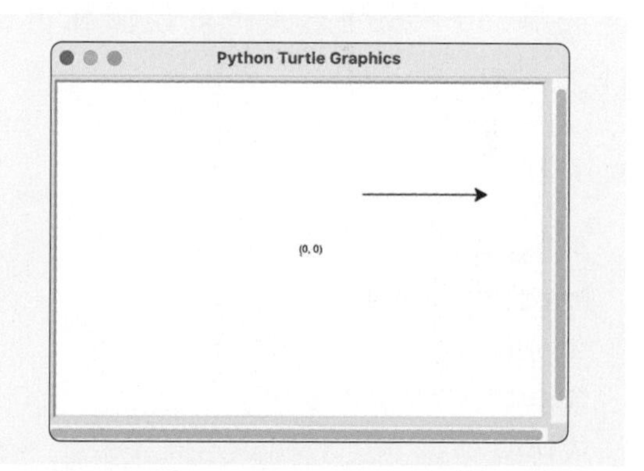

這是很常用的手法，大家務必要弄懂其含意。

11-6 畫圓、弧或多邊形

利用circle(radius)方法來畫圓，radius可為正或負數，若是正數，則以逆時針方向畫圓，若是負數，則以順時針方向畫圓。半徑為正時，逆時針畫一圓。

p11-12-1.py

```
#畫x與y軸
import turtle as tt
tt.pu()
tt.goto(-150, 0)
tt.pd()
tt.fd(300)
tt.pu()
tt.goto(0, 150)
tt.seth(270)
tt.pd()
tt.fd(300)

#移到(0，0)地方畫點和逆時針的圓
tt.home()
tt.seth(0)
tt.dot(10, 'blue')
tt.circle(75)
```

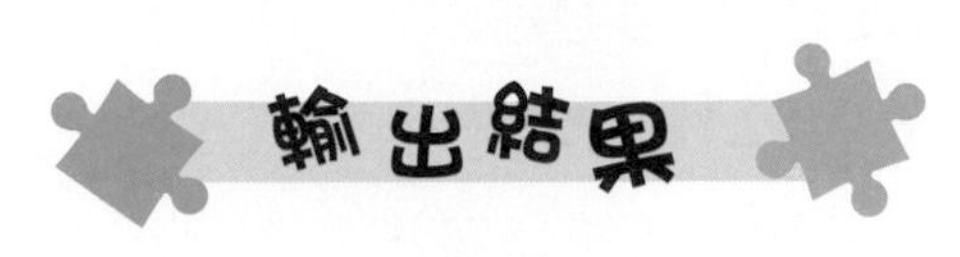

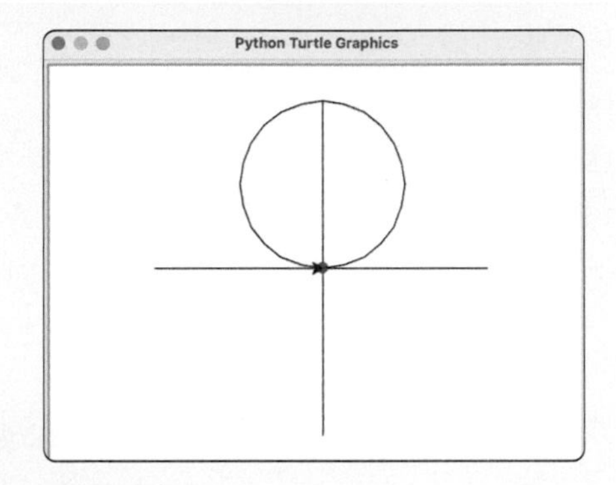

此時海龜的箭頭是指向東方，圓的半徑是75，逆時針畫一圓，圓形的直徑長為150，要注意圓形的位置和畫完的海龜的箭頭指向。半徑為負時，順時針畫一圓。

p11-12-2.py

```
#畫x與y軸
import turtle as tt
tt.pu()
tt.goto(-150, 0)
tt.pd()
tt.fd(300)
tt.pu()
tt.goto(0, 150)
tt.seth(270)
tt.pd()
tt.fd(300)

#移到(0，0)地方畫點和順時針的圓
tt.home()
tt.dot(10, 'blue')
tt.circle(-75)
```

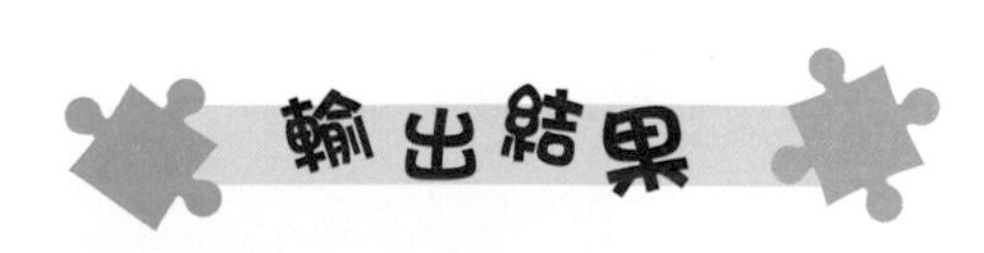

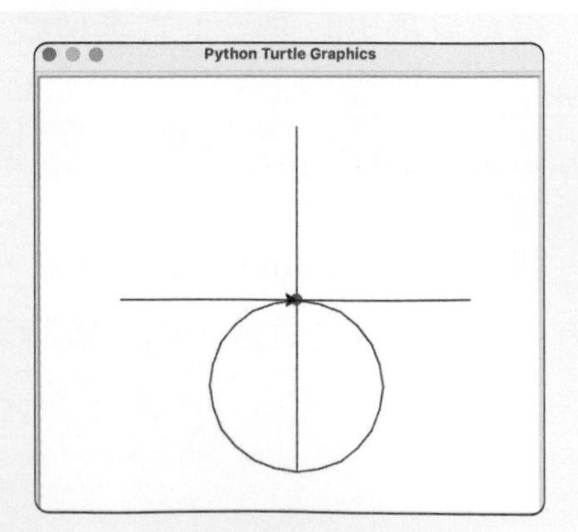

圓的半徑是75，順時針畫一圓，圓形的直徑長為150。注意，畫完的海龜的箭頭指向，這是很重要的。表11-2是海龜箭頭不同的方向與半徑的正負值所產生的圓形。

表11-2　海龜的箭頭不同的方向與半徑的正負產生的圓形

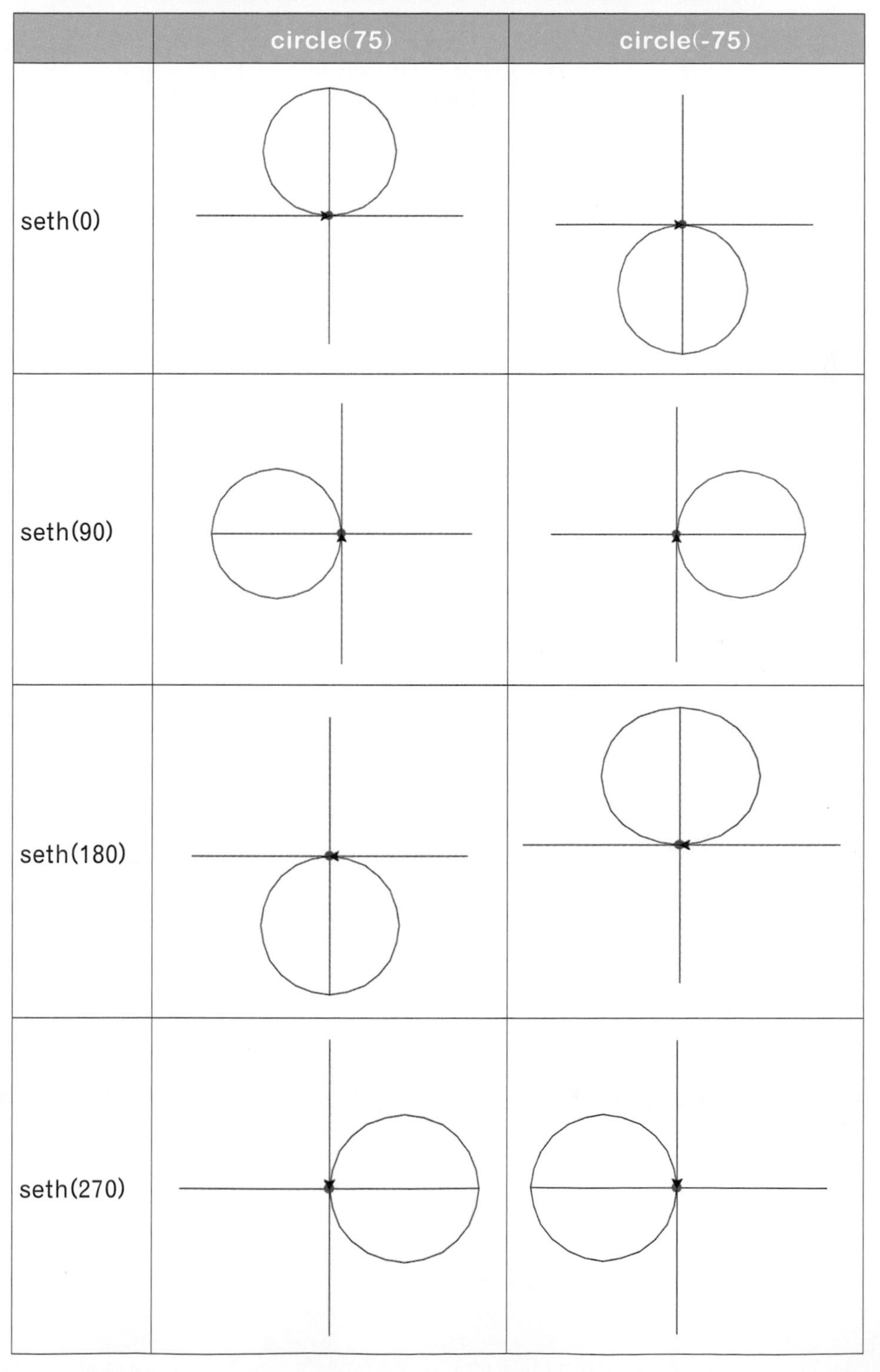

	circle(75)	circle(-75)
seth(0)		
seth(90)		
seth(180)		
seth(270)		

也可以利用

```
circle(radius, extent=None, steps=None)
```

方法來畫弧（arc）。此時將要指定extent和steps兩個參數。

extent若有指定的話，則表示畫弧，如extent爲180，則表示畫半圓的弧。

steps表示畫出 steps數目的多邊形，如steps爲5，則表示畫出五邊形。

以下將說明如何利用extent和steps畫一圓弧和多邊形。

p11-14.py

```
#逆時針畫一圓弧。
#畫x與y軸
import turtle as tt
tt.reset()
tt.write('(0, 0)')
tt.pu()
tt.goto(-150, 0)
tt.pd()
tt.fd(300)
tt.pu()
tt.goto(0, 150)
tt.seth(270)
tt.pd()
tt.fd(300)

#移到(0，0)地方畫點和逆時針四分之一的圓弧
tt.home()
tt.seth(0)
tt.dot(10, ‘blue’)
tt.circle(75, 90)
```

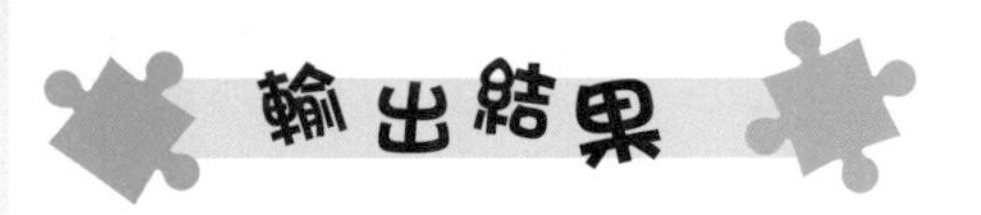

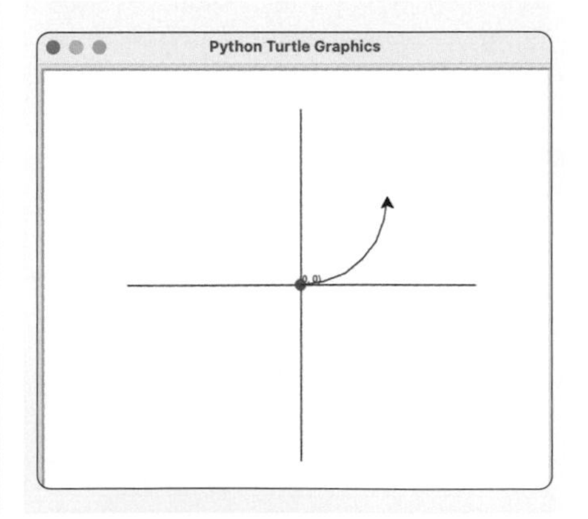

此程式指定extent參數爲90，所以只畫四分之一圓，相當於一個1/4的圓弧。並利用dot()方法以藍色點標出中心點(0, 0)。

p11-15.py

```
#逆時針畫一多邊形。
#畫x與y軸
import turtle as tt
tt.reset()
tt.write('(0, 0)')
tt.pu()
tt.goto(-150, 0)
tt.pd()
tt.fd(300)
tt.pu()
tt.goto(0, 150)
tt.seth(270)
tt.pd()
tt.fd(300)

#移到(0，0)地方畫點和逆時針畫一個五邊形
tt.home()
tt.seth(0)
tt.dot(10, 'blue')
tt.circle(75, 360, 5)
```

輸出結果

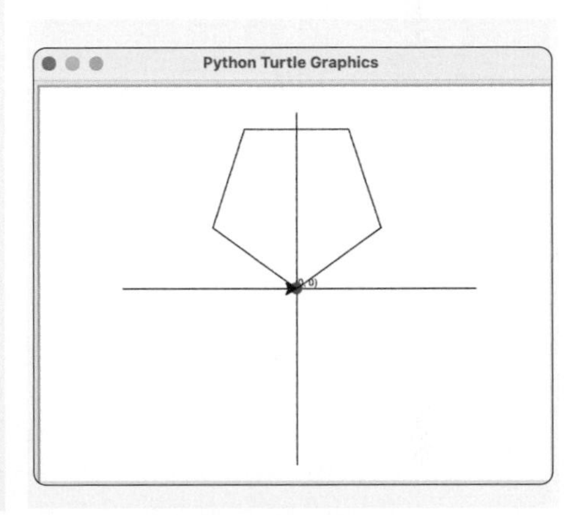

若將上述程式的最後一行改為

```
tt.circle(75, 180, 5)
```

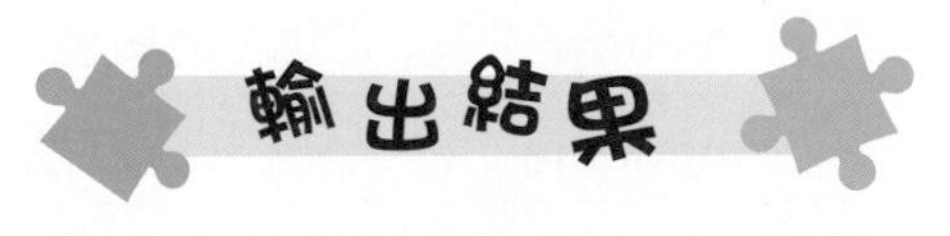

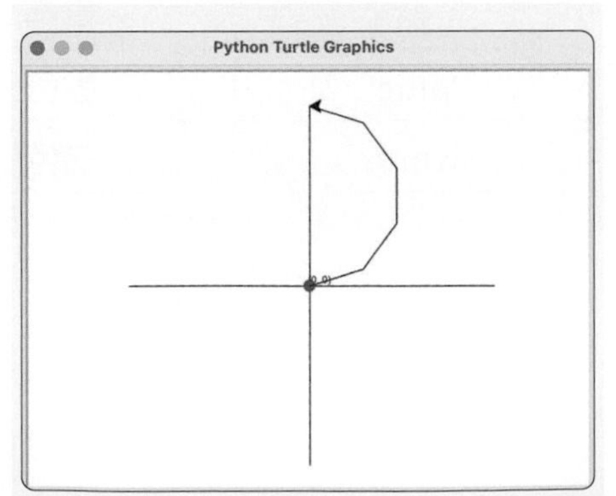

11-7 畫筆的寬度和顏色

畫筆要注意的有三項，一是提起和放下（這已談過），二是畫筆的寬度，三是畫筆的顏色，我們一一的來討論之。

11-7-1 畫筆的寬度

畫筆的寬度可用

```
pensize(width=None)
```

你可以指定width，它是一正整數，如10表示畫筆的寬度是10

11-7-2 畫筆顏色

畫筆的顏色可用

```
pencolor(colorstring)
```

其中colorstring如表11-3所示:

表11-3 常用的畫筆顏色

colorstring	顏色	colorstring	顏色
'red'	紅色	'black'	黑色
'yellow'	黃色	'gold'	金色
'magenta'	洋紅色	'pink'	粉紅色
'cyan'	青色	'brown'	棕色
'blue'	藍色	'purple'	紫色
'white'	白色	'orange'	橘色

以下程式是設定畫筆的寬度是10，顏色是紅色，畫一半徑爲100的圓。

```
import turtle as tt
tt.reset()
tt.pensize(10)
tt.pencolor('red')
tt.circle(100)
```

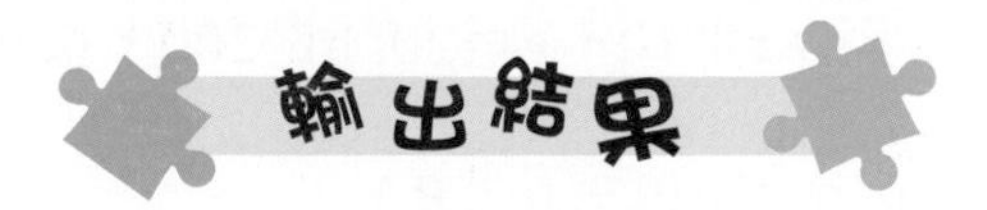

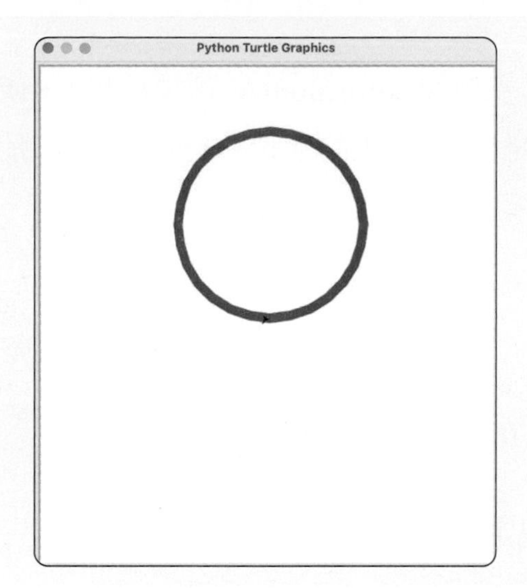

除了可以使用表11-3的顏色字串外，也可以使用十六進位的數字，但要有一前導詞 #，如 #32c18f，其數字是(50, 193, 143)，分別表示(r, g, b)，上述的數字(50, 193, 143)是在colormode(255)的情況下的數字，若是colormode(1)則會是(0.196, 0.757, 0.56)，0.196是50除以255得來的，以此類推。colormode(cmode=None)，cmode是1～255其中的一個數字，colormode(1)是預設值。

p11-17.py

```
tt.reset()
tt.pensize(10)
tt.pencolor('#32c18f')
tt.circle(100)
tt.pencolor(0.9, 0.2, 0.1)
tt.circle(150)
tt.colormode(255)
print(tt.colormode())
tt.pencolor(50, 193, 143)
tt.circle(50)
tt.pencolor(10, 20, 200)
tt.circle(30)
tt.pencolor(10, 20, 200)
```

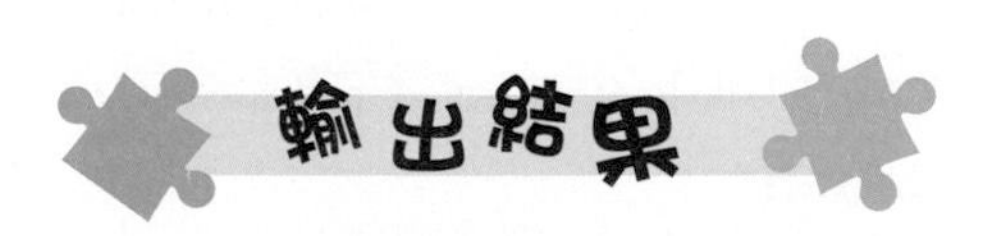

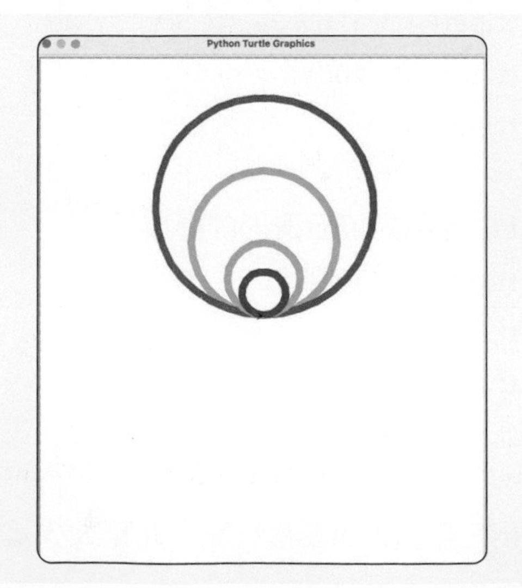

表示r是10，g是20, b是200，藍色的成份佔得比較多，所以畫出藍色。

```
tt.pencolor(0.9, 0.2, 0.1)
```

這是colormode的預設值是1，所以上述是成立的，表示r是0.9，g是0.2，b是0.1，紅色的成份佔得比較多，所以畫出紅色。

11-8 充填顏色

我們有時會在某一封閉的區域充填顏色，此時要利用

```
fillcolor(colorstring)
```

選定充填顏色後，再利用

```
begin_fill()
```

進行充填，結束後，以

```
end_fill()
```

收尾。這是充填的三步驟，如將一個五邊形的圖，以綠色充填。

p11-18.py

```
import turtle as tt
tt.reset()
tt.pu()
tt.goto(0, -100)
tt.pd()

#以綠色先填五邊形的區域
tt.fillcolor('green')
tt.begin_fill()
tt.circle(100, 360, 5)
tt.end_fill()

#在座標(0, 0)處畫一點，此點大小是10，顏色是藍色
```

```
tt.pu()
tt.home()
tt.pd()
tt.dot(10, 'blue')
```

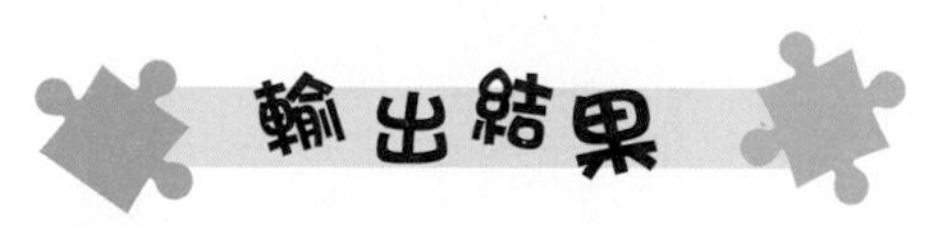

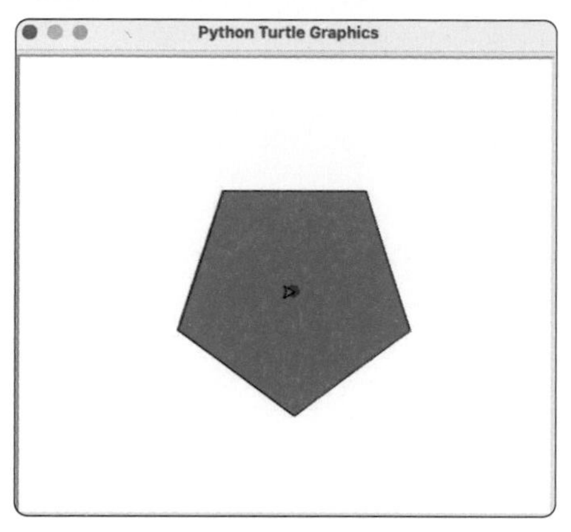

至於有哪些顏色可選來充填，基本上和pencolor所談到的顏色字串是相似的方法。

我們可以利用

```
color(*args)
```

來指定pencolor和fillcolor的顏色。以下是以畫筆的寬度10，顏色爲藍色，並用紅色來充填五邊形，請看下一程式的tt.color('blue', 'red')。

p11-19.py

```
import turtle as tt
tt.reset()
tt.pu()
tt.goto(0, -100)
tt.pd()
tt.pensize(10)
tt.color('blue', 'red')
tt.begin_fill()
tt.circle(100, 360, 5)
tt.end_fill()
```

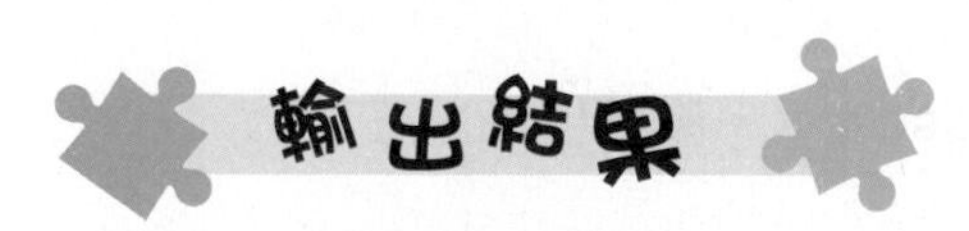

以下的程式是畫四分之一圓，並以藍色加以充填。

p11-20.py

```
import turtle as tt
tt.pensize(5)
tt.fillcolor('blue')
tt.up()
tt.goto(0, 100)
tt.begin_fill()
tt.pd()
tt.fd(100)
tt.pu()
tt.goto(0, 100)
tt.seth(90)
tt.pd()
tt.fd(100)
tt.goto(0, 200)
tt.seth(0)
tt.circle(-100, 90)
tt.end_fill()
tt.hideturtle()
```

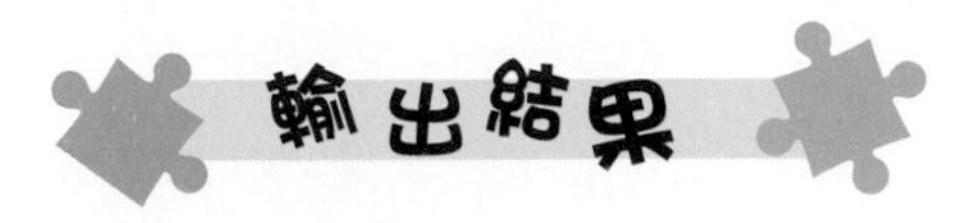

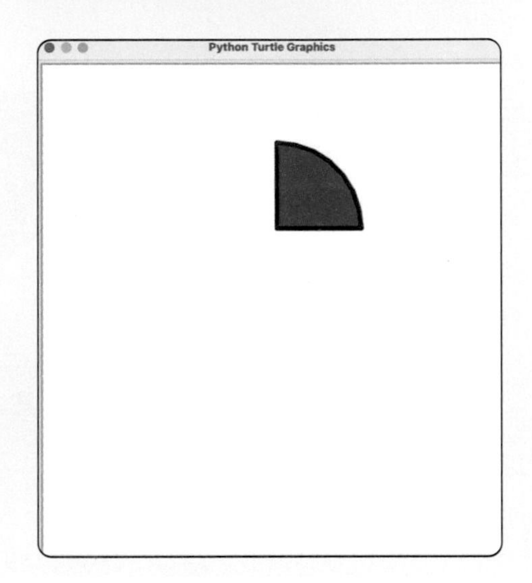

11-9　畫筆操控的速度

有時我們想要快快地畫或慢慢地畫，可以加入畫的速度

```
speed(speed=None)
```

來完成，有關speed()方法的參數如表11-4所示：

表11-4　speed()的參數表示

以字串表示	以整數表示
'fastest'	0
'fast'	10
'normal'	6
'slow'	3
'slowest'	1

正常的速度是6，這也是預設值。整數值是0～10之間的數值，若輸入的值大於10或小於0.5，則將會設定爲0。請執行以下的程式：

p11-21-1.py

```
import turtle as tt
tt.reset()
tt.pu()
tt.goto(0, -100)
tt.pd()

tt.circle(100, 360, 6)
tt.pensize(10)
tt.color('red')
tt.speed('slowest')
tt.circle(100)
tt.speed(10)
tt.color('blue')
tt.circle(150)
```

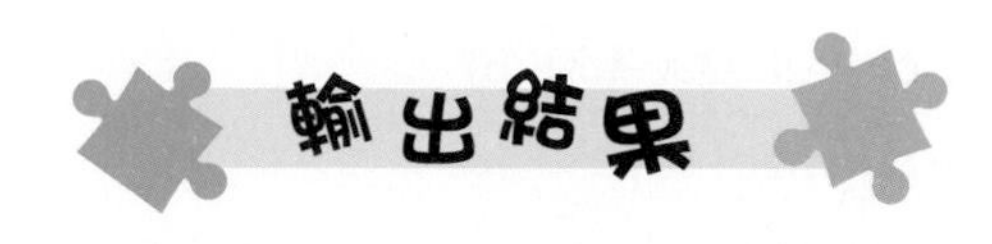

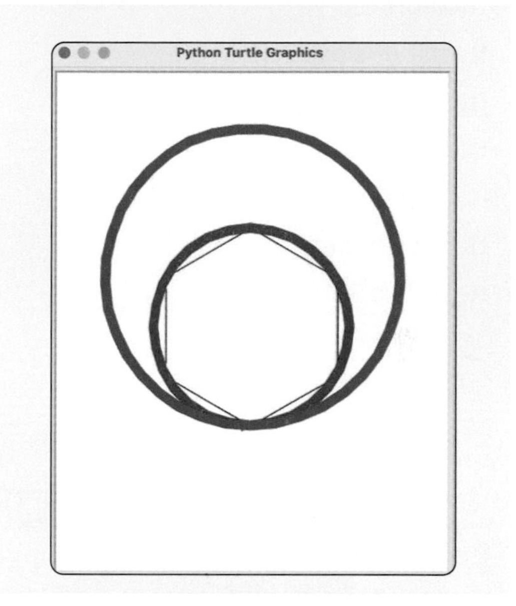

其中畫半徑100的圓形時，速度調爲最慢；畫半徑爲150的圓形時，速度爲快速的，不是最快速喔！你可以試著改一下speed()方法的參數，體驗一下畫筆的速度。

11-10 畫筆動作的延遲

有時在作畫之間需要遲緩一下下，增加一些效果，此時可利用

```
delay(delay=None)
```

delay()方法的參數是一正整數，表示延遲多少毫秒的意思。如將上一例加上delay(100)於畫半徑150的圓形，並且也將速度調回6。

p11-21-2.py

```
import turtle as tt
tt.reset()
tt.pu()
```

```
tt.goto(0, -100)
tt.pd()

tt.circle(100, 360, 6)
tt.pensize(10)
tt.color('red')
tt.speed('slowest')
tt.circle(100)
tt.delay(100)
tt.speed(6)
tt.color('blue')
tt.circle(150)
```

請自行執行看看。

11-11　加入迴圈處理相同的事件

以下是應用迴圈處理一些相同事件的範例程式

11-11-1　畫六邊形

p11-22.py

```
#畫六邊形
import turtle as tt
tt.reset()
tt.pensize(5)
tt.pencolor('Blue')
a = 100
for i in range(6):
    tt.left(60)
    tt.fd(a)
```

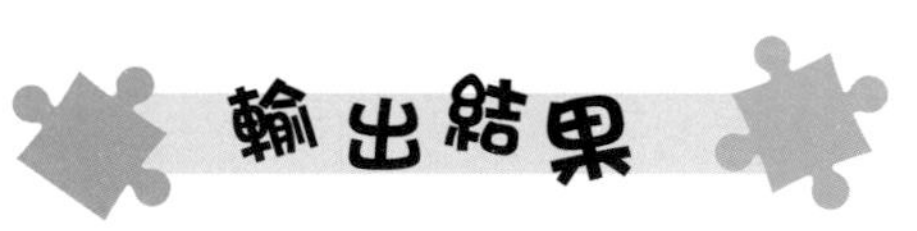

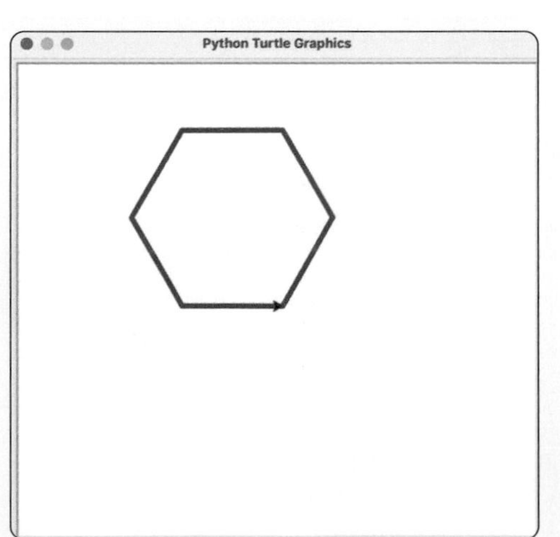

程式利用一迴圈畫出六邊形，執行六次每次左轉60度，並往前100單位。爲什麼執行六次呢？因爲每次左轉60度，執行六次會是360度，剛好是一圈。

11-11-2 畫一貝殼

p11-23.py

```
import turtle as tt
tt.reset()
tt.pu()
tt.goto(0, -100)
tt.pd()
tt.pensize(5)
tt.pencolor('green')
radius = 60
for i in range(6):
    radius += 20
    tt.circle(radius)
```

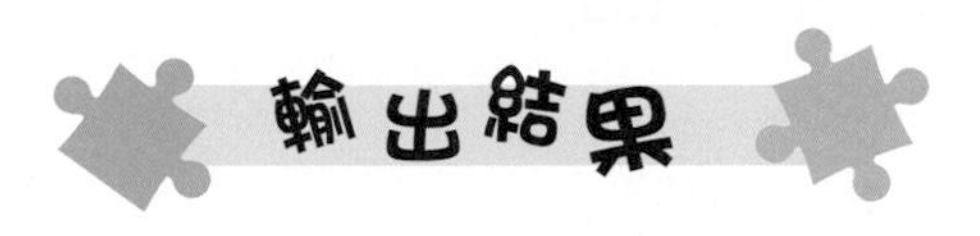

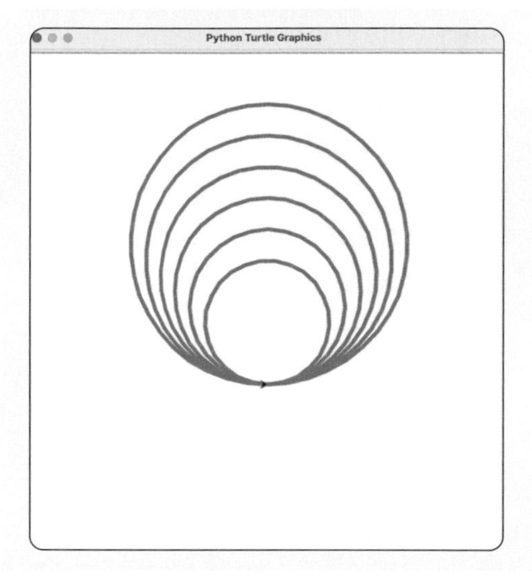

此程式只是在迴圈中將半徑每次增加20像素點，如此就可以畫出有如貝殼的圖形。

11-11-3 畫一橢圓

Turtle沒有提供畫橢圓的方法，所以要自已來撰寫程式。畫一高大於寬的橢圓，其程式如下：

p11-24.py

```
import turtle as tt
tt.reset()
tt.pu()
tt.goto(0, -100)
tt.pd()
tt.pensize(5)
tt.pencolor('red')

#畫一橢圓
a = 1
for i in range(120):
    if 0<=i<30 or 60<=i<90:
        a += 0.3
        tt.lt(3)
        tt.fd(a)
    else:
        a -= 0.3
        tt.lt(3)
        tt.fd(a)
```

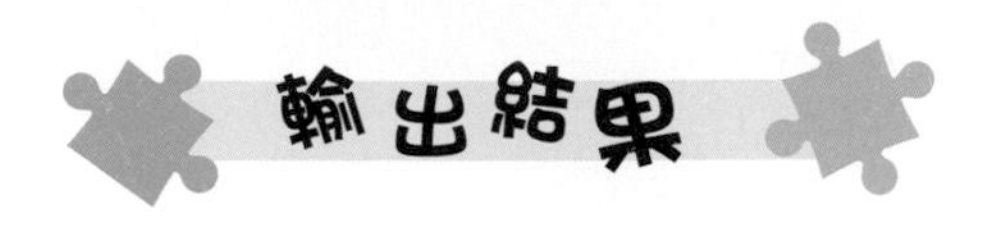

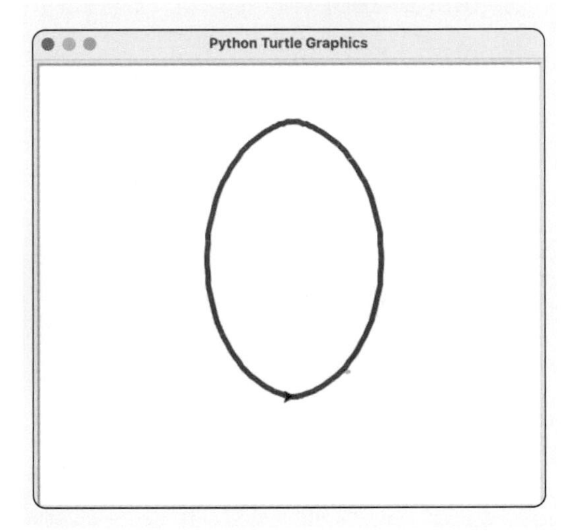

由於迴圈執行120次，所以每次左轉3度，形成360度。當迴圈i執行[0, 30)或[60, 90)時，將a每次遞增0.3，然後左轉3度，再往前a的單位。若迴圈i不在這些範圍時，則a每次遞減0.3，然後左轉3度，再往前a的單位。如此就可以畫出一橢圓形了。

11-11-4 畫一半橢圓形

畫一半橢圓形，其程式如下：

p11-25.py

```
import turtle as tt
tt.reset()
tt.pu()
tt.goto(100, 0)
tt.pd()
tt.pensize(5)
tt.pencolor('red')

#畫一半橢圓形
a = 1
tt.left(90)
for i in range(60):
    if i < 30:
        a += 0.2
    else:
        a -= 0.2
    tt.fd(a)
    tt.lt(3)
```

輸出結果

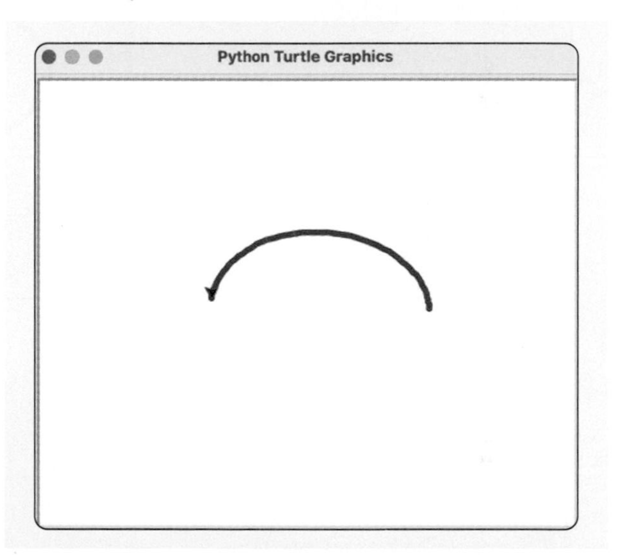

在座標(100, 0)的地方畫一個半橢圓。此次迴圈i執行60次，當i小於30時，a 遞增0.2，再往前走a單位並左轉3度，否則，a 遞減0.2，再往前走 a 單位並左轉3度。Turtle繪圖工具沒有提供畫橢圓的函式，所以要自己撰寫。

若要畫一個長小於寬的橢圓，則可利用上述的程式，再加上一外迴圈即可，如下所示：

p11-26-1.py

```
import turtle as tt
tt.reset()
a = 1
tt.left(90)
tt.pensize(5)
tt.pencolor('red')
for i in range(2):
    for j in range(60):
        if j < 30:
            a += 0.2
        else:
            a -= 0.2
        tt.fd(a)
        tt.lt(3)
```

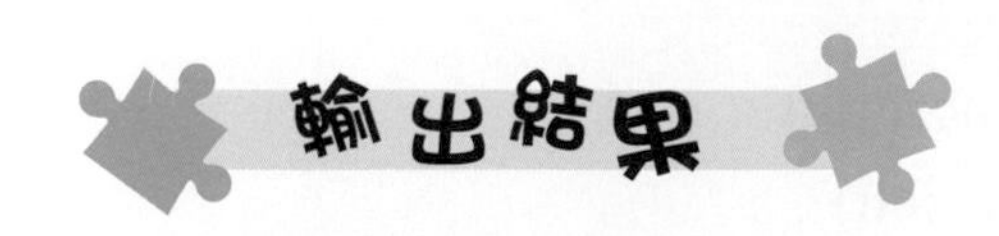

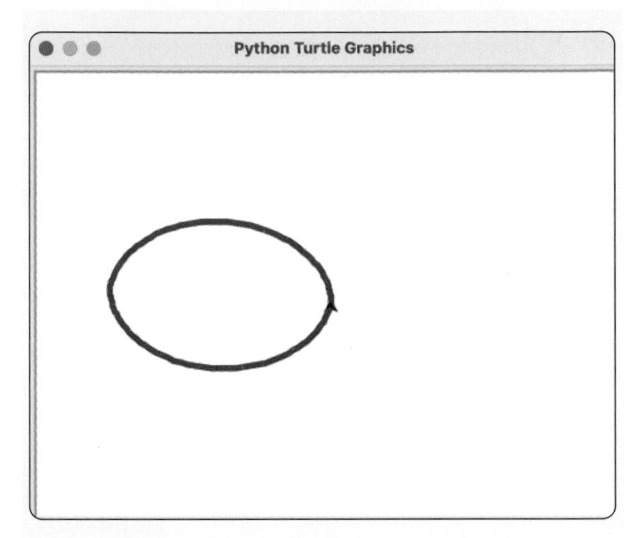

上述的程式也可以撰寫如下：

p11-26-2.py

```
tt.reset()
a = 1
tt.pensize(5)
tt.pencolor('red')
tt.left(90)
for i in range(120):
    if 0<=i<30 or 60<=i<90:
        a += 0.2
        tt.lt(3)
        tt.fd(a)
    else:
        a -= 0.2
        tt.lt(3)
        tt.fd(a)
```

11-12 應用範例

有了上述的基本概念後，就可以畫出一些圖形。

11-12-1 畫出Audi汽車的logo

請看以下的程式：

p11-27.py

```
import turtle as tt
tt.reset()
tt.pensize(5)
tt.pencolor('red')
tt.pu()
tt.goto(-200, 0)
tt.pd()
tt.circle(70)

tt.pu()
tt.fd(100)
tt.pd()
tt.circle(70)

tt.pu()
tt.fd(100)
tt.pd()
tt.circle(70)

tt.pu()
tt.fd(100)
tt.pd()
tt.circle(70)
tt.hideturtle()
```

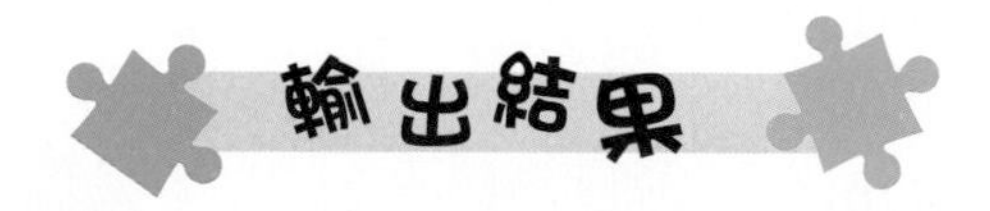

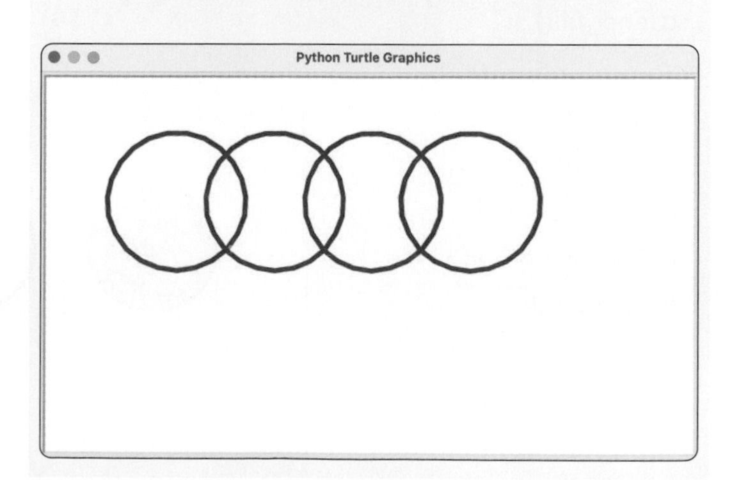

11-12-2　畫紅綠燈

請看以下程式：

p11-28.py

```
#red green light
import turtle as tt
tt.reset()
tt.pensize(5)
tt.pu()
tt.goto(-200, 0)
tt.pd()
tt.fillcolor('red')
tt.begin_fill()
tt.circle(70)
tt.end_fill()

tt.pu()
tt.fd(200)
tt.pd()
tt.fillcolor('yellow')
tt.begin_fill()
tt.circle(70)
tt.end_fill()

tt.pu()
tt.fd(200)
tt.pd()
tt.fillcolor('green')
tt.begin_fill()
tt.circle(70)
tt.end_fill()
tt.hideturtle()
tt.done()
```

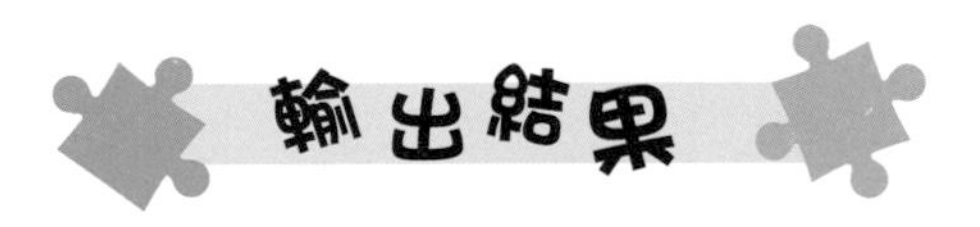

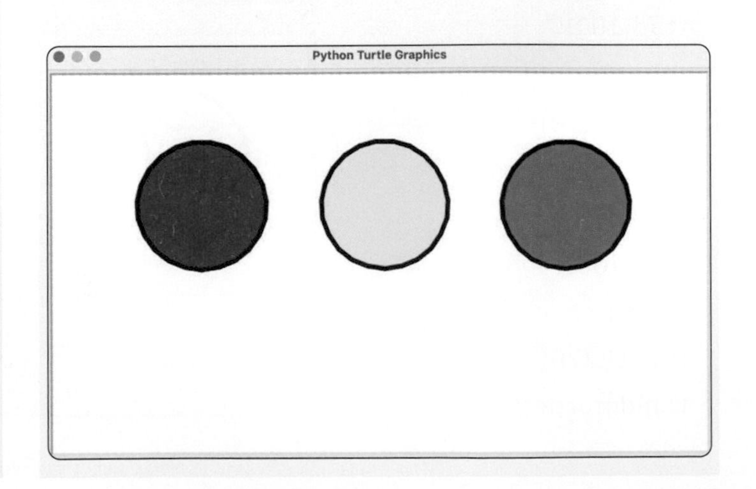

11-12-3 畫出BENZ的logo

請看以下敘述：

p11-29.py

```
#Benz logo
tt.reset()
tt.pensize(10)

#先畫一個圓
tt.circle(100)

#畫中間的那條直線
tt.pu()
tt.goto(0, 100)
tt.left(90)
tt.pd()
tt.fd(100)

#畫右側的那條線
tt.pu()
tt.goto(0, 100)
tt.setheading(0)
tt.right(30)
tt.pd()
tt.fd(100)

#畫左側的那條線
tt.pu()
tt.goto(0, 100)
tt.setheading(90)
tt.left(120)
tt.pd()
tt.fd(100)
tt.hideturtle()
```

輸出結果

講到這裡，妳應該可以了解如何利用 turtle 來畫圖了吧！

在繪圖時，顏色的選擇若使用 #RRGGBB 的方式，可選擇較細和自已比較喜歡的顏色，這有無參考的方法呢？

有的，我在一個網頁看到這很詳細的資訊，如下圖所示：

#FFFFFF	#DDDDDD	#AAAAAA	#888888	#666666	#444444	#000000
#FFB7DD	#FF88C2	#FF44AA	#FF0088	#C10066	#A20055	#8C0044
#FFCCCC	#FF8888	#FF3333	#FF0000	#CC0000	#AA0000	#880000
#FFC8B4	#FFA488	#FF7744	#FF5511	#E63F00	#C63300	#A42D00
#FFDDAA	#FFBB66	#FFAA33	#FF8800	#EE7700	#CC6600	#BB5500
#FFEE99	#FFDD55	#FFCC22	#FFBB00	#DDAA00	#AA7700	#886600
#FFFFBB	#FFFF77	#FFFF33	#FFFF00	#EEEE00	#BBBB00	#888800
#EEFFBB	#DDFF77	#CCFF33	#BBFF00	#99DD00	#88AA00	#668800
#CCFF99	#BBFF66	#99FF33	#77FF00	#66DD00	#55AA00	#227700
#99FF99	#66FF66	#33FF33	#00FF00	#00DD00	#00AA00	#008800
#BBFFEE	#77FFCC	#33FFAA	#00FF99	#00DD77	#00AA55	#008844
#AAFFEE	#77FFEE	#33FFDD	#00FFCC	#00DDAA	#00AA88	#008866
#99FFFF	#66FFFF	#33FFFF	#00FFFF	#00DDDD	#00AAAA	#008888
#CCEEFF	#77DDFF	#33CCFF	#00BBFF	#009FCC	#0088A8	#007799
#CCDDFF	#99BBFF	#5599FF	#0066FF	#0044BB	#003C9D	#003377
#CCCCFF	#9999FF	#5555FF	#0000FF	#0000CC	#0000AA	#000088
#CCBBFF	#9F88FF	#7744FF	#5500FF	#4400CC	#2200AA	#220088
#D1BBFF	#B088FF	#9955FF	#7700FF	#5500DD	#4400B3	#3A0088
#E8CCFF	#D28EFF	#B94FFF	#9900FF	#7700BB	#66009D	#550088
#F0BBFF	#E38EFF	#E93EFF	#CC00FF	#A500CC	#7A0099	#660077
#FFB3FF	#FF77FF	#FF3EFF	#FF00FF	#CC00CC	#990099	#770077

● 圖11-1　色碼表 <#RRGGBB> 資料來源: https://www.toodoo.com/db/color.html

哇！好棒啊！以後要選畫筆顏色或是充填顏色就方便多了。

不僅如此，此網頁還提供以顏色字串來選顏色，請自行參閱。

我要好好發揮我的專長了，畫好之後也許可以放在 line 的貼圖平台。真是太感謝阿志哥了，這一章我覺得超級有趣，相信別人會和我有同樣的感覺，愈來愈喜歡 Python 這個程式語言！

好好加油，期盼有一天你告訴我，妳已成為資料科學家了。

1. 延續11-8節充填顏色最後一個範例程式，再撰寫一些程式碼，使其成為形成一個半圓，如下所示：

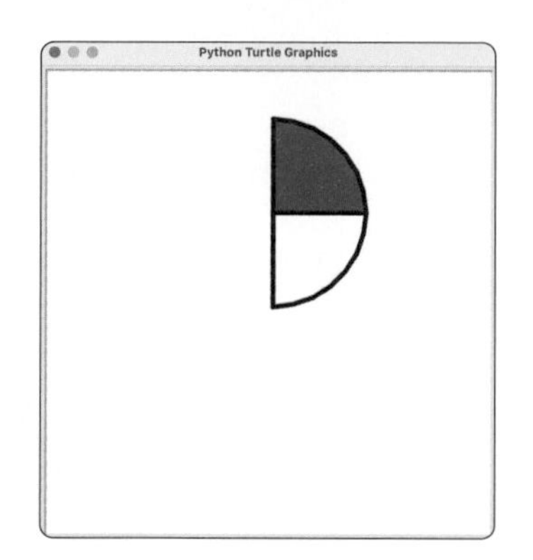

2. 擴充11-12-2 畫紅綠燈的程式，請在紅綠燈的外圍加上一長方形，輸出結果如下所示：

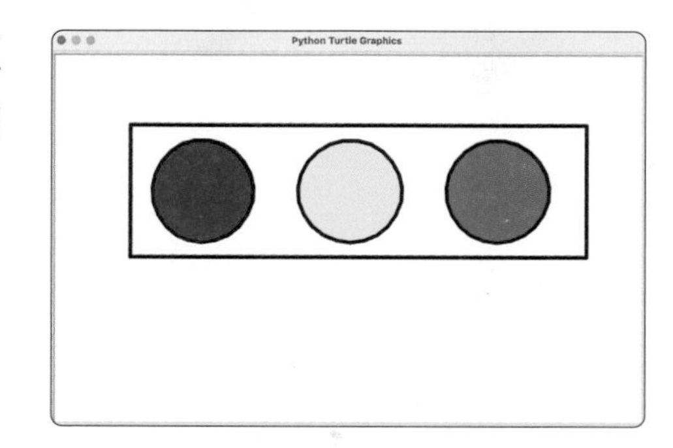

3. 試依照下列的題意撰寫出其對應的程式碼，並加以測試之。

```
#畫筆的顏色是green，畫出半徑為100的圓形
#畫筆的寬度為5，畫出紅色半徑為50的半圓形
#將turtle移到(0, -100)的座標，畫出藍色的五邊形
#將turtle移到(0, -100)的座標，畫出橘色半徑為100圓形
#將turtle移到(0, -200)的座標，畫出黃色半徑為100的圓形
```

輸出結果為：

實作題

1. 請利用while迴圈，畫出11-12-1所畫出Audi 汽車的logo。
2. 請撰寫一程式，畫出奧運的logo，如下所示：

3. 撰寫一程式，畫出BMW的mark，如下所示：

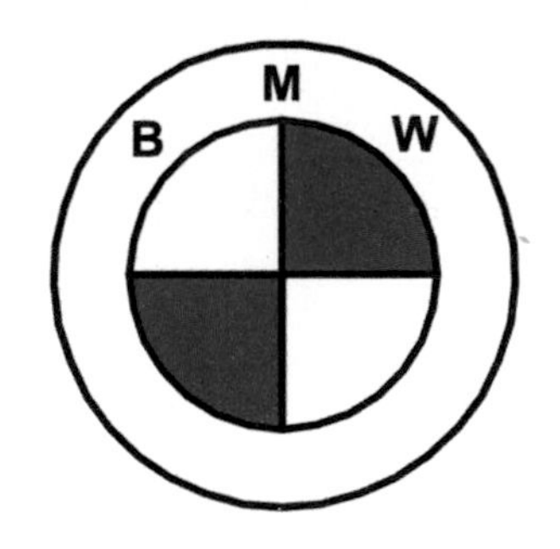

4. 發揮你的想像力，畫出一個屬於自已的圖形。

歡迎加入 全華會員

● 會員獨享

會員享購書折扣、紅利積點、生日禮金、不定期優惠活動…等。

● 如何加入會員

掃 QRcode 或填妥讀者回函卡直接傳真（02）2262-0900 或寄回，將由專人協助登入會員資料，待收到 E-MAIL 通知後即可成為會員。

如何購買 全華書籍

1. 網路購書

全華網路書店「http://www.opentech.com.tw」，加入會員購書更便利，並享有紅利積點回饋等各式優惠。

2. 實體門市

歡迎至全華門市（新北市土城區忠義路 21 號）或各大書局選購。

3. 來電訂購

(1) 訂購專線：(02) 2262-5666 轉 321-324
(2) 傳真專線：(02) 6637-3696
(3) 郵局劃撥（帳號：0100836-1　戶名：全華圖書股份有限公司）
※ 購書未滿 990 元者，酌收運費 80 元。

全華網路書店 www.opentech.com.tw
E-mail: service@chwa.com.tw

※ 本會員制如有變更則以最新修訂制度為準，造成不便請見諒。

廣　告　回　信
板橋郵局登記證
板橋廣字第540號

23671
新北市土城區忠義路 21 號
全華圖書股份有限公司

行銷企劃部　收

讀者回函卡

掃 QRcode 線上填寫 ▶▶▶

姓名：________ 生日：西元____年____月____日 性別：□男 □女

電話：(　)________ 手機：________

e-mail：(必填)________

註：數字零，請用 Φ 表示，數字 1 與英文 L 請另註明並書寫端正，謝謝。

通訊處：□□□□□________

學歷：□高中・職 □專科 □大學 □碩士 □博士

職業：□工程師 □教師 □學生 □軍・公 □其他

學校／公司：________ 科系／部門：________

・需求書類：

□ A. 電子 □ B. 電機 □ C. 資訊 □ D. 機械 □ E. 汽車 □ F. 工管 □ G. 土木 □ H. 化工 □ I. 設計

□ J. 商管 □ K. 日文 □ L. 美容 □ M. 休閒 □ N. 餐飲 □ O. 其他

・本次購買圖書為：________ 書號：________

・您對本書的評價：

封面設計：□非常滿意 □滿意 □尚可 □需改善，請說明________

內容表達：□非常滿意 □滿意 □尚可 □需改善，請說明________

版面編排：□非常滿意 □滿意 □尚可 □需改善，請說明________

印刷品質：□非常滿意 □滿意 □尚可 □需改善，請說明________

書籍定價：□非常滿意 □滿意 □尚可 □需改善，請說明________

整體評價：請說明________

・您在何處購買本書？

□書局 □網路書店 □書展 □團購 □其他________

・您購買本書的原因？（可複選）

□個人需要 □公司採購 □親友推薦 □老師指定用書 □其他________

・您希望全華以何種方式提供出版訊息及特惠活動？

□電子報 □ DM □廣告（媒體名稱________）

・您是否上過全華網路書店？（www.opentech.com.tw）

□是 □否 您的建議________

・您希望全華出版哪方面書籍？________

・您希望全華加強哪些服務？________

感謝您提供寶貴意見，全華將秉持服務的熱忱，出版更多好書，以饗讀者。

填寫日期：　/　/

2020.09 修訂

親愛的讀者：

感謝您對全華圖書的支持與愛護，雖然我們很慎重的處理每一本書，但恐仍有疏漏之處，若您發現本書有任何錯誤，請填寫於勘誤表內寄回，我們將於再版時修正，您的批評與指教是我們進步的原動力，謝謝！

全華圖書　敬上

勘 誤 表

書 號		書 名		作 者	
頁 數	行 數	錯誤或不當之詞句		建議修改之詞句	

我有話要說：（其它之批評與建議，如封面、編排、內容、印刷品質等・・・）

國家圖書館出版品預行編目(CIP)資料

跟阿志哥學 Python/蔡明志編著. -- 六版. -- 新北市：
全華圖書股份有限公司, 2022.03
面；公分
ISBN 978-626-328-100-4(平裝附光碟片)
1.CST: Python(電腦程式語言)
312.32P97　　111003051

跟阿志哥學 Python (第六版)(附範例光碟)

作者／蔡明志
發行人／陳本源
執行編輯／陳奕君
封面設計／盧怡瑄
出版者／全華圖書股份有限公司
郵政帳號／0100836-1 號
印刷者／宏懋打字印刷股份有限公司
圖書編號／06352057
六版四刷／2024 年 3 月
定價／新台幣 490 元
ISBN／978-626-328-100-4 (平裝附光碟片)
ISBN／978-626-328-101-1 (PDF)
全華圖書／www.chwa.com.tw
全華網路書店 Open Tech／www.opentech.com.tw
若您對本書有任何問題，歡迎來信指導 book@chwa.com.tw

臺北總公司(北區營業處)
地址：23671 新北市土城區忠義路 21 號
電話：(02) 2262-5666
傳真：(02) 6637-3695、6637-3696

南區營業處
地址：80769 高雄市三民區應安街 12 號
電話：(07) 381-1377
傳真：(07) 862-5562

中區營業處
地址：40256 臺中市南區樹義一巷 26 號
電話：(04) 2261-8485
傳真：(04) 3600-9806(高中職)
(04) 3601-8600(大專)